分析化学

主　编　张雪梅　汪徐春
副主编　戚邦华　李子荣

科学出版社
北　京

内 容 简 介

本书是为适应我国应用型技术大学建设，结合多年教学经验编写而成的。全书共11章，包括绪论、定量分析的误差及数据处理、滴定分析法概论、酸碱滴定法、配位滴定法、氧化还原滴定法、重量法和沉淀滴定法、吸光光度法、电位分析法、分析化学中的分离和富集方法以及其他仪器分析方法简介。各章末尾附有思考题和习题。

本书可作为应用型高等学校化工、材料、医药、畜牧、食品、生命、环境、农业等专业的本科生教材及考研参考书，也可供相关专业的教师、分析测试工作者和自学者参考。

图书在版编目(CIP)数据

分析化学/张雪梅，汪徐春主编．—北京：科学出版社，2014.1

ISBN 978-7-03-039480-4

Ⅰ.①分… Ⅱ.①张… ②汪… Ⅲ.①分析化学-高等学校-教材
Ⅳ.①O65

中国版本图书馆CIP数据核字(2013)第313860号

责任编辑：赵晓霞 / 责任校对：张凤琴
责任印制：张 伟 / 封面设计：迷底书装

科学出版社出版
北京东黄城根北街16号
邮政编码：100717
http://www.sciencep.com

北京中科印刷有限公司 印刷

科学出版社发行 各地新华书店经销

*

2014年1月第 一 版 开本：787×1092 1/16
2023年1月第八次印刷 印张：14 1/2
字数：370 000

定价：45.00元

(如有印装质量问题，我社负责调换)

前　　言

本书是根据应用技术大学(学院)联盟系列课程教学基本要求和教学大纲，结合编者多年的教学实践，并借鉴国内外分析化学教材的优点编写而成的。本书注重理论联系实际，体现素质教育，提高教学质量，精选应用实例，讲清基本原理，使学生理解分析条件，掌握分析方法，培养实践应用能力，满足应用型高等学校分析化学教学的需要。

本书为适应教学改革的需要，精选内容，压缩篇幅，理论和实践紧密结合，在保持学科系统性的基础上，力求深度和广度相适宜。着重介绍化学分析方法，根据需要选择性地介绍分析化学中常用的分离和富集方法以及常用的几种仪器分析方法和仪器介绍。不同的学校和专业可根据自己的需要和课时自行调整删减。

本书由安徽科技学院张雪梅、汪徐春担任主编，各章编写分工如下：毛杰(第1章)、程年寿(第2章)、杨久峰(第3章)、李子荣(第4章)、曲波(第5章)、汪徐春(第6章)、朱金坤和王军锋(第7章)、张雪梅(第8章)、戚邦华(第9章)、黎少君和王海侠(第10章)、唐婧(第11章)。

在本书编写过程中，得到了学校教务处领导、理学院领导和许多教师的关心、支持与帮助，在此一并表示感谢。

由于编者水平有限，本书难免存在不妥之处，恳请读者批评指正。

编　者

2013年9月

目　　录

第1章　绪　　论

基本要求

- 理解分析化学的任务和作用。
- 掌握分析方法的分类及分类依据。
- 了解分析化学的发展与展望。
- 熟悉定量分析的一般过程。

1.1　分析化学的定义、任务和作用

1.1.1　分析化学的定义

分析化学是化学学科的一个重要分支，是人们获得物质化学组成和结构信息的学科，即表征与测量的学科。国家自然科学基金委员会发布的分析化学学科发展战略调研报告中称“分析化学是人们获得物质组成和结构信息的科学”。欧洲化学协会联合会给出“分析化学是一个发展和应用各种方法、仪器和策略以获得物质在特定时间和空间有关组成和性质信息的科学分支”的定义。其实分析化学是测量物质的组成和结构的学科，也是研究分析方法的学科，这是它的内涵所在。

1.1.2　分析化学的任务和作用

20世纪50～60年代的教科书中按任务不同将分析化学分为定性分析(qualitative analysis)和定量分析(quantitative analysis)两部分。20世纪90年代以后，将结构分析(structure analysis)归入了分析化学。定性分析的任务是鉴定物质的化学组分；定量分析的任务是测定物质各组分的相对含量；结构分析的任务则是研究物质内部的分子结构或晶体结构。在对物质进行分析时，通常先进行定性分析确定其组成，然后再进行定量分析。

分析化学是人们认识自然、改造自然的工具。在工业生产上从原料的选择，中间产品、成品的检测，新产品的开发，以及生产过程中“三废”(废水、废气、废渣)的处理和综合利用都需要分析化学。在农业生产方面，从土壤成分、肥料、农药的分析至农作物生长过程的研究也都离不开分析化学。分析化学是打击犯罪、保卫国家安全的特殊武器：在国防和公安方面，从武器装备的生产和研制应用至刑事案件的侦破也都需要分析化学的密切配合。分析化学为新药研究和应用提供强有力的支撑：新药跟踪等与分析化学息息相关。分析化学是医疗卫生、人民健康的技术保障：肿瘤标记物的发现及临床应用、人体生化指标的检验、食品中有害物及添加剂的检测等都离不开分析化学。

1.2　分析方法的分类

分析化学是由很多分析方法构成的，而分析方法是根据被测物质在某种变化或某种条件下所表现的性质建立的实验方法。分析方法根据分析任务的不同，可分为定性分析、定量分析和结构分析；根据分析对象的不同，可分为无机分析和有机分析；根据分析原理的不同，又分为化学分析和仪器分析；根据分析试样的用量，可分为常量分析、半微量分析、微量分析和痕量（超微量）分析；还可根据分析结果使用的目的不同，分为常规分析、快速分析和仲裁分析。

1.2.1　定性分析、定量分析和结构分析

定性分析的任务是鉴定物质由哪些元素、离子、基团或化合物组成；定量分析的任务是测定试样中某组分的含量；结构分析的任务是鉴定物质的分子结构或晶体结构。

1.2.2　无机分析和有机分析

无机分析的对象是无机物，主要是鉴定试样由哪些元素、离子、基团或化合物组成，以及各组分的相对含量；有机分析的对象是有机物，主要测定有机物的碳、氢、氧、氮、硫等元素的组成及含量，更重要的是进行官能团分析及结构分析。

1.2.3　化学分析和仪器分析

1. 化学分析

化学分析（chemical analysis）是以物质的化学反应为基础的分析方法。化学分析是分析化学的基础，又称为经典分析法。当已知试样与未知试样发生化学反应时，根据化学反应的现象和特征鉴定物质的化学组成的方法称为化学定性分析；根据化学反应中试样和试剂的用量，测定物质组成中各组分的相对含量的方法称为化学定量分析。化学定量分析是分析化学学习的主要内容。

化学定量分析又分为：

(1) 滴定分析法（titrimetry）。滴定分析法又称为容量分析法，即根据滴定所消耗标准溶液的浓度和体积以及被测物质与标准溶液所进行的化学反应的计量关系求出被测物质的含量。由于反应类型不同，又可将其分为酸碱滴定法、沉淀滴定法、配位滴定法、氧化还原滴定法等。滴定分析法具有仪器简单、操作简便、分析速度快、准确度高、相对误差较小等特点，故被工农业生产和科学研究广泛应用。

(2) 重量分析法（gravimetry）。重量分析法是将待测组分转化为一种组成固定的沉淀形式，经过纯化、干燥、灼烧或吸收剂的吸收等处理后，精确称量以求出被测组分的含量。重量分析法所用的仪器设备简单，不需要标准试样进行比较，并且有较高的准确度，其相对误差一般小于0.1%，常作为国家或行业颁布的标准分析方法。但此方法操作繁琐，分析速度较慢。

2. 仪器分析

以物质的物理和物理化学性质为基础的分析方法称为物理和物理化学分析法，这类分析法都需要使用较特殊的仪器，所以称为仪器分析（instrumental analysis），根据分析原理和使用仪器的不同，可将其分为光学分析法、电化学分析法、色谱分析法及其他仪器分析法等。

(1) 光学分析法(spectroscopic methods of analysis)。光学分析法是利用物质的光学性质所建立的一类分析方法，主要包括可见和紫外吸光光度法、红外吸收光谱分析法、原子吸收光谱法、原子发射光谱法、火焰光度法、荧光分析法等。

(2) 电化学分析法(electrochemical methods of analysis)。电化学分析法是利用物质的电学及电化学性质所建立的一类分析方法，主要包括电位分析法、电导分析法、极谱分析法、库仑分析法、伏安分析法等。

(3) 色谱分析法(chromatographic methods)。色谱分析法是利用组分随流动相经固定相时由于作用力差异导致移动速度不同而分离的分析方法，主要包括薄层色谱法、经典柱色谱法、气相色谱法、液相色谱法、超临界流体色谱法、毛细管电色谱法与多维色谱法等。

(4) 其他仪器分析法。除上述三大类型外，仪器分析法还包括质谱分析法、核磁共振波谱分析法、电子探针和离子探针微区分析法、放射分析法、差热分析法、光声光谱分析法以及各种联用技术分析法等。

由此可见：分析方法很多，每种分析方法各有其特点，也各有一定的局限性，通常要根据待测组分的性质、组成、含量和对分析结果准确度的要求等来选择最适宜的分析方法进行测定。

1.2.4 常量分析、半微量分析、微量分析和超微量分析

根据试样的用量和待测组分的含量不同，可分为常量分析、半微量分析、微量分析和超微量分析，分类如下：

分析方法	试样质量	试样体积/mL	试样含量/%
常量分析	>0.1 g	>10	>1
半微量分析	0.01～0.1 g	1～10	
微量分析	0.1～10 mg	0.01～1	0.01～1
超微量分析	<0.1 mg	<0.01	<0.01

1.3 分析过程及分析结果的表示

定量分析的任务是确定样品中有关组分的含量。完成一项定量分析任务通常包括以下步骤：

1. 取样

所谓样品(试样)是指在分析工作中用来进行分析的物质体系，从整体中取出可代表全体组成的一小部分的过程就是取样(sampling)。样品可以是固体、液体或气体。分析化学对试样的基本要求是其在组成和含量上具有一定的代表性，为此工农业生产中常采用“四分法”的缩分方法来取样。否则即使测定结果再准确也毫无意义，甚至可能导致错误的结论。实际工作中分析对象可能均匀也可能不均匀，不同试样的采样方法由具体条件而定。合理的取样是分析结果是否准确可靠的基础。

2. 预处理

预处理(pretreatment)包括试样的分解和预分离富集。

由于试样的性质不同，试样的分解方法也有所不同。一般有湿法分解法和熔融分解法两种，将试样分解后制成溶液，然后进行测定。正确的分解方法应使试样分解完全，分解过程中待测组分不应损失，应尽量避免引入干扰组分。操作时可根据试样的性质和分析的要求选用适当的分解方法。

在定量分析中，当试样组成比较简单时，将它处理成溶液后便可直接进行测定。但在实际工作中常遇到组分比较复杂的试样使得测定时各组分之间往往发生相互干扰，这不仅影响分析结果的准确性，有时甚至无法进行测定，因此必须选择适当的方法消除干扰。控制分析条件或采用适当的掩蔽剂是消除干扰的简单而有效的方法，但并非任何干扰都能消除。许多情况下需要选用适当的分离方法使待测组分与其他干扰组分分离。

有时试样中待测组分含量极微，而测定方法的灵敏度不够，这时必须先将待测组分进行富集，然后进行测定。例如，汞及其化合物属剧毒物质，我国饮用水标准规定 Hg^{2+} 的含量不能超过 $1\ \mu g \cdot L^{-1}$，这样低的含量常因低于测定方法的检测限而难以测定，因此需通过适当的方法分离富集后才能进行测定。富集过程往往也就是分离过程。

在分析化学中常用的分离(separation)和富集(concentration)方法有沉淀分离、液-液萃取分离、离子交换分离、色谱分离、蒸馏和挥发分离、超滤、浮选吸附等。

选用分离方法需要有一定的经验性和灵活性，要在扎实的专业知识基础上学会积累实践分离技术和经验。分离时通常需要考虑。①测定的目的是定性还是定量，是组分分析还是结构分析，是全分析还是主成分分析；②样品的数量、来源难易及某些组分的大致含量，大批样品中痕量成分的分离，首先要进行萃取、吸附等富集处理，再进行分离；③分离后得到产品的数量、纯度是否满足测定要求；④分离对象和性质，是亲水还是疏水，是离子型还是非离子型，挥发性和热稳定性如何，对亲水的和极性大的离子型化合物，一般可选择萃取分离、离子交换、电泳以及薄层色谱等；对于复杂体系色谱方法是首选；对挥发性、热稳定性好的可选择蒸馏或气相色谱法。近年发展起来的超临界流体萃取技术具有传质速度快、萃取效率高、取样量少、无毒等优点，在复杂样品的预处理和制备规模的样品分离中应用效果甚佳。

沉淀分离法(precipitation separation)是利用沉淀反应进行分离的方法。在试液中加入适当的沉淀剂使待测组分沉淀出来，或将干扰组分沉淀除去，从而达到分离的目的。沉淀分离法的主要依据是溶度积原理。

液-液萃取(liquid-liquid extraction)分离法又称溶剂萃取(solvent extraction)分离法，是应用广泛的分离方法之一。这种方法是利用混合物中各成分在两种不同溶剂中分配系数的不同达到分离混合物的目的。

3. 测定

根据试样的性质和分析要求选择合适的方法进行测定(determination)。一般对于标准物和成品的分析要求准确度较高，应选用标准分析方法，如国家标准；对生产过程的中间控制分析则要求快速简便，宜选用在线分析；对常量组分的测定常采用化学分析法，从而达到分离富集的目的。对微量组分的测定常采用灵敏度较高的仪器分析法。

4. 分析结果的处理与表达

对于测定的有关数据，首先要对其可靠性进行判断，然后运用建立在统计学基础上的误差理论来进行计算和处理，并对计算出的分析结果的可靠性进行分析，最后确定待测组分的含量,并要求给出分析报告。

固体试样中组分含量常用物质的质量分数 $w(B)$ 表示。质量分数是指待测组分的质量占试样质量的百分数。例如,某试样中铜的质量分数 $w(Cu)=1.0\times10^{-2}$,也可表示为 $w(Cu)=1\%$。

溶液中被测组分含量常用质量浓度 $\rho(B)$ 或物质的量浓度 $c(B)$ 表示,气体试样以体积分数表示。

1.4 分析化学的发展简史与发展趋势

分析化学是最早发展起来的化学分支学科。分析化学与人类活动关系密切,涉及社会生活的各个方面。早在古代的青铜冶炼及酿造等工艺中就已经蕴含了简易的分析鉴定手段。分析化学在早期一直处于化学发展的前沿,称为"现代化学之母",它对元素的发现,相对原子质量的测定,定比定律的确立及矿物资源的勘察等都做出了重要贡献。20 世纪初,物理化学溶液理论的发展为分析化学提供了理论基础,使分析化学由一种技术发展成为一门科学。20 世纪中叶,物理学和电子学的发展促进了各种新型分析仪器的诞生和发展,改变了经典分析化学以化学分析为主的局面。20 世纪 70 年代以来,随着计算机科学、生命科学、环境科学、新材料科学等发展的需要,基础理论及测试技术的完善,分析化学在光、电、磁、热、声等现象的基础上进一步采用数学、计算机科学、生命科学等新成就,形成了一门综合性的科学。现代分析化学的发展趋势主要体现在提高分析方法的灵敏度和选择性、扩展时空多维信息、对物质进行价态和状态分析、微型化和微型环境分析、生物分析和活体分析等方面。

第 2 章　定量分析的误差及数据处理

基本要求

• 了解误差的种类，理解产生误差的原因，掌握误差对分析结果的影响规律以及准确度、精密度与系统误差、随机误差的关系。

• 掌握误差和偏差的常用表示方法及其特点。

• 掌握提高分析结果准确度的常用方法。

• 理解有效数字的意义，掌握并熟练运用其运算规则。

2.1　误差的种类和来源

定量分析的任务是准确测定试样中有关组分的含量，但在实际分析过程中误差是客观存在的，因此应该了解分析过程中误差产生的原因及其出现的规律，以便采取相应措施减少误差。另一方面还须对分析结果进行评价，判断其准确性。

2.1.1　系统误差

系统误差(systematic error)又称**可测误差**，是由某种固定原因按确定方向起作用而造成的，具有重复性、单向性和可测性。即在一定条件下重复测定时会重复出现，使测定结果系统地偏高或偏低，其正负和大小也有一定规律。因产生原因固定，所以可设法测出其数值大小，并通过校正的方法予以减小或消除。系统误差存在与否决定分析结果的准确度。产生系统误差的原因主要有以下几种：

1. 方法误差

方法误差是由分析方法自身不足所造成的误差。例如，重量分析法中，沉淀的溶解度大，沉淀不完全引起的分析结果偏低；滴定分析中，指示剂选择不适合，滴定终点与化学计量点不符合引起的误差；光度分析法中偏离朗伯-比尔定律，发生副反应等这些系统自身原因都能导致分析结果系统地偏高或偏低。

2. 仪器误差

仪器误差是由测量仪器自身的不足所造成的误差。例如，天平两臂不等长，砝码锈蚀磨损质量改变；量器(容量瓶、滴定管等)和仪表刻度不准确等，在使用过程中都会引起仪器误差。

3. 试剂误差

试剂误差是由于所用试剂不纯或蒸馏水中含有微量杂质所引起的误差。对痕量分析造成的影响尤为严重。

4. 操作误差

在正常操作情况下，操作误差是由于分析人员的某些主观原因或操作条件控制不当造成的误差。例如，分析人员掌握的分析操作与正确的分析操作有差别；对颜色敏感度的不同；称量时忽视了试样的吸湿性；沉淀洗涤不充分或过分等均会引入操作误差。

2.1.2 随机误差

随机误差(random error)又称**偶然误差**，是由某些不确定的偶然因素引起的误差，使测定结果在一定范围内波动，大小、正负不定，难以找到原因，无法测量，如测量时环境温度、湿度和气压的微小波动，仪器电源的微小波动，分析人员对各份试样处理的微小差别等。随机误差的大小决定分析结果的精密度。

随机误差的大小、正负都不可预见，无法控制，属不可测误差。从单次测量结果来看没有任何规律性，但是在消除系统误差后，对同一试样进行多次平行测定时，各次结果的随机误差分布呈现一定的规律，利用统计学方法处理发现随机误差遵从高斯正态分布规律。

如图2-1所示，当测量值个数 n 趋近于无穷大，组距 ΔS 趋近于无穷小，频率分布曲线趋近于一条正态分布的平滑曲线，称为概率密度曲线。

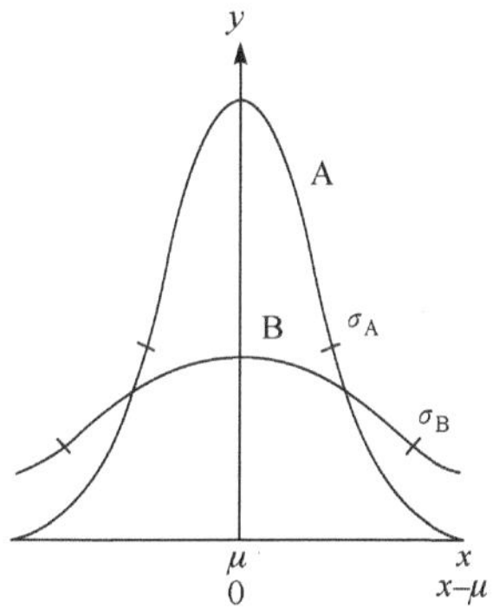

图2-1　随机误差的正态分布曲线(μ同，σ不同，$\sigma_B>\sigma_A$)

正态分布的概率密度函数式是：$y=f(x)=\frac{1}{\sigma\sqrt{2\pi}}e^{-\frac{(x-\mu)^2}{2\sigma^2}}$，这样的正态分布记作 $N(\mu,\sigma^2)$。其中，y 表示概率分布；x 表示测量值；μ 表示总体平均值，即无限次测定所得数据的平均值，表示无限个数据的集中趋势。

没有系统误差时，$\mu=x_T$。σ 表示总体标准偏差，表征无限次测定数据的分散程度。

$(x-\mu)$表示随机误差，若以$(x-\mu)$为横坐标，则曲线最高点横坐标为0。这时表示的是随机误差的正态分布。

测量值和随机误差的正态分布体现了随机误差的概率统计规律。

单峰性：$x=\mu$ 时，y 值最大，表明测量值向 μ 集中的趋势；大多数测量值集中在总体平均值附近，μ 很好地反映了测量值的集中趋势。

对称性：正误差出现的概率与负误差出现的概率相等。

有限性：小误差出现的概率大，大误差出现的概率小，特别大的误差出现的概率极小。

相消性：无限多次测定的结果，其误差的算术平均值趋于零，即误差的平均值的极限为零。

此外，当 $x=\mu$ 时，$y_{(x=\mu)}=\frac{1}{\sigma\sqrt{2\pi}}$，表明数据的分散程度与 σ 有关，σ 越大，测量值的分散程度越大，正态分布曲线也就越平坦。

从以上分析可知：增加平行测定次数可以减小随机误差。

2.1.3 过失

过失是由于工作人员的粗心大意或违背操作规程所产生的错误(也称为过失误差),如溶液溅失、沉淀穿滤、加错试剂、记错读数等,都会对结果带来较大影响。在数据处理过程中,如发现过失造成的测定结果,应弃之不用。

2.2 准确度和精密度

2.2.1 准确度与误差

准确度(accuracy)表征测量值(x)与真实值(x_T)的符合程度。测量值与真实值之间差别越小,则分析结果的准确度越高。它说明测定结果的可靠性。准确度的高低用误差(error)来衡量。误差越小,表示结果的准确度越高;反之,误差越大,准确度越低。

对真实值为 x_T的分析对象总体随机抽取一个样本进行 n 次测量,得到 n 个个别测量值 x_1、x_2、x_3、…、x_n,对 n 个测量值进行平均,得到测定结果的平均值,那么

(1) 个别测量值的误差为

$$E_i = x_i - x_T \tag{2-1}$$

(2) 实际上,通常用各次测量结果的平均值($\bar{x}$)表示测定结果,测定结果的绝对误差为

$$E_a = \bar{x} - x_T \tag{2-2}$$

(3) 测量结果的相对误差为

$$E_r = \frac{E_a}{x_T} \times 100\% \tag{2-3}$$

E_r反映了误差在真实值中所占的比例,相对于绝对误差能更好地反映测定结果的准确度。

真值 (true value):某一物理量本身具有的客观存在的真实值。真值是未知的、客观存在的量。在以下特定情况下认为是已知的:

(1) 理论真值,如化合物的理论组成(如 NaCl 中 Cl 的含量)。

(2) 计量学约定真值,如国际计量大会确定的长度、质量、物质的量单位等。

(3) 相对真值,如高一级精度的测量值相对于低一级精度的测量值(如标准样品的标准值)。

2.2.2 精密度与偏差

精密度(precision)表征同一样品在相同条件下几次平行测量值相互符合程度。平行测定所得数据间差别越小,则分析结果的精密度越高。它表达了测定结果的重复性和再现性。精密度的高低用偏差(deviation)来衡量,偏差越小,精密度越高。

1. 平均值

n 次测量值的算术平均值不是真值,但比单次测量结果更接近真值,是对真值的最佳估计。

$$\bar{x} = \frac{x_1 + x_2 + \cdots + x_n}{n} \tag{2-4}$$

2. 中位数

把一组测量数据按从小到大顺序排列，中间一个数据即为中位数(x_M)。当测量数据个数为偶数时，中位数为中间相邻两个测量值的平均值。

3. 绝对偏差和相对偏差

绝对偏差(d_i)为某次测量值与平均值之差；相对偏差(d_r)为绝对偏差与平均值之比，常用百分数形式表示。

绝对偏差
$$d_i = x_i - \bar{x} \tag{2-5}$$

相对偏差
$$d_r = \frac{d_i}{\bar{x}} \times 100\% \tag{2-6}$$

一组平行测定结果中的偏差有正有负或者为零，各单次测定结果偏差的代数和为零。d_i 和 d_r 只能反映单次测定结果偏离平均值的程度，不能反映一组结果的精密度。

4. 平均偏差和相对平均偏差

在实际测定中往往要比较一组平行测定结果间接近程度或离散程度，这时要用平均偏差($\bar{d}$)和相对平均偏差($\bar{d}_r$)来衡量。平均偏差指各单次测定结果偏差绝对值的平均值

$$\bar{d} = \frac{|d_1| + |d_2| + \cdots + |d_n|}{n} \tag{2-7}$$

相对平均偏差是平均偏差与平均值之比，常以百分数形式表示

$$\bar{d}_r = \frac{\bar{d}}{\bar{x}} \times 100\% \tag{2-8}$$

在实际分析工作中，精密度常用相对平均偏差表示。

5. 标准偏差

标准偏差又称均方根偏差，当平行测定次数 n 趋于无穷大时，测定的平均值接近真值，此时标准偏差用总体标准偏差 σ 表示

$$\sigma = \sqrt{\frac{\sum_{i=1}^{n}(x_i - \mu)^2}{n}} \tag{2-9}$$

式中，μ 为无限多次平行测定结果的平均值，称为总体平均值。

在实际测定中，测定次数有限，此时，标准偏差用样本标准偏差 s 来表示，定义为

$$s = \sqrt{\frac{\sum_{i=1}^{n}(x_i - \bar{x})^2}{n-1}} = \sqrt{\frac{\sum_{i=1}^{n} d_i^2}{n-1}} \tag{2-10}$$

式中，$n-1$ 为自由度，指独立偏差的个数，用 f 表示。

相对标准偏差又称变异系数(CV)，常用百分数形式表示

$$CV = \frac{s}{\bar{x}} \times 100\% \tag{2-11}$$

s 是表示偏差的最好方法，数学严谨性高，可靠性大，使大偏差能更加显著地反映出来。

6. 相差和相对相差

若对样品只做两次平行测定，精密度常用相差(D)表示

相差 $$D=|x_1-x_2| \tag{2-12}$$

相对相差 $$D_r=\frac{|x_1-x_2|}{\bar{x}} \tag{2-13}$$

7. 极差和相对极差

极差又称全距或范围误差。

极差 $$R=x_{max}-x_{min} \tag{2-14}$$

相对极差 $$R_r=\frac{R}{\bar{x}} \tag{2-15}$$

此法适于说明少数几次测定结果的离散程度。

例 2-1　测定某样品中的含氮量，六次平行测定的结果是 20.48%、20.55%、20.58%、20.60%、20.53%、20.50%。

(1) 计算这组数据的平均值、中位数、极差、平均偏差、标准偏差、变异系数。

(2) 若此样品是标准样品，含氮量为 20.45%，计算测量结果的绝对误差和相对误差。

解　(1)

$$\bar{x}=\frac{\sum x_i}{n}=20.54\%$$

$$x_M=\frac{20.55\%+20.53\%}{2}=20.54\%$$

$$R=20.60\%-20.48\%=0.12\%$$

$$\bar{d}=\frac{\sum|d_i|}{n}=\frac{0.06\%+0.01\%+0.04\%+0.06\%+0.01\%+0.06\%}{6}=0.037\%$$

$$s=\sqrt{\frac{\sum(x_i-\bar{x})^2}{n-1}}=0.051\%$$

$$CV=\frac{s}{\bar{x}}\times100\%=\frac{0.051\%}{20.54\%}\times100\%=0.25\%$$

(2)

$$E_a=20.54\%-20.45\%=0.09\%$$

$$E_r=\frac{E_a}{x_T}=\frac{0.09\%}{20.45\%}\times100\%=0.4\%$$

2.2.3 准确度与精密度的关系

从上述讨论可知，精密度只能检验平行测量值之间相符合程度，与真值无关。也就是说获得了良好的精密度不一定准确度就高。这是因为精密度只反映随机误差的大小，而准确度既反映随机误差又反映系统误差。只有在消除了系统误差的前提下，精密度高才能确保准确度也高。

例如，A、B、C、D 四个分析工作者对同一铁标样[$w(Fe)=37.40\%$] 中的铁含量进行测量，得结果如图 2-2 所示，比较其准确度与精密度。

由图 2-2 可知 A 的精密度低，准确度也低，测定结果较差；B 的精密度虽然较高，但准确度低，测定结果也差；C 的精密度高和准确度均高，故测定结果好；D 的平均值虽然接近真值，但几个数据分散，靠取平均值时抵消了正负误差，这是一种巧合，是不可靠的。

从上例分析可知，好的测定结果，精密度和准确度必然都高；精密度不好，衡量准确度无意义，精密度低的测定结果绝对不可信，即精密度是保证准确度的先决条件。但精密度高，准确度不一定好，可能有系统误差存在。

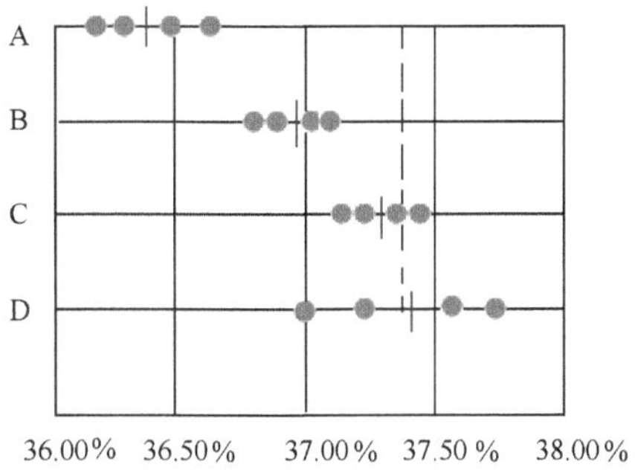

图 2-2　不同分析人员对同一样品分析结果

● 测量值　┆标准值　| 平均值

2.3　提高分析结果准确度的方法

分析过程的每一步骤都可能引入误差，要使最终分析结果误差小于所允许的不确定性，必须将每一步的误差控制在允许的误差范围内。

2.3.1　选择合适的分析方法

要提高测定的准确度，首先要选择适宜的分析方法。不同的分析方法对准确度和灵敏度各有侧重，如化学分析法准确度高，适宜常量分析中的常量组分分析；仪器分析法灵敏度高，适宜微量组分的测定。

2.3.2　减小测量误差

使用仪器进行测量时造成的绝对误差大小由测量仪器本身的精度决定，减小测量误差的方法是适当增大被测量。例如，一般分析天平一次读数的绝对误差 $E_i=\pm0.0001$ g，一次称量读两次，绝对误差为 $E_a=2E_i=\pm0.0002$ g，一般常量分析要求测量误差 E_r 不超过 ±0.1%。故

$$m_s > \frac{E_a}{E_r} = \frac{0.0002}{0.1\%} = 0.2(\text{g})$$

即试样的称量质量 m_s 必须在 0.2 g 以上。

又如，在滴定分析中，一般滴定管读数常有 ±0.01 mL 的误差，一次滴定中，读数两次，绝对误差为 $E_a=\pm0.02$ mL，常量分析要求测量误差 E_r 不超过 ±0.1%。故

$$V > \frac{E_a}{E_r} = \frac{0.02}{0.1\%} = 20(\text{mL})$$

即要求每次滴定体积不少于 20 mL，一般在 20～30 mL。

2.3.3　减小随机误差

从前面的随机误差概率分布可知：减小随机误差的有效方法是增加平行测定的次数，在保证精密度符合要求的前提下，以平均值作为测定结果。在一般的实际分析工作中，对于同一试样，通常要求平行测定 2～4 次。

2.3.4　检验并消除系统误差

1. 对照实验

这是检验和消除系统误差最有效的方法，可分为以下几类：

(1) 与标准试样进行对照。可以用一组成和含量与待测试样相近的标准样，用同一方法在相同条件下对标样进行测定，如果测定结果符合要求，则说明方法可靠。

(2) 与标准方法进行对照。选择标准方法在相同条件下对待测试样进行测定，用其结果与被检验方法结果比较，判断是否存在系统误差并进行校正。

(3) 回收实验。如果待测试样组成不清楚的，可以在其中加入已知量被测组分，然后测定，看加入已知量待测组分的回收率，由此也可以发现系统误差并加以校正。

2. 空白实验

空白实验是指在不加待测试样的情况下，按照分析试样的同样操作条件进行测定，其结果为空白值，再从测定试样的结果中扣除空白值，就可得到较可靠的结果，消除系统误差。由试剂、蒸馏水、器皿带入杂质造成的误差，可以用此法扣除。

3. 校准仪器

此法可消除仪器本身不够准确引入的误差。例如，砝码、移液管、滴定管等在精确分析中，都应该进行校准，并在计算结果中采用校准值。

2.4　分析数据的统计处理

实际测量工作中，不可能做无限次平行测定。对于有限次平行测定，随机误差不遵从正态分布，各次测定结果的平均值也就无法替代真实值。人们只能估计平均值与真实值的接近程度，即真实值会在平均值周围多大的范围内出现，及出现概率有多高。

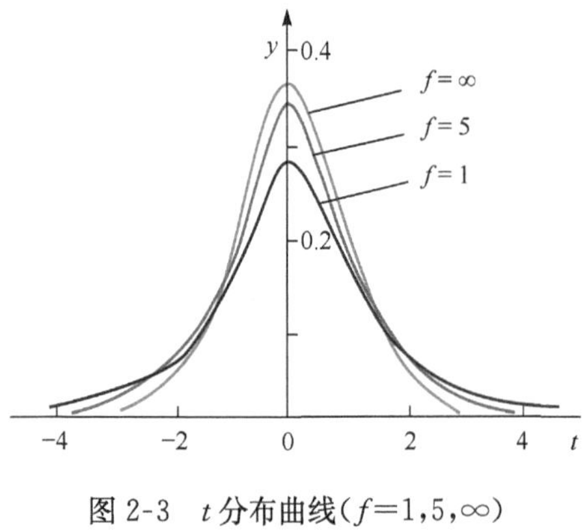

图 2-3　t 分布曲线($f=1,5,\infty$)

2.4.1　有限数据的分布及置信区间

1. t 分布与区间概率

正态分布是无限次测量数据的分布规律。当测量数据不多时，其分布服从 t 分布规律。定义

$$t=\frac{\overline{x}-\mu}{s_{\overline{x}}}=\frac{\overline{x}-\mu}{s}\sqrt{n} \tag{2-16}$$

t 分布曲线随自由度 f(f 值等于测量的次数 n 减去 1)而改变。当 f 趋近于无穷大时，t 分布趋近于正态分布，如图 2-3 所示。

t 分布曲线下面一定区间内的积分面积，就是该区间内随机误差出现的概率。不同 f 值及概率所对应的 t 值可查表 2-1。

表 2-1　t 分布值表

自由度 $f=n-1$	置信度 P 或 $(1-\alpha)$			
	0.50	0.90	0.95	0.99
1	1.00	6.31	12.71	63.66
2	0.82	2.92	4.30	9.93
3	0.76	2.35	3.18	5.84
4	0.74	2.13	2.78	4.60
5	0.73	2.02	2.57	4.03
6	0.72	1.94	2.45	3.71
7	0.71	1.90	2.37	3.50
8	0.71	1.86	2.31	3.36
9	0.70	1.83	2.26	3.25
10	0.70	1.81	2.23	3.17
20	0.69	1.73	2.09	2.85
∞	0.67	1.65	1.96	2.58

表中置信度用 P 表示，它表示在 $\pm t$ 区间内出现的概率；α 称为显著性水准，表示在 $\pm t$ 区间以外所出现的概率。由于 t 值与置信度及自由度有关，一般表示为 $t_{\alpha,f}$。例如，$t_{0.05,10}$ 表示置信度为 95%，自由度为 10 时的 t 值。

2. 置信区间

对少量测量数据，以样品平均值估计总体平均值可能存在的区间为

$$\mu=\bar{x}\pm t\frac{s}{\sqrt{n}} \tag{2-17}$$

式(2-17)表示在一定置信度下，以平均值 $\bar{x}$ 为中心，包含总体平均值 μ 的范围，称为总体平均值的置信区间。其中，s 为标准偏差；n 为测量次数。例如，$\mu=36.86\%\pm0.10\%$（置信度为 95%），可理解为有 95% 的把握说以平均值 36.86% 为中心，包含了总体平均值的区间为 36.86%±0.10%。在测量次数增多（$n>30$ 时），总体标准偏差已知的情况下，总体平均值在一定置信度下的置信区间为

$$\mu=\bar{x}\pm u\frac{\sigma}{\sqrt{n}} \tag{2-18}$$

例 2-2　分析铁矿中铁的质量分数，得到以下数据：37.45%、37.20%、37.50%、37.30%、37.25%。求置信度分别为 95%和 99%的置信区间。

解

$$\bar{x}=37.34\%$$

$$s=0.13\%$$

查表 2-1，当 $P=0.95$，$f=n-1=4$ 时，$t=2.78$，则 μ 的 95%置信区间为

$$\mu=\bar{x}\pm t\frac{s}{\sqrt{n}}=37.34\%\pm2.78\times\frac{0.13\%}{\sqrt{5}}=37.34\%\pm0.16\%$$

当 $P=0.99$，$f=n-1=4$ 时，$t=4.60$，则 μ 的 99%置信区间为

$$\mu=\bar{x}\pm t\frac{s}{\sqrt{n}}=37.34\%\pm4.60\times\frac{0.13\%}{\sqrt{5}}=37.34\%\pm0.27\%$$

从例 2-2 结果可知，置信度越高，置信区间越大，在此区间内包括总体平均值的可能性就越大。置信度的高低说明估计的把握程度，置信区间的大小反映了估计的精度。置信度并非越高越好，过高的置信度导致极宽的置信区间，精度很差，没有实际意义。

2.4.2 显著性检验

显著性检验是指对存在着差异的两个样本平均值之间或样本平均值与总体真值之间是否存在“显著性差异”的检验。在实际工作中，往往会遇到对标准样品进行测定时，所得到的平均值与标准值(相对真值)不完全一致；或者采用两种不同的分析法或不同的分析仪器或不同的分析人员对同一试剂进行分析时，所得的样本平均值有一定的差异。显著性检验就是检验这种差异是由随机误差引起的还是由系统误差引起的。如果存在“显著性差异”，就认为这种差异是由系统误差引起的；否则这种差异就是由随机误差引起的，认为是正常的。

1. 平均值与标准值的比较

在检验试样的平均值与标准值之间是否存在显著性差异，可以使用 t 检验法。

首先根据式(2-19)计算出 $t_{计算}$ 值

$$t_{计算}=\frac{|\bar{x}-\mu|}{s}\sqrt{n} \tag{2-19}$$

再根据置信度 P 和自由度 f，从表 2-1 中查出 $t_{表}$ 值，并进行比较。如果 $t_{计算}>t_{表}$，则认为存在着显著性差异，否则不存在显著性差异。在分析化学中，通常以 95%的置信度为检验标准，即显著性水准为 5%。

例 2-3 某化验室测定某样品中 CaO 的含量，得以下结果：$n=6$，$\bar{x}=30.51\%$，$s=0.05\%$，该样品中 CaO 的质量分数标准值为 30.43%，则此测定有无系统误差(置信度 95%)？

解 $$t_{计算}=\frac{|\bar{x}-\mu|}{s_{\bar{x}}}=\frac{|\bar{x}-\mu|}{s/\sqrt{n}}=\frac{30.51\%-30.43\%}{0.05\%/\sqrt{6}}=3.9$$

查表 2-1，$n=6$，$P=95\%$时，$t_{表}=2.57$。$t_{计算}>t_{表}$，说明平均值和标准值间有显著性差异，此测定存在系统误差。

2. 两组数据平均值的比较

比较两组数据 $\bar{x}_1$、n_1、s_1 和 $\bar{x}_2$、n_2、s_2 之间是否存在显著性差异，必须首先用 F 检验法检验两者精密度之间是否差异显著，若两者差异不明显，再用 t 检验法检验两者平均值有无明显差异。

1) F 检验

F 检验是通过比较两组数据的方差 s^2，以确定它们的精密度是否有显著性差异的方法。按式(2-20)计算 F 值

$$F_{计算}=\frac{s_{大}^2}{s_{小}^2} \tag{2-20}$$

式中，$s^2_{大}$ 和 $s^2_{小}$ 分别为两组数据中大的方差和小的方差。

查表 2-2 得 $F_{表}$ 的值，并比较，如果 $F_{计算}>F_{表}$，则认为两组数据的精密度之间存在显著性差异(置信度为 95%)，否则不存在显著性差异。

表 2-2　置信度为 95%的 F 值

$f_{小}$	$f_{大}$									
	2	3	4	5	6	7	8	9	10	∞
2	19.00	19.16	19.25	19.30	19.33	19.36	19.37	19.38	19.39	19.50
3	9.55	9.28	9.12	9.01	8.94	8.88	8.84	8.81	8.78	8.53
4	6.54	6.59	6.39	6.26	6.16	6.09	6.04	6.00	5.96	5.63
5	5.79	5.41	5.19	5.05	4.95	4.88	4.82	4.78	4.71	4.36
6	5.14	4.76	4.53	4.39	4.28	4.21	4.15	4.10	4.06	4.67
7	4.74	4.35	4.12	3.97	3.87	3.79	3.73	3.68	3.63	3.23
8	4.46	4.07	3.84	3.69	3.58	3.50	3.44	3.39	3.34	2.93
9	4.26	3.86	3.63	3.48	3.37	3.29	3.23	3.18	3.13	2.71
10	4.10	3.71	3.48	3.33	3.22	3.14	3.07	3.02	2.97	2.54
∞	3.00	2.60	2.37	2.21	2.10	2.01	1.94	1.88	1.83	1.00

2) t 检验确定两组平均值间有无显著性差异

若 s_1 和 s_2 之间无显著性差异，则用式(2-21)求得合并标准偏差 s

$$s=\sqrt{\frac{(n_1-1)s_1^2+(n_2-1)s_2^2}{n_1+n_2-2}} \tag{2-21}$$

接着计算 t 值

$$t_{计算}=\frac{|\bar{x}_1-\bar{x}_2|}{s}\sqrt{\frac{n_1n_2}{n_1+n_2}} \tag{2-22}$$

再从 t 值表中查出 $t_{表}$ 值，此时总自由度 $f=n_1+n_2-2$。如果 $t_{计算}>t_{表}$，则两组平均值存在显著性差异。

例 2-4　在不同温度下对某试样纯度作分析，所得结果如下：

10 ℃　96.5%　95.8%　97.1%　96.0%

37 ℃　94.2%　93.0%　95.0%　93.0%　94.5%

试比较两组结果是否有显著性差异(置信度为 95%)。

解　(1) F 检验

$$\bar{x}_1=\frac{\sum x_i}{n_1}=96.4\% \qquad s_1=\sqrt{\frac{\sum(x_i-\bar{x}_1)^2}{n_1-1}}=0.58\%$$

$$\bar{x}_2=\frac{\sum x_i}{n_2}=93.9\% \qquad s_2=\sqrt{\frac{\sum(x_i-\bar{x}_2)^2}{n_2-1}}-0.90\%$$

$$F_{计算}=\frac{s_2^2}{s_1^2}=2.4$$

查表 2-2 得，$F_{表}=9.12$，$F_{计算}<F_{表}$，表明两组数据的精密度 s_1 和 s_2 之间没有显著性差异。

(2) t 检验

$$s=\sqrt{\frac{(n_1-1)s_1^2+(n_2-1)s_2^2}{n_1+n_2-2}}=0.78\%$$

$$t_{计算}=\frac{|\bar{x}_1-\bar{x}_2|}{s}\sqrt{\frac{n_1n_2}{n_1+n_2}}=\frac{|96.4\%-93.9\%|}{0.78\%}\sqrt{\frac{4\times5}{9}}=4.78$$

查表 2-1 得，$t_{表}=2.37$，$t_{计算}>t_{表}$，所以两组数据间存在着显著性差异。

2.4.3 可疑值的取舍

在一组测量数据中，有时会发现某一测量值偏离其他测量值过远。这种测量值称为离群值或可疑值。可疑值的取舍会影响结果的平均值，尤其是当数据较少时影响更大。因此在计算前应对可疑值进行合理的取舍。若可疑值是由于过失引起的，因立即舍弃；若非过失引起，则可按下列方法决定其取舍。

1. $4\bar{d}$ 法

步骤如下：

(1) 将可疑值除外，求其余数据的平均值 $\bar{x}_{n-1}$ 和平均偏差 $\bar{d}_{n-1}$。

(2) 求可疑值 x 与平均值 $\bar{x}_{n-1}$ 之间的差的绝对值 $|x-\bar{x}_{n-1}|$。

(3) 判断：若 $|x-\bar{x}_{n-1}|>4\bar{d}_{n-1}$，则舍弃可疑值，反之保留。

2. Q 检验法

步骤如下：

(1) 将一组测量数据按从小到大依次排列：$x_1, x_2, \cdots, x_{n-1}, x_n$。

(2) 统计量 Q 定义为

$$Q_{计算}=\frac{x_n-x_{n-1}}{x_n-x_1}\quad(若\ x_n\ 为可疑值)\tag{2-23}$$

或

$$Q_{计算}=\frac{x_2-x_1}{x_n-x_1}\quad(若\ x_1\ 为可疑值)\tag{2-24}$$

(3) 根据测定次数和置信度，从表 2-3 中查出 $Q_{表}$。

(4) 比较 $Q_{表}$ 与 $Q_{计算}$，若 $Q_{计算}\geqslant Q_{表}$，可疑值应舍去，反之应保留。

表 2-3 Q 值表

置信度 \ 测定次数 n	3	4	5	6	7	8	9	10
90%($Q_{0.90}$)	0.94	0.76	0.64	0.56	0.51	0.47	0.44	0.41
95%($Q_{0.95}$)	0.97	0.84	0.73	0.64	0.59	0.54	0.51	0.49
99%($Q_{0.99}$)	0.99	0.93	0.82	0.74	0.68	0.63	0.60	0.57

例 2-5 测定碱灰总碱量[$w(Na_2O)$]得到 6 个数据，按其从小到大顺序排列为 40.02、40.12、40.16、40.18、40.18、40.20。第一个数据可疑，用 Q 检验法判断是否应舍弃(置信度为 90%)。

解

$$Q_{计算}=\frac{40.12-40.02}{40.20-40.02}=0.56$$

查表 2-3，$n=6$，$Q_{表}=0.56$，$Q_{计算}\geqslant Q_{表}$，所以应舍弃可疑值。

3. 格鲁布斯(Grubbs)法

步骤如下：

(1) 把一组数据，按从小到大顺序排列为：$x_1, x_2, \cdots, x_{n-1}, x_n$。

(2) 统计量 G 定义为

$$G_{计算}=\frac{\bar{x}-x_1}{s} \quad (若\ x_1\ 为可疑值) \tag{2-25}$$

或

$$G_{计算}=\frac{x_n-\bar{x}}{s} \quad (若\ x_n\ 为可疑值) \tag{2-26}$$

(3) 根据测定次数和置信度，从表 2-4 中查出 $G_表$。

表 2-4　G 值表

n	置信度 P		
	95%	97.5%	99%
3	1.15	1.15	1.15
4	1.46	1.48	1.49
5	1.67	1.71	1.75
6	1.82	1.89	1.94
7	1.94	2.02	2.10
8	2.03	2.13	2.22
9	2.11	2.21	2.32
10	2.18	2.29	2.41
11	2.23	2.36	2.48
12	2.29	2.41	2.55
13	2.33	2.46	2.61
14	2.37	2.51	2.63
15	2.41	2.55	2.71
20	2.56	2.71	2.88

(4) 比较 $G_表$ 与 $G_{计算}$，若 $G_{计算} \geqslant G_表$，可疑值应舍去，反之应保留。

对同一问题，当用上述三种检验法得出的结论不同时，一般应以 G 检验法的结论为准，因为此法引入了正态分布中的两个最重要的样本参数 $\bar{x}$ 及 s，故方法的准确性较好。

2.5　有效数字的运算规则

2.5.1　有效数字

在实践中对任何一种物理量的测定，其准确度都是有限的，即相对的。例如，对一个物体的质量，用分析天平称量，甲的结果是 2.1543 g，乙的结果是 2.1542 g，丙的结果是 2.1541 g。这三个结果中除最后一位数字不同外，其他数字一样，这说明分析天平测出的数据除最后一位是估计值外，其余数字都是准确可靠的。这种在分析工作中能实际测量到的数字称为有效数字，其最后一位是可疑数字。在记录这些有效数字时必须客观地而不是想象地记录。因为这些数字既反映了测量数字的大小，也反映出测量手段(或工具)的精确程度。例如，称量一个物体质量，当用分度值为 0.1 g 的台秤称量时，质量为 5.2 g；当用分度值为 0.1 mg 的分析天平称量时，质量为 5.2000 g。前者不能记成后者，当然后者也不能记成前者。这就是有效数字不同于一般数字的地方。例如

5.2380 g	五位	20.31 cm^2	四位
0.3405 g	四位	31.00 cm^3	四位
0.0027 g	两位	382 m	三位
19.28%	四位	0.01 $mg \cdot L^{-1}$	一位

有效数字位数的保留，应根据仪器的准确度确定，所以根据有效数字最后一位是如何保留的，可大致判断测定的绝对误差及所用仪器的精密程度，根据有效数字的位数，还可大致判断测定相对误差的大小。例如，由测定值 0.5120 g 可知绝对误差为±0.0002 g，相对误差为±0.04%，所用仪器可能是万分之一的分析天平(或电子天平)；若将此数据记作 0.512 g，则会被误认为绝对误差为±0.002 g，相对误差为±0.4%，所用仪器是千分之一的分析天平(或电子天平)，精确度下降了。由此可见，有效数字位数保留不当，将无法正确反映测量的准确度。

在确定有效数字位数时，需注意以下原则：

(1) 非零数字都是有效数字。

(2) 数字“0”的作用。在有效数字中“0”具有双重意义，若其作为普通数字，表示实际的测量结果，它就是有效数字；若其仅起定位作用，则不是有效数字。例如

0.0053 (两位有效数字)　　0.5300 (四位有效数字)

0.0503 (三位有效数字)　　0.5030 (四位有效数字)

(3) 首位数字是 8、9 时，可按多一位处理，如 9.83 计算时可按四位有效数字处理。

(4) 如果要改变某些有效数字位数而值不变时可用科学计数法表示。例如，12 000 一般可看成五位有效数字，要使其变成两位有效数字可写成 1.2×10^4。

(5) 对数、负对数，如 pH、pM、lg*K* 等结果有效数字位数只看小数部分(尾数)数字的位数，整数部分只代表该数的方次。例如

pM=5.00 (两位有效数字)　　pH=0.23 (两位有效数字)

(6) 对于非测量所得的数字、系数、常数(如 π、e)、倍数、分数及自然数等，要根据实际需要确定有效数字位数。可视为无限多位有效数字，也可不考虑其位数。

(7) 在对有效数字进行转换的时候一般要求有效数字位数保持不变。例如，pH=12.68 具有两位有效数字，换算为 H^+ 浓度时，$c(H^+)=2.1\times10^{-13}\ mol\cdot L^{-1}$，也应为两位有效数字。

(8) 测量最后结果中只保留一位不确定的数字。

2.5.2 有效数字修约规则

各测量值的有效数字位数确定后，就要将其后面多余的数字舍弃。舍弃多余数字的过程称为“修约”，目前一般采用“四舍六入五成双”规则。其规定如下：

(1) 当测量值中被修约的数字等于或小于 4 时，该数字应舍弃；等于或大于 6 时，进一位。

(2) 当测量值中被修约的数字等于 5 时，且 5 后面为零时，要看 5 前面数字，若是奇数则进位，若是偶数则舍弃；当 5 后面有任何非零数字时，无论 5 前面是奇是偶皆进一位。根据这

一规则，将下列测量值修约为两位有效数字时，结果应为

3.148→3.1	7.397→7.4
0.745→0.74	8.572→8.6
75.5→76	2.451→2.5

(3) 在修约时，如果舍弃的数字不止一位，则应一次修约到所需位数，不能分多步反复修约。例如，要将 13.4748 修约成四位有效数字时，不能先修约为 13.475，再修约为 13.48，而应一次修约为 13.47。

2.5.3　有效数字运算规则

在有效数字运算中，为防止最终结果的准确度被错误地提高或降低，根据误差的传递规律，总结出了有效数字的运算规则。

1. 加减法运算

加减法过程是各个测量值绝对误差的传递过程，测量值中绝对误差的最大值决定了分析结果的不确定性。因此，求几个测量值相加减的结果时，有效数字位数的保留，应以小数点后位数最少的数(绝对误差最大的数)为依据。例如

$$50.1+1.45+0.5812=52.1$$

其中，50.1 小数点后位数最少，即绝对误差最大，故计算结果小数点后只应保留一位有效数字。

2. 乘除法运算

乘除法过程是各个测量值相对误差的传递过程，结果的相对误差应与各测量值中相对误差最大的那个数相对应。因此，乘除法运算结果的有效数字位数应与有效数字位数最少的数(相对误差最大的数)保持一致。例如

$$0.0121\times 25.64\times 1.05782=0.328$$

其中，0.0121 的有效数字位数最少，即相对误差最大，故计算结果应保留三位有效数字，与 0.0121 一致。

此外，在有效数字运算中还应注意以下几点：

(1) 运算中一般采用计算后再修约，也可以用先修约再计算的方法。采用后者的话，在大量数据的运算中，为使误差不迅速积累，对参加运算的所有数据修约时可以多保留一位可疑数字。

(2) 在含量测定过程中，有效数字位数的保留与相对含量有关，组分含量若大于 10%，取四位有效数字；组分含量为 1%～10%，取三位有效数字；组分含量小于 1%时，一般取两位有效数字。

(3) 计算误差或偏差时，一般只取一到两位有效数字；进行化学平衡计算时，因平衡常数一般仅两或三位有效数字，结果也只需保留两到三位有效数字。

思考题

1. 系统误差和随机误差的来源有哪些？各有何特点？如何减免？

2. 什么是准确度？什么是精密度？二者有什么联系与区别？

3. 什么是有效数字？应如何确定其位数？

4. 判断下列情况引起误差的类型，应如何减免？

(1) 过滤时使用了定性滤纸，最后灰分加大。

(2) 滴定管读数时，最后一位估计不准。

(3) 试剂中含有少量的被测组分。

(4) 称量中，试样吸收了空气中的水分。

(5) 天平零点稍有变动。

(6) 砝码腐蚀。

5. 滴定分析时，如何减小测量误差？

6. 什么是平均偏差和标准偏差？两者相比较，哪个能更好地说明数据的精密度？为什么？

7. 什么是置信区间和置信度？两者有何联系？

8. 为什么要进行可疑值的取舍？如何取舍？

9. 什么是显著性检验？常用的方法有哪些？

习　题

1. 用银量法测定纯的 NaCl 试剂中氯的含量，两次测定值为 60.53%和 60.55%，计算测定结果的绝对误差和相对误差。

2. 测得铁矿石中 Fe_2O_3 含量为 50.30%、50.31%、50.28%、50.27%、50.32%，计算各次测定的平均值、中位数、极差、平均偏差、相对平均偏差、标准偏差和变异系数。

3. 测定试样中 CaO 含量，得到以下结果：35.65%、35.69%、35.72%、35.60%，则

(1) 统计处理后的分析结果应该如何表示？

(2) 比较 95%和 90%置信度下总体平均值和置信区间。

4. 根据以往的经验，用某一种方法测定矿样中锰的含量的标准偏差是 0.12%。现测得含锰量为 9.56%，如果分析结果分别是根据一次、四次、九次测定得到的，计算各次结果平均值的置信区间(95%置信度)。

5. 某分析人员提出了测定氮的最新方法。用此法分析某标准样品(标准值为 16.62%)，四次测定的平均值为 16.72%，标准偏差为 0.08%。则此结果与标准值相比有无显著性差异(置信度为 95%)？

6. 某人测定一溶液的物质的量浓度($mol \cdot L^{-1}$)，获得以下结果：0.2038、0.2042、0.2052、0.2039。第三个结果应否弃去？结果应该如何表示？测了第五次，结果为 0.2041，这时第三个结果可以弃去吗？请用三种可疑值取舍讨论(置信度 95%)。

7. 标定 0.1 $mol \cdot L^{-1}$ HCl，欲消耗 HCl 溶液 25 mL 左右，应称取 Na_2CO_3 基准物多少克？从称量误差考虑能否达到 0.1%的准确度？若改用硼砂 $Na_2B_4O_7 \cdot 10H_2O$ 为基准物，结果又如何？

8. 下列各数含有的有效数字是几位？

(1) 0.0030　　(2) 6.023×10^{23}　　(3) 64.120　　(4) 4.80×10^{-10}

(5) 998　　(6) 1000　　(7) 1.0×10^{3}　　(8) pH=5.2

9. 按有效数据运算规则计算下列结果。

(1) 213.64+4.4+0.3244

(2) $126.9+0.316\times40.32-1.2\times10^{2}$

(3) $\dfrac{0.0982\times(20.00-14.39)\times\dfrac{162.206}{3}}{1.4182\times100}\times100$

(4) 一溶液 pH=12.20,求其 $c(H^+)$

10. 甲乙二人同时分析一矿物试样中含硫量,每次称取试样 3.5 g,分析结果报告如下,哪个比较合理?

甲　0.042%,0.041%　　乙　0.040 99%,0.042 01%

11. 某人用配位滴定返滴定法测定样品中铝的质量分数。称取试样 0.2000 g,加入 0.020 02 $mol\cdot L^{-1}$ 的 EDTA 溶液 25.00 mL,返滴定时消耗了 0.020 12 $mol\cdot L^{-1}$ 的 Zn^{2+} 溶液 23.12 mL。计算 $w(Al)$。此处有效数字有几位?如何才能提高测定的准确度?

第3章 滴定分析法概论

基本要求

- 掌握滴定、化学计量点、滴定终点等基本概念。
- 了解滴定分析法的特点、分类方法,滴定分析对化学反应的要求及滴定方式。
- 理解基准物质,掌握标准溶液的配制方法、浓度的确定及表示方法。
- 掌握滴定度的概念及其计算。
- 熟悉常用滴定方法的典型应用和计算方法。

滴定分析法是定量化学分析中常用的分析方法之一,多用于常量和半微量分析。将一种已知准确浓度的溶液逐滴加入被测物质的溶液中,直到两者按反应式的化学计量关系恰好完全反应为止,然后根据所用标准溶液的浓度和体积计算被测物质的含量。这种分析方法称为**滴定分析法**(titrimetry)。因为这类方法以测量标准溶液的容积为基础,也称容量分析法。

滴定分析法中,用来和被测物质发生反应的已知准确浓度的试剂溶液称为**标准溶液**(standard solution),所滴加的标准溶液则称为**滴定剂**(titration solvent)。将滴定剂逐滴加入被测物质溶液中的过程称为滴定(titration)。当化学反应按计量关系完全作用,即加入的滴定剂与被测物质定量反应完全时,称滴定达到**化学计量点**(stoichiometric point,以 sp 表示),简称为计量点。滴定达到化学计量点时,溶液通常没有明显的外部变化,需在溶液中加入试剂产生颜色变化来确定,这种试剂称为指示剂。滴定中指示剂改变颜色停止滴定的点称为**滴定终点**(titration end point,以 ep 表示),简称为终点。由于化学计量点和滴定终点不一致而产生的误差称为终点误差或**滴定误差**(titration error,以 TE 表示)。

滴定分析法具有快速、准确、仪器设备简单、操作简便等优点,适于组分含量在1%以上各种物质的测定,在生产实践和科学研究中用途广泛。

3.1 滴定分析法的分类和对化学反应的要求

3.1.1 滴定分析法的分类

滴定分析法是依据溶液中发生的反应来做定量分析的方法,所以根据所利用的化学反应类型的不同,常用的滴定分析法可分为酸碱滴定法、沉淀滴定法、氧化还原滴定法和配位滴定法等。其相关内容将分别在第 4 章、第 5 章、第 6 章和第 7 章中讨论。

3.1.2 滴定分析法对化学反应的要求

并不是所有的化学反应都适用于滴定分析法,适用于滴定分析的化学反应必须满足以下几点要求:

(1) 反应必须有确定的化学计量关系,即被测物质与标准溶液之间按一定的反应方程式定量进行反应，通常要求在 99.9%以上，这是定量反应的基础。

(2) 反应速率快。对反应速率较慢的反应可以用加热或加催化剂等方法加快反应速率。

(3) 必须有适宜的指示剂或其他简便可靠的方法确定滴定终点。

3.2 滴定方式

滴定分析的方式主要有直接滴定法、返滴定法、置换滴定法和间接滴定法。

3.2.1 直接滴定法

凡能满足滴定分析法对化学反应要求的反应，都可以用直接滴定法进行分析测定。直接滴定法(direct titration)是用标准溶液直接滴定被测物质。例如，用一种已知准确浓度的盐酸标准溶液作为滴定剂来直接滴定未知浓度的氢氧化钠溶液。直接滴定法是滴定分析中最常用和最基本的滴定方法。

对不能完全符合上述要求的化学反应，可以选用其他滴定方式进行滴定。

3.2.2 返滴定法

当滴定剂与被测物质反应较慢(如 Al^{3+} 与 EDTA 的反应)或反应物是固体时，滴定剂加入后反应不能立刻定量完成，可以先加入一定量过量的滴定剂，待反应定量完成后，再用另外一种标准溶液滴定剩余的滴定剂，这种滴定方式称为返滴定法(back titration)。例如，当被测物质是固体 $CaCO_3$ 时，盐酸溶液与固体样品反应速率慢，可以先向试样中加入一定量过量的盐酸标准溶液，加热使样品完全溶解，冷却后再加指示剂，再用氢氧化钠标准溶液返滴定剩余的盐酸溶液；测定 Al^{3+} 时，先加入已知过量的 EDTA 标准溶液，待 Al^{3+} 与 EDTA 反应完成后，剩余的 EDTA 则利用标准 Zn^{2+}、Pb^{2+} 或 Cu^{2+} 溶液返滴定。

有时某些反应没有合适的指示剂或被测物质对指示剂有封闭作用时，也可以采用返滴定法。例如，在酸性溶液中用 $AgNO_3$ 滴定 Cl^- 缺乏合适的指示剂，可先加入已知过量的 $AgNO_3$ 标准溶液使 Cl^- 沉淀完全后，再以三价铁盐作指示剂，用 NH_4SCN 标准溶液返滴定过量的 Ag^+，出现红色的 $[Fe(SCN)]^{2+}$ 即为终点。

3.2.3 置换滴定法

当被测物质不能按确定的化学计量关系反应时，可用置换滴定法进行滴定。置换滴定法(replacement titration)先选用适当的试剂与被测物质反应，使其定量置换成另一种可以被直接滴定的物质，再用标准溶液作为滴定剂滴定这种生成物。例如，用 $Na_2S_2O_3$ 直接滴定 $K_2Cr_2O_7$ 等强氧化剂时，反应伴有副反应发生，$S_2O_3^{2-}$ 会被氧化成 $S_4O_6^{2-}$ 及 SO_4^{2-} 等混合物，反应没有确定的化学计量关系。如果先在 $K_2Cr_2O_7$ 酸性溶液中加入过量的 KI，使之发生反应后产生与 $K_2Cr_2O_7$ 有一定计量关系的 I_2，再用 $Na_2S_2O_3$ 标准溶液滴定生成的 I_2，即可测定 $K_2Cr_2O_7$ 的含量。

3.2.4 间接滴定法

有些物质本身不能与滴定剂直接反应，有时可以通过其他化学反应定量转化为可被直接滴定的物质，再用标准溶液进行滴定，即用间接滴定法(indirect titration)进行测定。例如，

Ca^{2+}本身没有还原性,不能用氧化还原法直接测定。但如果先加入过量草酸将Ca^{2+}沉淀为草酸钙,过滤洗净后,用稀硫酸溶解沉淀,再用高锰酸钾标准溶液滴定溶液中的$C_2O_4^{2-}$,就可以间接测定Ca^{2+}的含量。

由于可以采用不同的滴定方式,大大扩展了滴定分析的应用范围。

3.3 基准物质和标准溶液

3.3.1 基准物质

已知准确浓度的溶液称为标准溶液。在滴定分析中,标准溶液起着重要作用。能用来直接配成标准溶液的物质称为基准物质(calibration material)。基准物质须具备以下条件:

(1) 组成恒定。试剂的组成与化学式完全符合,如含有结晶水,其结晶水含量也应与化学式相同。

(2) 纯度高。一般纯度应在99.9%以上。

(3) 性质稳定。保存或称量过程中不分解、不吸湿、不风化、不易被氧化等。

(4) 具有较大的摩尔质量。称取量大,称量误差小。

常用的基准物质有银、铜、锌、铝、铁等纯金属及氧化物,重铬酸钾、碳酸钾、氯化钠、邻苯二甲酸氢钾、草酸、硼砂等纯化合物。

一些常用的基准物质的干燥条件和应用见附录2。

3.3.2 标准溶液的配制

标准溶液的配制分为直接法和间接法两种方法。

1. 直接法

符合基准物质条件的试剂,可用直接法配制成标准溶液。先准确称量一定量的基准物质,溶解于适量溶剂后定量转入容量瓶中,稀释,定容,然后根据所称取基准物质的质量和容量瓶的体积即可算出该标准溶液的准确浓度。例如,准确称取2.8～3.0 g的$K_2Cr_2O_7$。现称取2.9465 g基准物质$K_2Cr_2O_7$,用水溶解后,定量转入1 L的容量瓶中,用蒸馏水稀释至刻度,摇匀,即得0.010 02 mol · L^{-1}的$K_2Cr_2O_7$标准溶液。

2. 间接法

有的试剂不能满足基准物质必备的条件,不能用直接法配制。这时,可以用间接法配制。先称取一定量试剂配制成近似浓度的溶液,然后再用基准物质或已知准确浓度的标准溶液用滴定方法测定出它的准确浓度。这种通过滴定确定标准溶液准确浓度的操作称为标定(标定一般要求至少进行3、4次平行测定,相对偏差在0.1%～0.2%)。如此配制标准溶液的方法称为间接法或标定法。例如,欲配制0.1 mol · L^{-1}的HCl标准溶液,由于HCl的准确含量难以确定,且易挥发,无法用直接法配制。可先配制接近0.1 mol · L^{-1}的HCl溶液,然后称取定量的基准物质(如碳酸钠)进行标定。或用已知准确浓度的氢氧化钠标准溶液进行标定,通过计算得到HCl的准确浓度。

标定好的标准溶液应视其性质妥善保存在细口玻璃瓶或聚乙烯塑料瓶中,防止水分蒸发或灰尘进入。对于性质不稳定的溶液，长期放置后，在使用前需重新标定其浓度。

3.3.3 标准溶液浓度的表示方法

1. 物质的量浓度

标准溶液的浓度常用物质的量浓度（molarity，简称浓度）来表示。物质 B 的浓度 $c(\mathrm{B})$ 指单位体积溶液中所含溶质 B 的物质的量。表达式如下：

$$c(\mathrm{B})=\frac{n(\mathrm{B})}{V}$$

式中，$n(\mathrm{B})$ 为溶液中溶质 B 的物质的量，单位为 mol 或 mmol；V 为溶液的体积，单位为 $\mathrm{m^{-3}}$ 或 $\mathrm{dm^{-3}}$ 等。在分析化学中，最常用的体积单位为 L 或 mL。所以浓度 $c(\mathrm{B})$ 的常用单位为 $\mathrm{mol \cdot L^{-1}}$。

表示物质的量浓度时，必须指明基本单元。同一溶液，选择的基本单元不同，其摩尔质量就不同，浓度也不相同。例如，1 L 溶液中含 0.1 mol 的 H_2SO_4，其浓度表示为 $c(H_2SO_4)=0.1\ \mathrm{mol \cdot L^{-1}}$，$c(1/2\ H_2SO_4)=0.2\ \mathrm{mol \cdot L^{-1}}$，由此可见

$$n\left(\frac{b}{a}\mathrm{B}\right)=\frac{a}{b}n(\mathrm{B}) \qquad c\left(\frac{b}{a}\mathrm{B}\right)=\frac{a}{b}c(\mathrm{B})$$

若物质 B 的质量为 $m(\mathrm{B})$，其摩尔质量为 $M(\mathrm{B})$，可计算得到 B 的物质的量 $n(\mathrm{B})$，即

$$m(\mathrm{B})=n(\mathrm{B})M(\mathrm{B})$$

由此导出溶质的质量 $m(\mathrm{B})$ 与物质的量浓度 $c(\mathrm{B})$、溶液的体积 V 和摩尔质量 $M(\mathrm{B})$ 间的关系，即

$$m(\mathrm{B})=c(\mathrm{B})VM(\mathrm{B})$$

2. 质量浓度

在滴定分析中，有时也用质量浓度表示标准溶液的浓度。质量浓度（mass concentration）指单位体积内溶质的质量，其公式为

$$\rho(\mathrm{B})=\frac{m(\mathrm{B})}{V}$$

式中，$m(\mathrm{B})$ 为溶液中溶质 B 的质量，单位可以为 kg、g、mg 或 μg 等。所以 $\rho(\mathrm{B})$ 的单位常用 $\mathrm{g \cdot L^{-1}}$、$\mathrm{mg \cdot L^{-1}}$ 等表示。

3. 滴定度

实践中，经常要测定大批试样中某组分的含量，为了简化计算，常用滴定度（titre）表示标准溶液的浓度。滴定度以每毫升滴定剂所能滴定的被测物质的质量表示，其形式为 $T(\mathrm{A/T})$。T 表示滴定剂，A 表示被测物质，中间的斜线表示“相当于”的意思。$T(\mathrm{A/T})$ 表示每毫升滴定剂 T 相当于被测物质 A 的质量，单位为 $\mathrm{mg \cdot mL^{-1}}$ 或 $\mathrm{g \cdot mL^{-1}}$。例如，用 $AgNO_3$ 标准溶液滴定 NH_4Cl 溶液时，滴定度 $T(NH_4Cl/AgNO_3)=0.010\ 70\ \mathrm{g \cdot mL^{-1}}$，表示每毫升 $AgNO_3$ 标准溶液相当于 0.010 70 g NH_4Cl。如果滴定过程中消耗 21.36 mL $AgNO_3$ 标准溶液，则试液中 NH_4Cl 的含量为

$$m(NH_4Cl)=T(NH_4Cl/AgNO_3)V=0.010\ 70\times 21.36=0.2286(\mathrm{g})$$

3.4　滴定分析的计算

滴定分析中，常涉及标准溶液的配制、标定和稀释，滴定剂和被测物质之间的计量关系，被测物质的含量的计算等一系列计算问题。

3.4.1　滴定分析计算的依据和基本公式

设滴定剂 A 与被测物质 B 有下列关系

$$aA + bB = cC + dD$$

当滴定达到化学计量点时，滴定剂 A 的物质的量 $n(A)$ 与被测物质 B 的物质的量 $n(B)$ 有下列关系

$$n(A) : n(B) = a : b$$

则

$$n(A) = \frac{a}{b}n(B) \quad 或 \quad n(B) = \frac{b}{a}n(A)$$

上述公式是滴定分析中定量计算的基本依据。式中，$\frac{a}{b}$ 和 $\frac{b}{a}$ 称为化学计量数比。

设被测物质的浓度为 $c(B)$，体积为 $V(B)$；滴定剂的浓度为 $c(A)$，体积为 $V(A)$。到达化学计量点时，它们之间的关系为

$$c(A)V(A) = \frac{a}{b}c(B)V(B)$$

若已知被测物质的摩尔质量 M(A)，则被测物质的质量 $m(A)$ 为

$$m(A) = n(A)M(A) = c(A)V(A)M(A) = \frac{a}{b}c(B)V(B)M(A)$$

3.4.2　滴定分析计算示例

例 3-1　欲配制 0.020 00 mol · L^{-1} 的重铬酸钾标准溶液 500 mL，则应称取基准物质 $K_2Cr_2O_7$ 多少克？

解

$$M(K_2Cr_2O_7) = 294.18\ g \cdot mol^{-1}$$

$$m(K_2Cr_2O_7) = c(K_2Cr_2O_7)V(K_2Cr_2O_7)M(K_2Cr_2O_7)$$
$$= 0.020\ 00 \times 0.5000 \times 294.18 = 2.942(g)$$

例 3-2　现有 0.1872 mol · L^{-1} 的 H_2SO_4 溶液 450 mL，欲使其浓度达到 0.2000 mol · L^{-1}，则应加入 0.4003 mol · L^{-1} 的 H_2SO_4 溶液多少毫升？

解　设应加入 0.4003 mol · L^{-1} 的 H_2SO_4 溶液的体积为 V，根据溶液稀释前后 H_2SO_4 的物质的量相等的原则

$$0.1872 \times 450 + 0.4003V = 0.2000 \times (450 + V)$$

$$V = \frac{0.2000 \times 450 - 0.1872 \times 450}{0.4003 - 0.2000} = 28.8(mL)$$

例 3-3　称取 0.2275 g Na_2CO_3 标定 HCl 溶液，用去 22.35 mL HCl 溶液，求 HCl 溶液的浓度。

解　滴定反应式为

$$Na_2CO_3 + 2HCl = 2NaCl + H_2O + CO_2\uparrow$$

由方程式可知

$$n(HCl)=2n(Na_2CO_3)$$

$$c(HCl)=\frac{2m(Na_2CO_3)}{M(Na_2CO_3)V(HCl)}=\frac{2\times 0.2275}{106.00\times 0.022\ 35}=0.1838(mol\cdot L^{-1})$$

例 3-4　称取铁矿试样 0.3143 g，用酸溶解后加 $SnCl_2$ 使 Fe^{3+} 全部还原成 Fe^{2+}，用 0.020 07 $mol\cdot L^{-1}$ 的 $K_2Cr_2O_7$ 标准溶液滴定 Fe^{2+} 至终点用去 21.36 mL，计算(1)0.020 07 $mol\cdot L^{-1}$ 的 $K_2Cr_2O_7$ 标准溶液对 Fe 和 Fe_2O_3 的滴定度；(2)试样中 Fe 和 Fe_2O_3 的质量分数。

解　有关反应为

$$Fe_2O_3+6H^+=\!=\!=2Fe^{3+}+3H_2O$$

$$2Fe^{3+}+Sn^{2+}=\!=\!=2Fe^{2+}+Sn^{4+}$$

$$6Fe^{2+}+Cr_2O_7^{2-}+14H^+=\!=\!=6Fe^{3+}+2Cr^{3+}+7H_2O$$

由以上反应式可知

$$n(Fe)=6n(K_2Cr_2O_7)$$

$$n(Fe_2O_3)=\frac{1}{2}n(Fe)=\frac{1}{2}\times 6n(K_2Cr_2O_7)=3n(K_2Cr_2O_7)$$

(1) 滴定度

$$\begin{aligned}T(Fe/K_2Cr_2O_7)&=\frac{m(Fe)}{V(K_2Cr_2O_7)}=\frac{n(Fe)M(Fe)}{V(K_2Cr_2O_7)}\\&=\frac{6n(K_2Cr_2O_7)M(Fe)}{V(K_2Cr_2O_7)}=6c(K_2Cr_2O_7)M(Fe)\\&=6\times 0.020\ 07\times 55.85\\&=6.725(g\cdot L^{-1})\\&=0.006\ 725(g\cdot mL^{-1})\end{aligned}$$

同理可得

$$\begin{aligned}T(Fe_2O_3/K_2Cr_2O_7)&=3c(K_2Cr_2O_7)M(Fe_2O_3)\\&=3\times 0.020\ 07\times 159.69\\&=9.615(g\cdot L^{-1})\\&=0.009\ 615(g\cdot mL^{-1})\end{aligned}$$

(2) 质量分数

$$w(Fe)=\frac{m(Fe)}{m(s)}=\frac{T(Fe/K_2Cr_2O_7)V(K_2Cr_2O_7)}{m(s)}=\frac{0.006\ 725\times 21.36}{0.3143}\times 100\%=45.70\%$$

$$w(Fe_2O_3)=\frac{T(Fe_2O_3/K_2Cr_2O_7)V(K_2Cr_2O_7)}{m(s)}=\frac{0.009\ 615\times 21.36}{0.3143}\times 100\%=65.34\%$$

例 3-5　在 0.2815 g 不纯 $CaCO_3$ 试样中不含干扰测定的组分，加入 20.00 mL 0.1175 $mol\cdot L^{-1}$ HCl 溶液，煮沸除去 CO_2，过量 HCl 用 NaOH 标准溶液返滴定耗去 5.60 mL，若每毫升 NaOH 标准溶液相当于 0.9750 mL 盐酸溶液。试计算试样中 $CaCO_3$ 的百分含量。

解　与测定有关的反应有

$$CaCO_3+2HCl=\!=\!=2CaCl_2+H_2O+CO_2\uparrow$$

$$NaOH+HCl=\!=\!=NaCl+H_2O$$

由反应式可知

$$n(HCl)=2n(CaCO_3)$$

$$n(HCl)=n(NaOH)$$

所以

$$w(CaCO_3)=\frac{[c(HCl)V(HCl)-c(NaOH)V(NaOH)]M(CaCO_3)}{2m(CaCO_3)}$$

$$=\frac{(0.1175\times20.00\times10^{-3}-0.1175\times0.9750\times5.60\times10^{-3})\times100.09}{2\times0.2815}\times100\%$$

$$=30.4\%$$

思考题

1. 什么是滴定分析？它的主要分析方法有哪几种？

2. 能用于滴定分析的化学反应必须符合哪些条件？什么是化学计量点？什么是滴定终点？什么是终点误差？

3. 基准物质条件之一是要具有较大的摩尔质量，对这个条件如何理解？

4. 由下列试剂配制标准溶液，哪些可以用直接法配制？哪些可以用间接法配制？

H_2SO_4、NaOH、Na_2CO_3、$H_2C_2O_4\cdot2H_2O$、Ag、$AgNO_3$、NaCl、$Na_2H_2Y\cdot2H_2O$、$Na_2S_2O_3\cdot5H_2O$、$KMnO_4$、$K_2Cr_2O_7$、As_2O_3、ZnO

5. 什么是滴定度？滴定度与物质的量浓度如何换算？

6. 若将 $H_2C_2O_4\cdot2H_2O$ 基准物质不密封，长期放置在有干燥剂的干燥器中，用它标定 NaOH 溶液的浓度时，结果是偏高、偏低还是无影响？分析纯的 NaCl 试剂若不作任何处理用以标定 $AgNO_3$ 溶液的浓度，结果会偏离，试解释原因。

7. 假设用 HCl 标准溶液滴定不纯的 Na_2CO_3 试样，下列情况将会对分析结果产生何种影响？

(1) 滴定管活塞漏出 HCl 标准溶液。

(2) 称取 Na_2CO_3 时，撒在天平盘上。

(3) 在将 HCl 标准溶液倒入滴定管之前，没有用 HCl 溶液润洗滴定管。

(4) 锥形瓶中的 Na_2CO_3 用蒸馏水溶解时，多加了 25 mL 蒸馏水。

(5) 滴定开始之前，忘记调节零点，HCl 溶液的液面高于零点。

(6) 滴定时速度太快，附在滴定管壁的 HCl 来不及流下来就读取滴定体积。

习　题

1. 已知浓硫酸的密度为 1.84 $g\cdot mL^{-1}$，其中硫酸质量分数为 96%。(1) 求浓硫酸的物质的量浓度。(2)若配制 0.5 $mol\cdot L^{-1}$ 的硫酸溶液 1 L，需要上述浓硫酸溶液多少毫升？

2. 称取纯金属锌 0.3250 g 溶于 HCl 后，稀释到 500 mL 的容量瓶中，计算 Zn^{2+} 溶液的物质的量浓度。

3. 计算下列滴定剂对被测物的滴定度。

(1) 用 0.2000 $mol\cdot L^{-1}$ $AgNO_3$ 溶液测定 NH_4Cl。

(2) 用 0.2134 $mol\cdot L^{-1}$ EDTA 溶液测定 $CaCO_3$。

(3) 用 0.1892 $mol\cdot L^{-1}$ $Na_2S_2O_3$ 溶液测定 I_2。

4. 称取 2.0164 g 含 Mn 量为 0.73%的标钢试样，经处理后，用亚砷酸钠-亚硝酸钠标准溶液滴定，用去 22.58 mL，求亚砷酸钠-亚硝酸钠标准溶液对 Mn 的滴定度？

5. 用邻苯二甲酸氢钾($KHC_8H_4O_4$)作基准物质标定浓度约为 0.1 $mol\cdot L^{-1}$ 的 NaOH 溶液 20～30 mL 时，应称取邻苯二甲酸氢钾的质量范围是多少克？如果用草酸($H_2C_2O_4\cdot2H_2O$)作基准物质，又应称取多少克？

6. 称取分析纯试剂 $K_2Cr_2O_7$ 14.709 g，用水溶解后，定量转入 500 mL 的容量瓶中，稀释，定容。计算：(1) $K_2Cr_2O_7$ 溶液的浓度。(2) $K_2Cr_2O_7$ 溶液对 Fe 和 Fe_2O_3 的滴定度。

7. 测定工业用纯碱 Na_2CO_3 的含量，称取 0.2663 g 试样，用 0.2088 $mol\cdot L^{-1}$ 的盐酸溶液滴定。滴定终

点时消耗 23.50 mL 盐酸溶液，计算：(1) 此盐酸溶液对 Na_2CO_3 的滴定度。(2) 试样中的 Na_2CO_3 含量。

8. 要使稀释后的盐酸溶液对 CaO 的滴定度为 0.005 013 g · mL^{-1}，需要向 1.000 L 0.2006 mol · L^{-1} 的盐酸溶液中加入多少毫升水？

9. 准确称取 0.2854 g 柠檬酸(用 H_3L 表示)，加入蒸馏水溶解后，以酚酞作指示剂，用氢氧化钠标准溶液滴定，消耗 0.1087 mol · L^{-1} 的 NaOH 标准溶液 23.65 mL，计算样品中柠檬酸的质量分数。[$M(H_3L)$ = 327.22 g · mol^{-1}]

10. 称取含铝试样 0.2756 g，溶解后加入 0.023 85 mol · L^{-1} 的 EDTA 标准溶液 30.00 mL，控制条件使铝离子与 EDTA 配合完全。然后用 0.024 10 mol · L^{-1} 的 Zn^{2+} 标准溶液返滴定过量的 EDTA，消耗了 8.22 mL。试计算试样中 Al_2O_3 的质量分数。

11. 称取漂白粉试样 2.0567 g，加水及过量的 KI，用硫酸酸化后，析出 I_2 立即用 0.1986 mol · L^{-1} $Na_2S_2O_3$ 标准溶液滴定，消耗 25.68 mL，计算试样中有效氯的含量。

12. 有 0.4619 g 含硫有机试样，在氧气中燃烧，使 S 氧化为 SO_2，用预中和过的 H_2O_2 将 SO_2 吸收，全部转化为 H_2SO_4，以 0.1072 mol · L^{-1} NaOH 标准溶液滴定至化学计量点，消耗 26.95 mL。求试样中 S 的质量分数。

13. 检验某病人血液中的含钙量，取 2.00 mL 血液，稀释后用 $(NH_4)_2C_2O_4$ 溶液处理，使 Ca^{2+} 生成 CaC_2O_4 沉淀，沉淀过滤洗涤后溶解于强酸中，然后用 $c(KMnO_4)$ = 0.0100 mol · L^{-1} 的 $KMnO_4$ 溶液滴定，用去 1.20 mL，试计算此血液中钙的含量。

14. 粗铵盐 2.1022 g，溶解后在 250 mL 容量瓶中定容，移取 25.00 mL，加过量 KOH 溶液，加热，蒸出的 NH_3 导入 50.00 mL 浓度为 0.1042 mol · L^{-1} 的 H_2SO_4 溶液中吸收，剩余的 H_2SO_4 用 27.50 mL 浓度为 0.1178 mol · L^{-1} 的 NaOH 溶液中和。计算此粗铵盐中 NH_3 的含量。

15. 称取 1.0628 g 磷肥试样，溶解后定容为 250 mL，取 25.00 mL 加沉淀剂反应得黄色钼磷酸沉淀，过滤洗涤后用 50.00 mL 0.1092 mol · L^{-1} NaOH 溶解，剩余的 NaOH 用 0.09587 mol · L^{-1} HCl 标液滴定，用去 20.36 mL。计算样品中 P 或 P_2O_5 的质量分数。

$$H_3PO_4 + 3C_9H_7N + 12MoO_4^{2-} + 24H^+ = (C_9H_7N)_3H_3[P(Mo_3O_{10})_4]\downarrow + 12H_2O$$

$$(C_9H_7N)_3H_3[P(Mo_3O_{10})_4] + 26OH^- = HPO_4^{2-} + 3C_9H_7N + 12MoO_4^{2-} + 14H_2O$$

16. 某铁厂化验室经常要分析铁矿中铁的含量。若使用的 $K_2Cr_2O_7$ 溶液中浓度为 0.0200 mol · L^{-1}。为避免计算，直接从所消耗的 $K_2Cr_2O_7$ 溶液中的毫升数表示出 $w(Fe)$，则应当称取铁矿多少克？

第 4 章　酸碱滴定法

基本要求

- 掌握酸碱质子理论，理解共轭酸碱对的概念和酸碱反应的实质。
- 理解酸度对弱酸、弱碱型体分布的影响，掌握分布分数的概念和应用。
- 掌握质子平衡式的书写方式和各类酸碱水溶液 pH 的计算方法。
- 理解酸碱指示剂的变色原理、理论变色点和理论变色范围，掌握常见酸碱指示剂的变色范围。
- 掌握酸碱滴定曲线的绘制方法和变化规律，理解突跃范围的影响因素，学会判断一元弱酸(碱)、多元弱酸(碱)被准确滴定的条件，多元弱酸(碱)能否分步滴定的条件。
- 熟悉酸碱标准溶液的配制方法和酸碱滴定法的应用。

酸碱滴定分析法(acid-base titration analysis)，又称**中和滴定法**，是以酸碱反应为基础的滴定分析方法。酸碱滴定法不仅可以测定许多具有酸碱性的物质，而且可以测定一些能与酸、碱间接发生反应的非酸、非碱性物质。本方法已经规范应用于测定土壤、肥料、食品等试样的酸度，氮、磷等含量以及某些农药的含量，在工农业生产和教学科研中的应用日益广泛。

4.1　水溶液中酸碱平衡

4.1.1　酸碱质子理论

酸碱质子理论(acid-base proton theory)是 1923 年分别由丹麦物理化学家布朗斯台德(Brönsted)和英国化学家劳里(Lawry)同时提出的，所以又称为布朗斯台德-劳里质子理论。酸碱质子理论认为：凡能提供质子(H^+)的物质都是酸，如 HCl、HAc、NH_4^+、H_2O、HCO_3^- 等；凡能够接受质子的物质都是碱，如 NaOH、NH_3、Ac^-、HCO_3^- 等。由此可见，酸或碱既可以是中性物质，也可以是离子，其中既能给出又能接受质子的物质称为两性物质，如 H_2O、HCO_3^-、$H_2PO_4^-$、NH_4Ac 等。酸和碱的关系可用下式表示为

$$酸 \rightleftharpoons 质子(H^+)+碱$$

由此可见，酸和碱彼此不可分开，而是相互依存的关系，酸给出质子后变成碱，碱接受质子后变成酸，酸和碱之间的关系称为共轭关系，如 HAc 和 Ac^-、NH_3 和 NH_4^+、H_2CO_3 和 HCO_3^- 互称共轭酸碱对，其中 HAc、NH_4^+ 和 H_2CO_3 称为共轭酸，Ac^-、NH_3 和 HCO_3^- 称为共轭碱。

4.1.2　酸碱反应

酸给出质子形成共轭碱，或碱接受质子形成共轭酸的反应称为酸碱半反应。半反应不能独立发生，酸给出质子必须要有一方接受质子，碱要接受质子需要有一方能提供质子。酸碱反应(acid-base reaction)就是两个共轭酸碱对共同作用的结果，其实质就是两个共轭酸碱对之

间的质子传递反应，包括通常所说的酸碱反应、酸碱的解离和水的解离。例如

$$HAc + NH_3 = NH_4^+ + Ac^-$$
$$H_2O + H_2O = H_3O^+ + OH^-$$
$$H_2O + NH_3 = NH_4^+ + OH^-$$
$$HAc + H_2O = H_3O^+ + Ac^-$$

酸 1　碱 2　　酸 2　碱 1

4.1.3 共轭酸碱对的 $K_a^\ominus$ 和 $K_b^\ominus$ 之间的关系

酸给出质子或碱接受质子的能力有强有弱，其强弱程度可以用解离常数(disassociation constant)表示，解离常数越大，表明弱酸或弱碱越强。下面分别进行讨论。

例如，一元弱酸 HA 在水溶液中的解离反应和解离常数为

$$HA + H_2O \rightleftharpoons H_3O^+ + A^-$$

或简写为

$$HA \rightleftharpoons H^+ + A^-$$
$$K_a^\ominus = \frac{c_r(H^+)c_r(A^-)}{c_r(HA)} \tag{4-1}$$

式中，$K_a^\ominus$ 为一元弱酸的解离常数；c_r为平衡时各型体的相对浓度($c_r = c_e/c^\ominus$)，以下相同。

又如，一元弱碱 A^- 在水溶液中的解离反应和解离常数为

$$A^- + H_2O \rightleftharpoons OH^- + HA$$
$$K_b^\ominus = \frac{c_r(HA)c_r(OH^-)}{c_r(A^-)} \tag{4-2}$$

式中，$K_b^\ominus$ 为一元弱碱的解离常数。

若对一元共轭酸碱对 HA-A^- 有

$$K_a^\ominus K_b^\ominus = \frac{c_r(A^-)c_r(H^+)}{c_r(HA)} \cdot \frac{c_r(HA)c_r(OH^-)}{c_r(A^-)} = c_r(H^+)c_r(OH^-) = K_w^\ominus$$

即

$$K_a^\ominus K_b^\ominus = K_w^\ominus \tag{4-3}$$

同理，对于多元弱酸碱组成的共轭酸碱对，其 $K_a^\ominus$ 和 $K_b^\ominus$ 之间也存在此关系。例如，二元弱酸 H_2A($K_{a1}^\ominus$、$K_{a2}^\ominus$)和二元弱碱 A^{2-}($K_{b1}^\ominus$、$K_{b2}^\ominus$)之间的关系式为

$$K_{a1}^\ominus K_{b2}^\ominus = K_{a2}^\ominus K_{b1}^\ominus = K_w^\ominus \tag{4-4}$$

4.2 酸度对酸碱存在型体的影响

根据酸碱质子理论，弱酸(碱)在水溶液中发生解离反应，因此弱酸(碱)在水溶液中必然同时存在多种型体，如在一元弱酸(HA)的水溶液中，由于解离反应 $HA \rightleftharpoons H^+ + A^-$ 的发生，HA 会部分解离成其共轭碱 A^-，所以一元弱酸 HA 在水溶液中以一对共轭酸碱对 HA-A^- 两种型体存在。一定条件下当解离反应达到平衡时，各型体的平衡浓度 c_e与弱酸的分析浓度(也称初始浓度或总浓度)c 之间的关系为

$$c(\mathrm{HA})=c_{\mathrm{e}}(\mathrm{HA})+c_{\mathrm{e}}(\mathrm{A^-}) \tag{4-5}$$

即某物质的分析浓度等于其溶液中存在的各种型体平衡浓度之和。

根据平衡移动原理，若增加溶液的酸度，解离平衡向着生成共轭酸的方向移动，反之向着生成共轭碱的方向移动。因此可通过调节溶液的酸碱度的方法控制酸碱水溶液中各型体的浓度。化学中用分布分数（distribution fraction，也称摩尔分数）来表示溶液中的弱酸（碱）各种型体的分布情况。酸或碱某种型体的分布分数为溶液中某酸碱组分的平衡浓度占总浓度的分数，以 δ 或 x 表示。例如，一元弱酸 HA 两种型体的分布分数分别为

$$\delta(\mathrm{HA})=\frac{c_{\mathrm{e}}(\mathrm{HA})}{c(\mathrm{HA})}=\frac{c_{\mathrm{e}}(\mathrm{HA})}{c_{\mathrm{e}}(\mathrm{HA})+c_{\mathrm{e}}(\mathrm{A^-})} \tag{4-6}$$

$$\delta(\mathrm{A^-})=\frac{c_{\mathrm{e}}(\mathrm{A^-})}{c(\mathrm{HA})}=\frac{c_{\mathrm{e}}(\mathrm{A^-})}{c_{\mathrm{e}}(\mathrm{HA})+c_{\mathrm{e}}(\mathrm{A^-})}$$

再由 $c(\mathrm{HA})=c_{\mathrm{e}}(\mathrm{HA})+c_{\mathrm{e}}(\mathrm{A^-})$ 及 $K_{\mathrm{a}}^{\ominus}=\dfrac{c_{\mathrm{r}}(\mathrm{H^+})c_{\mathrm{r}}(\mathrm{A^-})}{c_{\mathrm{r}}(\mathrm{HA})}$ 可得

$$\delta(\mathrm{HA})=\frac{c_{\mathrm{e}}(\mathrm{HA})}{c_{\mathrm{e}}(\mathrm{HA})+c_{\mathrm{e}}(\mathrm{A^-})}=\frac{1}{1+\dfrac{c_{\mathrm{e}}(\mathrm{A^-})}{c_{\mathrm{e}}(\mathrm{HA})}}=\frac{1}{1+\dfrac{K_{\mathrm{a}}^{\ominus}}{c_{\mathrm{r}}(\mathrm{H^+})}}=\frac{c_{\mathrm{r}}(\mathrm{H^+})}{c_{\mathrm{r}}(\mathrm{H^+})+K_{\mathrm{a}}^{\ominus}}$$

相同的处理方式可得

$$\delta(\mathrm{A^-})=\frac{c_{\mathrm{e}}(\mathrm{A^-})}{c_{\mathrm{e}}(\mathrm{HA})+c_{\mathrm{e}}(\mathrm{A^-})}=\frac{K_{\mathrm{a}}^{\ominus}}{c_{\mathrm{r}}(\mathrm{H^+})+K_{\mathrm{a}}^{\ominus}} \tag{4-7}$$

显然

$$\delta(\mathrm{HA})+\delta(\mathrm{A^-})=1$$

由此可见，分布分数只与溶液酸度[$c(\mathrm{H^+})$]以及酸的本质有关，而与酸的分析浓度（原始浓度）无关。利用上述结果可以计算不同 pH 条件下，一元酸弱（碱）水溶液存在的两种共轭型体的分布分数，根据分布分数和弱酸（碱）的分析浓度，还可求出一定 pH 条件下各型体的平衡浓度。

例 4-1 计算在 pH=5.00，$c(\mathrm{HAc})=0.10\ \mathrm{mol\cdot L^{-1}}$ 乙酸水溶液中的 HAc 和 $\mathrm{Ac^-}$ 的分布分数和平衡浓度。已知 $K_{\mathrm{a}}^{\ominus}(\mathrm{HAc})=1.8\times10^{-5}$。

解 由

$$\delta(\mathrm{HA})=\frac{c_{\mathrm{r}}(\mathrm{H^+})}{c_{\mathrm{r}}(\mathrm{H^+})+K_{\mathrm{a}}^{\ominus}}$$

可得

$$\delta(\mathrm{HAc})=\frac{10^{-5}}{10^{-5}+1.8\times10^{-5}}=0.36$$

则

$$\delta(\mathrm{Ac^-})=1-\delta(\mathrm{HAc})=1-0.36=0.64$$

所以

$$c_{\mathrm{e}}(\mathrm{HAc})=c(\mathrm{HAc})\delta(\mathrm{HAc})=0.10\times0.36=0.036(\mathrm{mol\cdot L^{-1}})$$

$$c_{\mathrm{e}}(\mathrm{Ac^-})=c(\mathrm{HAc})\delta(\mathrm{Ac^-})=0.10\times0.64=0.064(\mathrm{mol\cdot L^{-1}})$$

同样的方法，可以推导出水溶液中多元弱酸各型体的分布分数的公式

$$\delta(\mathrm{H}_n\mathrm{A})=\frac{[c_{\mathrm{r}}(\mathrm{H^+})]^n}{[c_{\mathrm{r}}(\mathrm{H^+})]^n+K_{\mathrm{a1}}^{\ominus}[c_{\mathrm{r}}(\mathrm{H^+})]^{n-1}+K_{\mathrm{a1}}^{\ominus}K_{\mathrm{a2}}^{\ominus}[c_{\mathrm{r}}(\mathrm{H^+})]^{n-2}+\cdots+K_{\mathrm{a1}}^{\ominus}K_{\mathrm{a2}}^{\ominus}\cdots K_{\mathrm{a}n}^{\ominus}}$$

$$\delta(\mathrm{H}_{n-1}\mathrm{A^-})=\frac{K_{\mathrm{a1}}^{\ominus}[c_{\mathrm{r}}(\mathrm{H^+})]^{n-1}}{[c_{\mathrm{r}}(\mathrm{H^+})]^n+K_{\mathrm{a1}}^{\ominus}[c_{\mathrm{r}}(\mathrm{H^+})]^{n-1}+K_{\mathrm{a1}}^{\ominus}K_{\mathrm{a2}}^{\ominus}[c_{\mathrm{r}}(\mathrm{H^+})]^{n-2}+\cdots+K_{\mathrm{a1}}^{\ominus}K_{\mathrm{a2}}^{\ominus}\cdots K_{\mathrm{a}n}^{\ominus}}$$

$$\cdots$$

$$\delta(A^{n-})=\frac{K_{a1}^{\ominus}K_{a2}^{\ominus}\cdots K_{an}^{\ominus}}{[c_r(H^+)]^n+K_{a1}^{\ominus}[c_r(H^+)]^{n-1}+K_{a1}^{\ominus}K_{a2}^{\ominus}[c_r(H^+)]^{n-2}+\cdots+K_{a1}^{\ominus}K_{a2}^{\ominus}\cdots K_{an}^{\ominus}}$$

根据具体情况读者可以方便地写出 H_2A、H_3A 等水溶液中各型体的分布分数。

根据分布分数图，可以绘制出 δ-pH 曲线（型体分布图），图 4-1 至图 4-3 表示水溶液中弱酸（碱）各存在型体随溶液 pH 的变化情况。

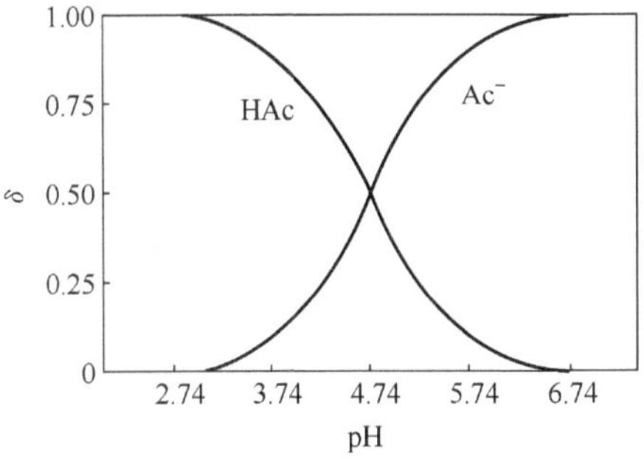

图 4-1　HAc 的型体分布图

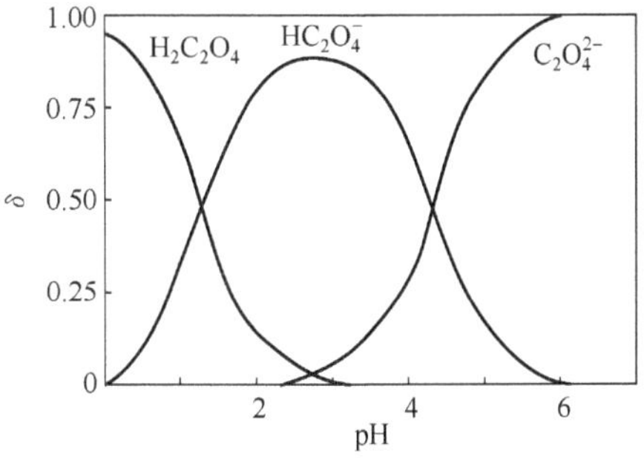

图 4-2　$H_2C_2O_4$ 的型体分布图

从图 4-1 可以看出：

$pH=pK_a^{\ominus}=4.74$，即 $\delta(HAc)=\delta(Ac^-)=0.50$ 时，$c_e(HAc)=c_e(Ac^-)$；

$pH<4.74$ 时，$c_e(HAc)>c_e(Ac^-)$；

$pH>4.74$ 时，$c_e(HAc)<c_e(Ac^-)$。

图 4-2 为二元弱酸 $H_2C_2O_4$（$pK_{a1}^{\ominus}=1.23$，$pK_{a2}^{\ominus}=4.19$）在水溶液中各型体的分布分数图。溶液的 $pH<1.23$ 时，$H_2C_2O_4$ 为主要存在型体。

$pH=pK_{a1}^{\ominus}=1.23$ 时，$c_e(H_2C_2O_4)=c_e(HC_2O_4^-)$；

$1.23<pH<4.19$ 时，$HC_2O_4^-$ 为主要存在型体；

$pH=pK_{a2}^{\ominus}=4.19$ 时，$c_e(HC_2O_4^-)=c_e(C_2O_4^{2-})$；

$pH>4.19$ 时，$C_2O_4^{2-}$ 为主要存在型体。

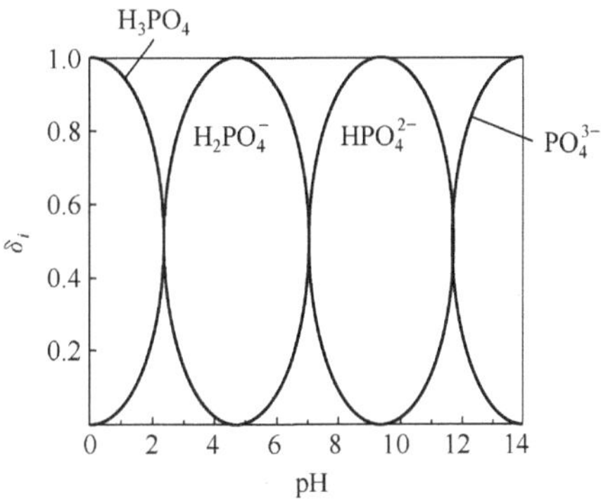

图 4-3　磷酸各种存在形式的型体分布图

对于三元弱酸，如 H_3PO_4，分布分数图情况要更复杂一些，如图 4-3 所示，各型体随溶液酸度的分布情况，请大家自行分析。

4.3　质子条件及弱酸（碱）水溶液酸度的计算

4.3.1　质子条件

溶液酸度是溶液最基本、最重要的一种性质。许多反应需要一定的介质酸度，酸碱滴定需要了解滴定过程中溶液 pH 的变化情况。因此准确计算溶液的酸度十分重要。要计算溶液的酸度，离不开质子转移的平衡关系，既质子条件式（又称质子平衡方程式，proton-balance equation，PBE）。

根据酸碱质子理论，酸碱反应的实质是质子的得失，且酸失去质子的数目和碱得到质子的数目必然相等，这种数量关系称为质子条件，其数学表达式称为质子条件式或质子平衡式。列出 PBE 式时，首先要选择溶液中发生质子转移的物质作为质子转移过程的起点，这些物质成为零水准物质(也称参考水准物质)。通常选取在水溶液中大量存在,且参与质子转移的原始酸碱组分作为零水准,将溶液中的其他酸碱组分与零水准比较,哪些失去质子,哪些得到质子,得失质子后变成何种型体。再根据它们在酸碱反应中得失质子数量相等的关系,将所有得质子后的组分的浓度相加并写在等式的一边,将所有失质子后的组分浓度相加后写在等式的另一边,即可得到质子条件式。

正确列出质子条件的步骤:

(1) 选择参考水准。通常是溶液中大量存在的并参与质子转移的物质,包括水。

(2)将得质子的物质列于方程的一边,失质子的物质列于另一边。

(3) 以每种物质相对于参考水准的得(失)质子数作为系数。

例 4-2　写出 HAc 水溶液的质子条件式。

解　选择 HAc 和 H_2O 作为零水准。零水准得失质子后产物分别为

得到质子后的产物		零水准		失去质子后的产物
		HAc	$\xrightarrow{-H^+}$	Ac^-
$H^+(H_3O^+)$	$\xleftarrow{+H^+}$	H_2O	$\xrightarrow{-H^+}$	OH^-

则 PBE 式为

$$c_e(H^+)=c_e(Ac^-)+c_e(OH^-)$$

例 4-3　写出 H_2S 水溶液的质子条件式。

解　选择 H_2S 和 H_2O 作为零水准。零水准得失质子后产物分别为

得到质子后的产物		零水准		失去质子后的产物
		H_2S	$\xrightarrow{-H^+}$	HS^-
			$\xrightarrow{-2H^+}$	S^{2-}
$H^+(H_3O^+)$	$\xrightarrow{+H^+}$	H_2O	$\xrightarrow{-H^+}$	OH^-

则 PBE 式为

$$c_e(H^+)=c_e(HS^-)+2c_e(S^{2-})+c_e(OH^-)$$

例 4-4　写出 $(NH_4)_2HPO_4$ 水溶液的质子条件式。

解　选择 NH_4^+、HPO_4^{2-} 和 H_2O 作为零水准。零水准得失质子后产物分别为

得到质子后的产物		零水准		失去质子后的产物
$H_2PO_4^-$	$\xleftarrow{+H^+}$	HPO_4^{2-}	$\xrightarrow{-H^+}$	PO_4^{3-}
H_3PO_4	$\xleftarrow{+2H^+}$			
		NH_4^+	$\xrightarrow{-H^+}$	NH_3
$H^+(H_3O^+)$	$\xleftarrow{+H^+}$	H_2O	$\xrightarrow{-H^+}$	OH^-

则 PBE 式为

$$c_e(H^+)+c_e(H_2PO_4^{2-})+2c_e(H_3PO_4)=c_e(PO_4^{3-})+c_e(NH_3)+c_e(OH^-)$$

4.3.2　弱酸(碱)水溶液中酸度的计算

强酸(碱)在水溶液中全部解离,酸度的计算非常简单,在强酸(碱)浓度不是很大或很小时,$c_e(H^+)$等于强酸的分析浓度,$c_e(OH^-)$等于强碱的分析浓度。而弱酸(碱)在水溶液不完

全解离，其酸度可以根据质子条件式得到。

1. 一元弱酸(碱)溶液

设一元弱酸 HA 溶液的分析浓度为 c，解离常数为 $K_a^{\ominus}$，它在水溶液中得到解离平衡时，其 PBE 式为

$$c_e(H^+) = c_e(A^-) + c_e(OH^-)$$

且

$$K_a^{\ominus} = \frac{c_r(H^+)c_r(A^-)}{c_r(HA)}$$

整理后可得

$$c_r(H^+) = \frac{K_a^{\ominus}c_r(HA)}{c_r(H^+)} + \frac{K_w^{\ominus}}{c_r(H^+)}$$

即

$$c_r(H^+) = \sqrt{K_a^{\ominus}c_r(HA) + K_w^{\ominus}} \tag{4-8}$$

再引入 HA 的分布分数将 HA 的平衡浓度换算成其分析浓度

$$c_e(HA) = c\delta(HA) = c\,\frac{c_r(H^+)}{c_r(H^+) + K_a^{\ominus}}$$

即

$$[c_r(H^+)]^3 + K_a^{\ominus}[c_r(H^+)]^2 + (K_w^{\ominus} + cK_a^{\ominus})c_r(H^+) - K_a^{\ominus}K_w^{\ominus} = 0 \tag{4-9}$$

这是计算一元弱酸水溶液酸度的精确式，可根据具体情况作合理的近似处理：

(1) $c_rK_a^{\ominus} < 20K_w^{\ominus}$，且 $c_r/K_a^{\ominus} \geqslant 500$ 时，此时弱酸的解离度很小，$c_e(HA) \approx c$，则式(4-8)可以简化为近似计算式

$$c_r(H^+) = \sqrt{K_a^{\ominus}c_r + K_w^{\ominus}} \tag{4-10}$$

(2) $c_rK_a^{\ominus} \geqslant 20K_w^{\ominus}$，可忽略水的解离，且 $c_r/K_a^{\ominus} < 500$ 时，此时 $c_e(HA) = c - c_e(A^-) \approx c - c_e(H^+)$，则式(4-8)可以简化为近似计算式

$$c_r(H^+) = \sqrt{K_a^{\ominus}c_r(HA)} = \sqrt{K_a^{\ominus}[c_r - c_r(H^+)]}$$

整理后可得

$$[c_r(H^+)]^2 + K_a^{\ominus}c_r(H^+) - K_a^{\ominus}c_r = 0$$

$$c_r(H^+) = \frac{-K_a^{\ominus} + \sqrt{(K_a^{\ominus})^2 + 4K_a^{\ominus}c_r}}{2} \tag{4-11}$$

(3) $c_rK_a^{\ominus} \geqslant 20K_w^{\ominus}$，且 $c_r/K_a^{\ominus} \geqslant 500$ 时，此时弱酸的解离度很小，水的解离可忽略，溶液中的氢离子浓度远小于弱酸的分析浓度，即 $c_e(HA) = c - c_e(H^+) \approx c$，则式(4-8)可以简化为最简式

$$c_r(H^+) = \sqrt{K_a^{\ominus}c_r} \tag{4-12}$$

对于一元弱碱(A^-)在水溶液中存在以下解离平衡

$$A^- + H_2O \rightleftharpoons OH^- + HA$$

采用同样的处理方法，可以得到一元弱碱水溶液中 $c_r(OH^-)$ 的一组计算公式。

(1) $c_rK_b^{\ominus} \leqslant 20K_w^{\ominus}$，且 $c_r/K_b^{\ominus} \geqslant 500$ 时，可以得到 $c_r(OH^-)$ 近似计算式

$$c_r(OH^-) = \sqrt{K_b^{\ominus}c_r + K_w^{\ominus}} \tag{4-13}$$

(2) $c_rK_b^{\ominus} \geqslant 20K_w^{\ominus}$，且 $c_r/K_b^{\ominus} < 500$ 时，可以得到 $c_r(OH^-)$ 近似计算式

$$c_r(OH^-)=\frac{-K_b^{\ominus}+\sqrt{(K_b^{\ominus})^2+4K_b^{\ominus}c_r}}{2} \tag{4-14}$$

(3) $c_rK_b^{\ominus}\geqslant 20K_w^{\ominus}$，且 $c_r/K_b^{\ominus}\geqslant 500$ 时，可以得到计算 $c_r(OH^-)$ 的最简式

$$c_r(OH^-)=\sqrt{K_b^{\ominus}c_r} \tag{4-15}$$

例 4-5　计算 0.10 mol·L^{-1} HAc 水溶液的 pH。[已知 $K_a^{\ominus}(HAc)=1.8\times10^{-5}$]

解　因为 $c_rK_a^{\ominus}>20K_w^{\ominus}$，且 $c_r/K_a^{\ominus}>500$，所以可以采用式(4-12)最简式计算 $c_r(H^+)$。

$$c_r(H^+)=\sqrt{K_a^{\ominus}c_r}=\sqrt{1.8\times10^{-5}\times0.10}=1.3\times10^{-3}$$

$$pH=2.89$$

例 4-6　计算 0.10 mol·L^{-1} $NH_3\cdot H_2O$ 水溶液的 pH。[已知 $K_b^{\ominus}(NH_3\cdot H_2O)=1.8\times10^{-5}$]

解　因为 $c_rK_b^{\ominus}>20K_w^{\ominus}$，且 $c_r/K_b^{\ominus}>500$，所以可以采用式(4-15)最简式计算 $c_r(OH^-)$。

$$c_r(OH^-)=\sqrt{K_b^{\ominus}c_r}=\sqrt{1.8\times10^{-5}\times0.10}=1.3\times10^{-3}$$

$$pOH=2.89$$

$$pH=14-pOH=14-2.89=11.11$$

2. *多元弱酸(碱)溶液*

对于二元弱酸 H_2A 水溶液的浓度为 c，其 PBE 式为

$$c_e(H^+)=c_e(HA^-)+2c_e(A^{2-})+c_e(OH^-)$$

引入分布分数和水的离子积的概念，可以得到 $c_r(H^+)$ 的计算公式，即

$$c_r(H^+)=\frac{K_{a1}^{\ominus}c_r(H_2A)}{c_r(H^+)}+\frac{2K_{a1}^{\ominus}K_{a2}^{\ominus}c_r(H_2A)}{c_r(H^+)^2}+\frac{K_w^{\ominus}}{c_r(H^+)} \tag{4-16}$$

展开得到一个精确求解 $c_r(H^+)$ 的一元四次方程，求解四次方程较为困难，通常在误差允许的范围内，采用近似处理方法。

对于二元弱酸由于同离子效应的抑制作用，通常可以忽略二级解离，将其作为一元弱酸处理。可得以下计算 $c_r(H^+)$ 的公式。

(1) $K_{a_1}^{\ominus}\gg K_{a_2}^{\ominus}$，$c_rK_{a1}^{\ominus}\geqslant 20K_w^{\ominus}$，且 $c_r/K_{a_1}^{\ominus}<500$ 时，可以得到近似计算式

$$c_r(H^+)=\frac{-K_{a1}^{\ominus}+\sqrt{(K_{a1}^{\ominus})^2+4K_{a1}^{\ominus}c_r}}{2} \tag{4-17}$$

(2) $K_{a_1}^{\ominus}\gg K_{a_2}^{\ominus}$，$c_rK_{a1}^{\ominus}\geqslant 20K_w^{\ominus}$，且 $c_r/K_{a1}^{\ominus}\geqslant 500$ 时，可以得到最简式

$$c_r(H^+)=\sqrt{K_{a1}^{\ominus}c_r} \tag{4-18}$$

对于二元弱碱，可以采用相同的处理方法，得到计算 $c_r(OH^-)$ 的相关公式。

例 4-7　计算 0.10 mol·L^{-1} H_2S 水溶液的 pH。[已知 $K_{a1}^{\ominus}(H_2S)=1.3\times10^{-7}$，$K_{a2}^{\ominus}(H_2S)=7.1\times10^{-15}$]

解　因为 $K_{a_1}^{\ominus}\gg K_{a_2}^{\ominus}$，$c_rK_{a1}^{\ominus}>20K_w^{\ominus}$，且 $c_r/K_{a1}^{\ominus}>500$，所以可以采用式(4-18)最简式计算 $c_r(H^+)$。

$$c_r(H^+)=\sqrt{K_{a1}^{\ominus}c_r}=\sqrt{1.3\times10^{-7}\times0.10}=1.1\times10^{-4}$$

$$pH=4.00$$

3. *两性物质*

水溶液中的两性物质常见多元弱酸的酸式盐和弱酸弱碱盐，下面分别就这两种情况进行

讨论。

对于多元弱酸的酸式盐的水溶液中酸度的计算，现以浓度为 c mol · L^{-1}的 NaHA 为例进行讨论。其 PBE 式为

$$c_e(H^+) + c_e(H_2A) = c_e(A^{2-}) + c_e(OH^-)$$

引入多元弱酸的解离常数和水的离子积的概念，可以得到酸式盐水溶液 $c_r(H^+)$的计算式，即

$$c_r(H^+) + \frac{c_r(H^+)c_r(HA^-)}{K_{a1}^{\ominus}} = \frac{K_{a2}^{\ominus}c_r(HA^-)}{c_r(H^+)} + \frac{K_w^{\ominus}}{c_r(H^+)}$$

经整理可得酸式盐水溶液 $c_r(H^+)$的精确计算式

$$c_r(H^+) = \sqrt{\frac{K_{a2}^{\ominus}c_r + K_w^{\ominus}}{1 + c_r(HA^-)/K_{a1}^{\ominus}}} \tag{4-19}$$

若 $c_rK_{a2}^{\ominus} \geqslant 20K_w^{\ominus}$，且 $c_r/K_{a1}^{\ominus} > 20$，可得

$$c_r(H^+) = \sqrt{K_{a1}^{\ominus}K_{a2}^{\ominus}} \tag{4-20}$$

或

$$pH = \frac{1}{2}(pK_{a1}^{\ominus} + pK_{a2}^{\ominus})$$

若为三元或三元以上的酸式盐，则最简式可以写成

$$c_r(H^+) = \sqrt{K_{a,i}^{\ominus}K_{a,i+1}^{\ominus}} \tag{4-21}$$

或

$$pH = \frac{1}{2}(pK_{a,i}^{\ominus} + pK_{a,i+1}^{\ominus})$$

例如，Na_2HA 水溶液的酸度计算式可以写为：$c_r(H^+) = \sqrt{K_{a2}^{\ominus}K_{a3}^{\ominus}}$；$NaH_2A$ 水溶液的酸度计算式可以写为：$c_r(H^+) = \sqrt{K_{a1}^{\ominus}K_{a2}^{\ominus}}$。

酸碱组成比为 1 ∶ 1 的弱酸弱碱盐，其计算公式完全同酸式盐。以 c mol · L^{-1}的 NH_4Ac 水溶液为例，其中 HAc 的解离常数为 $K_a^{\ominus}$，NH_4^+ 的解离常数为 $K_a^{\ominus'}$，

若 $c_rK_a^{\ominus'} \geqslant 20K_w^{\ominus}$，且 $c_r/K_a^{\ominus} > 20$，可得最简式

$$c_r(H^+) = \sqrt{K_a^{\ominus}K_a^{\ominus'}} \tag{4-22}$$

例 4-8　计算 0.10 mol · L^{-1} NH_4Ac 水溶液的 pH。[已知 $K_a^{\ominus}(HAc) = 1.8\times10^{-5}$，$K_b^{\ominus}(NH_3) = 1.8\times10^{-5}$]

解　因为 $K_b^{\ominus}(NH_3) = 1.8\times10^{-5}$，所以 $K_a^{\ominus}(NH_4^+) = 5.6\times10^{-10}$。

又因为 $c_rK_a^{\ominus'} > 20K_w^{\ominus}$，且 $c_r/K_a^{\ominus} > 20$，所以可以采用式(4-22)计算 $c_r(H^+)$。

$$c_r(H^+) = \sqrt{K_a^{\ominus}K_a^{\ominus'}} = \sqrt{1.8\times10^{-5}\times5.6\times10^{-10}} = 1.0\times10^{-7}$$

$$pH = 7.00$$

4. 酸碱缓冲溶液

酸碱缓冲溶液是指对溶液的酸度起稳定作用的溶液。缓冲溶液组成通常分为三类：①pH<2 的强酸溶液和 pH>12 的强碱溶液；②两性物质，如 NaH_2PO_4溶液；③浓度较大的共轭酸碱对，如 HAc-Ac^-、NH_3-NH_4^+。分析化学中缓冲溶液的用途有：①控制溶液的 pH 的缓

冲溶液；②测量溶液 pH 时用作参考标准，即标准缓冲溶液（如校正 pH 计用）。以浓度为 $c(HA)$ 的弱酸 HA 和浓度为 $c(A^-)$ 的弱碱 A^- 组成的酸碱共轭溶液，则

$$pH = pK_a^\ominus - \lg\frac{c(HA)}{c(A^-)} \tag{4-23}$$

式(4-23)为计算酸碱缓冲溶液的最简式。从公式可以看出，缓冲溶液的 pH 主要取决于 $K_a^\ominus$，其次是 $c(HA)/c(A^-)$。当 $pH = pK_a^\ominus$，$c(HA)/c(A^-)=1$ 时，此时缓冲溶液的缓冲容量最大。对于标准缓冲溶液的 pH 通常用精确的实验测定，再以理论计算核对。

例 4-9 计算浓度均为 0.10 mol·L^{-1} HAc 和 NaAc 共轭酸碱水溶液的 pH。[已知 $K_a^\ominus(HAc)=1.8\times10^{-5}$]

解 由式(4-23)得

$$pH = pK_a^\ominus - \lg\frac{c(HA)}{c(A^-)} = 4.74 - \lg\frac{0.1}{0.1} = 4.74$$

4.4 酸碱指示剂

4.4.1 酸碱指示剂的原理

酸碱指示剂(acid-base indicator)是用来判断酸碱滴定终点的一种物质，它能在计量点附近发生颜色变化而终止滴定。这种物质多数是多元有机弱酸或弱碱，它们的酸式结构和碱式结构具有不同的颜色，指示剂在计量点附近发生型体或组成的变化，而引起颜色的变化。下面分别以酚酞和甲基橙为例来说明。

1. 酚酞

酚酞是一种有机二元弱酸，是一种单色指示剂。它在水溶液中有以下解离平衡

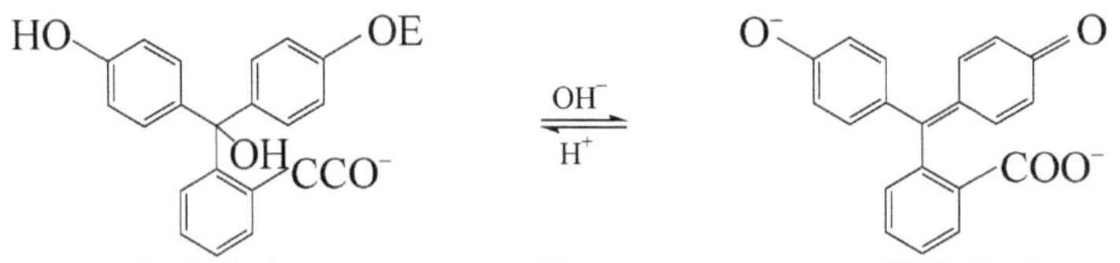

羟式(红色) $pK_a^\ominus=9.1$ 醌式(红色)

由平衡关系式可以看出，当溶液的酸度增大时，平衡逆向移动，酚酞主要以无色的羟式结构存在；当溶液的碱度增加时，平衡正向移动，酚酞主要以红色的醌式结构存在。

2. 甲基橙

甲基橙是一种有机弱碱，是一种双色指示剂，它在水溶液中存在以下解离平衡

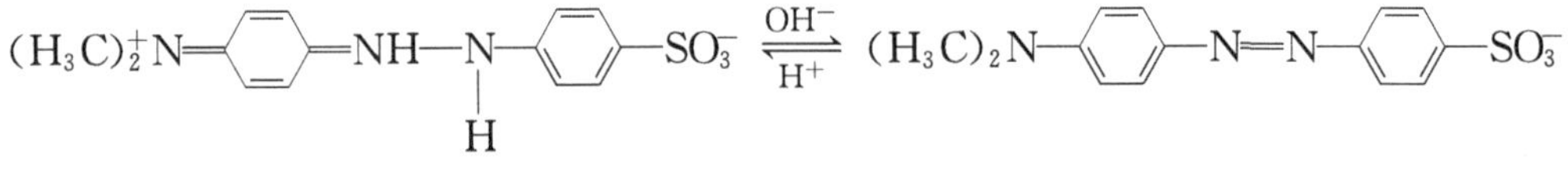

红色(醌式) $pK_a^\ominus=3.4$ 黄色(偶氮式)

由平衡关系式可以看出，当溶液的酸度增大时，平衡逆向移动，甲基橙主要以红色的醌式结构存在；当溶液的碱度增加时，平衡正向移动，甲基橙主要以黄色的偶氮式结构存在。

4.4.2 酸碱指示剂的变色范围

从酸碱指示剂的变色原理可以看出指示剂颜色的变化与溶液的 pH 有关。以 HIn 表示指示剂的酸式型体,并称其颜色为酸色,以 In 表示碱式型体,其颜色称为碱色。指示剂在溶液中存在以下的解离平衡

$$\mathrm{HIn} \rightleftharpoons \mathrm{In^-} + \mathrm{H^+}$$

$$K_a^\ominus(\mathrm{HIn}) = \frac{c_r(\mathrm{H^+})c_r(\mathrm{In^-})}{c_r(\mathrm{HIn})}$$

式中,$K_a^\ominus(\mathrm{HIn})$为指示剂的解离常数,在一定温度下为常数。

上式可以改写为以下形式

$$\mathrm{pH} = \mathrm{p}K_a^\ominus(\mathrm{HIn}) - \lg\frac{c(\mathrm{HIn})}{c(\mathrm{In^-})}$$

由上式可知,当溶液的 pH 改变时,$c(\mathrm{HIn})$和 $c(\mathrm{In^-})$的比值也随之变化。当 $c(\mathrm{HIn})/c(\mathrm{In^-})=1$ 时,$\mathrm{pH}=\mathrm{p}K_a^\ominus(\mathrm{HIn})$,此时的 pH 称为指示剂的理论变色点。各种指示剂的 $\mathrm{p}K_a^\ominus(\mathrm{HIn})$不同,因此它们的理论变色点的 pH 各异。指示剂在理论变色点所呈现的颜色,是酸式型体和碱式型体等浓度的混合色。当溶液的 pH 由理论变色点逐渐降低时,指示剂的颜色就会逐渐向以酸色为主的方向变化;反之,就会向以碱色为主的方向过渡。因此,溶液的 pH 在指示剂的理论变色点附近变化时,指示剂的颜色也会随之发生改变。

但人的肉眼对颜色的分辨力有限,当某种颜色占有一定优势时,就看不出颜色的变化,只能看到那种占优势型体的颜色。一般说来,$c(\mathrm{HIn})/c(\mathrm{In^-})>10$ 时,就只能看到 HIn 的颜色(酸色);$c(\mathrm{HIn})/c(\mathrm{In^-}) < 1/10$ 时,则只能看到 $\mathrm{In^-}$ 的颜色(碱色)。当 $1/10<c(\mathrm{HIn})/c(\mathrm{In^-})<10$ 时,指示剂呈混合色。其相应的 pH 分别为

$$c(\mathrm{HIn})/c(\mathrm{In^-})>10\ \text{时},\ \mathrm{pH}<\mathrm{p}K_a^\ominus(\mathrm{HIn})-1\ (\text{呈现酸色})$$

$$c(\mathrm{HIn})/c(\mathrm{In^-})<1/10\ \text{时},\ \mathrm{pH}>\mathrm{p}K_a^\ominus(\mathrm{HIn})+1\ (\text{呈现碱色})$$

$$1/10<c(\mathrm{HIn})/c(\mathrm{In^-})<10\ \text{时},\ \mathrm{p}K_a^\ominus(\mathrm{HIn})-1<\mathrm{pH}<\mathrm{p}K_a^\ominus(\mathrm{HIn})+1\ (\text{呈现混合色})$$

可见 pH 低于 $\mathrm{p}K_a^\ominus(\mathrm{HIn})-1$ 或高于 $\mathrm{p}K_a^\ominus(\mathrm{HIn})+1$ 时,都看不出指示剂颜色随 pH 的改变而变化,只有在 $\mathrm{pH}=\mathrm{p}K_a^\ominus(\mathrm{HIn})\pm1$ 的范围内,人们才能觉察到由 pH 的改变而引起的指示剂颜色的变化。将 $\mathrm{pH}=\mathrm{p}K_a^\ominus(\mathrm{HIn})\pm1$ 可以看到指示剂颜色变化的 pH 区间称为指示剂理论变色范围(theoretical color range of indicator)。

从理论上讲,指示剂的理论变色范围应当有两个 pH 单位,但实际上大多数指示剂的变色范围为 1.6～1.8,由于人眼对各种颜色的敏感程度不同以及指示剂的两种颜色相互掩盖,因此实际值与理论值有一定的出入。例如,甲基橙的 $\mathrm{p}K_a^\ominus(\mathrm{HIn})=3.4$,其理论变色点为范围为 2.4～4.4,而实测变色范围是 3.1～4.4,这是由于人眼对红色较黄色更为敏感而造成的。常见的酸碱指示剂列于表 4-1。

表 4-1　常用的酸碱指示剂及其变色范围

指示剂	变色范围 pH	颜色		$pK_a^{\ominus}(HIn)$
		酸色	碱色	
百里酚蓝(第一次变色)	1.2～2.8	红	黄	1.7
甲基黄	2.9～4.0	红	黄	3.3
甲基橙	3.1～4.4	红	黄	3.4
溴酚蓝	3.1～4.6	黄	紫	4.1
溴甲酚绿	3.8～5.4	黄	蓝	4.9
甲基红	4.4～6.2	红	黄	5.0
溴百里酚蓝	6.0～7.6	黄	蓝	7.3
中性红	6.8～8.0	红	黄橙	7.4
酚红	6.7～8.4	黄	红	8.0
百里酚蓝(第二次变色)	8.0～9.6	黄	蓝	8.9
酚酞	8.0～9.6	无	红	9.1
百里酚酞	9.4～10.6	无	蓝	10.0

4.4.3　混合指示剂

表 4-1 中所列的都是单一酸碱指示剂，pH 变色范围一般较宽。在一些滴定分析中，若使用此类指示剂难以达到所要求的准确度。为此人们常使用**混合指示剂**(mixed indicators)，因其具有变色范围窄、变色敏锐的特点。

混合指示剂主要利用颜色之间的互补作用原理而形成。混合指示剂常用的配制方法有两类：一类是将一种不随 pH 变化而改变颜色的惰性染料与一种酸碱指示剂按一定比例混合。例如，甲基橙与惰性染料靛蓝组成的混合指示剂，靛蓝(青蓝色)不随溶液 pH 变化而改变颜色，只作为甲基橙变色的背景，在 pH≤3.1 时，甲基橙呈现的红色与靛蓝的青蓝色混合，使溶液呈紫色；在 pH≥4.4 时，甲基橙呈现的黄色与靛蓝的青蓝色混合，使溶液呈绿色；在 pH=4.1 时，甲基橙呈现的橙色与靛蓝的青蓝色互补，使溶液近似变为无色(浅灰色)。因其中间色近似无色，使之变色较为敏锐，易于观察。另一类混合指示剂是将两种或两种以上的酸碱指示剂按一定的比例混合而成。两种指示剂的颜色混合，变色范围变窄，变色较为敏锐。例如，甲酚红(变色范围 pH 在7.2～8.8，黄→紫)与百里酚酞(pH 在 7.2～8.8，黄→蓝)按 1∶3 混合，所得指示剂的变色范围为 pH 在 8.2(粉红色)～8.4(紫色)，范围变窄，变色敏锐。常用的酸碱混合指示剂列于表 4-2 中。

表 4-2　常用的酸碱混合指示剂及其变色范围

混合指示剂的组成	变色点 pH	颜色		备注
		酸色	碱色	
1 份 0.1%的甲基黄水溶液＋ 1 份 0.1%的亚甲基蓝乙醇溶液	3.25	蓝紫	绿	pH=3.2 蓝紫色 pH=3.4 绿色
1 份 0.1%的甲基橙水溶液＋ 1 份 0.25%的靛蓝二磺酸钠水溶液	4.1	紫	黄绿	pH=4.1 灰色
3 份 0.1%的溴甲酚绿水溶液＋ 1 份 0.2%的甲基红乙醇溶液	5.1	酒红	绿	pH=5.1 灰色

续表

混合指示剂的组成	变色点 pH	颜色		备注
		酸色	碱色	
1 份 0.1%的溴甲酚绿钠水溶液+ 1 份 0.1%的氯酚红钠盐水溶液	6.1	蓝绿	绿	pH=5.4 蓝绿 pH=5.8 蓝 pH=6.0 蓝带紫 pH=6.2 蓝紫色
1 份 0.1%的中性红乙醇溶液+ 1 份 0.1%的亚甲基蓝乙醇溶液	7.0	蓝紫	绿	pH=7.0 蓝紫色

在实际工作中需要注意指示剂使用的温度和用量等。

(1) 温度对酸碱指示剂的影响，主要会影响酸碱指示剂的 $K_a^\ominus(\mathrm{HIn})$值，从而影响指示剂的变色范围。例如，甲基橙在 298 K 时的变色范围为 pH(3.1～4.4)，而在 373 K 时为 pH(2.5～3.7)。

(2) 指示剂用量(或浓度)的影响有两个方面：一是指示剂本身是弱酸或弱碱，会消耗部分标准溶液，产生滴定误差；二是指示剂浓度越大，会因颜色过深影响终点颜色判断，对单色指示剂会影响其变色范围。

滴定分析中，作平行实验时，每份试样滴加指示剂应控制一样，且以量少为佳。

4.5　酸碱滴定法基本原理

酸碱滴定法是指利用酸碱反应进行滴定分析的滴定分析法。将酸(碱)标准溶液滴加到碱(酸)液中，滴定的终点通常可以通过酸碱指示剂的颜色变化来确定。为选择合适的酸碱指示剂来指示滴定终点，需要讨论滴定过程中溶液 pH 变化情况，尤其是化学计量点附近($E_r=\pm 0.1\%$)这段范围。为此，可用滴定过程中滴定剂的用量(或中和百分数)作为横坐标，溶液的 pH 作为纵坐标作图，得到一条描述随滴定剂的加入而引起的溶液 pH 变化情况的曲线，这条曲线称为**酸碱滴定曲线**(acid-base titration curve)。

4.5.1　强酸(碱)的滴定

以 0.1000 mol·L^{-1}的 NaOH 标准溶液滴定 20.00 mL 的 0.1000 mol·L^{-1} HCl 为例进行讨论。滴定曲线的绘制一般采用“两点两线”法，即滴定前(点)、滴定开始到化学计量点前(线)、化学计量点时(点)、化学计量点后(线)四个阶段。强酸(碱)滴定反应的基本计量关系为

$$H^+ + OH^- = H_2O$$

1. 滴定前

$c(\mathrm{HCl})=0.1000\ \mathrm{mol\cdot L^{-1}}$的盐酸溶液。因为强酸全部解离，所以溶液中的$c(\mathrm{H^+})=c(\mathrm{HCl})$，即

$$c_e(\mathrm{H^+})=0.1000\ \mathrm{mol\cdot L^{-1}}$$
$$\mathrm{pH}=1.00$$

2. 滴定开始到化学计量点前

溶液中 $c_e(H^+)$ 取决于剩余的盐酸浓度，即

$$c_e(H^+)=\frac{c(HCl)V(HCl)-c(NaOH)V(NaOH)}{V(HCl)+V(NaOH)}$$

其中 $c(HCl)=c(NaOH)=0.1000\ mol\cdot L^{-1}$，$V(HCl)=20.00\ mL$，只要给出一个 $V(NaOH)$ 就可以算出 $c_e(H^+)$。

例如，当 $V(NaOH)=19.98\ mL$，离化学计量点仅差半滴滴定剂，此时若停止滴定，将会产生−0.1%的误差时

$$c_e(H^+)=0.1000\times\frac{20.00-19.98}{20.00+19.98}=5.00\times10^{-5}(mol\cdot L^{-1})$$

$$pH=4.30$$

3. 化学计量点时

化学计量点时 HCl 和 NaOH 恰好完全反应，溶液中的 $c_e(H^+)$ 由水的解离得来

$$c_e(H^+)=c_e(OH^-)=1.0\times10^{-7}\ mol\cdot L^{-1}$$

$$pH=7.00$$

4. 化学计量点后

溶液的 pH 取决于过量的 NaOH

$$c_e(OH^-)=\frac{c(NaOH)V(NaOH)-c(HCl)V(HCl)}{V(HCl)+V(NaOH)}$$

例如，当加入 20.02 mL 的 NaOH 时，超过计量点半滴，将造成+0.1%的误差时

$$c_e(OH^-)=0.1000\times\frac{20.02-20.00}{20.02+20.00}=5.00\times10^{-5}(mol\cdot L^{-1})$$

$$pOH=4.30\qquad pH=9.70$$

按照上面的方法逐一计算，计算出多个对应的 pH，结果列于表 4-3 中。以 NaOH 的加入量(或 HCl 的滴定分数)为横坐标，溶液的 pH 为纵坐标，绘制滴定曲线，如图 4-4 所示。

表 4-3　0.1000 mol · L⁻¹的 NaOH 滴定 20.00 mL 0.1000 mol · L⁻¹的 HCl 时溶液 pH 变化情况

滴入 NaOH 的体积/mL	HCl 被滴定的分数	溶液的 pH	
0.00	0.0000	1.00	
18.00	0.9000	2.28	
19.80	0.9900	3.30	
19.98	0.9990	4.30	突跃范围
20.00	0.1000	7.00	突跃范围
20.02	1.0010	9.70	突跃范围
20.20	1.0100	10.70	
22.00	1.1000	11.68	
40.00	2.0000	12.52	

从滴定曲线可以看出，从滴定开始到加入 19.98 mL 的 NaOH(HCl 的滴定分数为 0.9990)，溶液的 pH 由 1.00 增加到 4.30，只增大了 3.30 个 pH 单位，曲线变化较为平缓。这显然是由于强酸的缓冲能力造成的。但在化学计量点前后，误差在 −0.1% ～ +0.1% 范围，虽然只加入约 1 滴 NaOH，但溶液的 pH 却从 4.30 突变至 9.70，改变了 5.7 个 pH 单位，此段的滴定曲线几乎与纵轴平行。这种化学计量点附近 pH 的突变范围（误差在 −0.1% ～ +0.1%）称为**酸碱滴定的 pH 突跃范围**(pH-jump range of acid-base titration)。**滴定突跃**的产生是由于化学计量点附近溶液中的 H^+ 和 OH^- 的浓度都很低，因此加入少量滴定剂后，H^+ 和 OH^- 的浓度变化极大所致。突变后，若再加入 NaOH，进入强碱的缓冲区，溶液的 pH 变化又变缓。

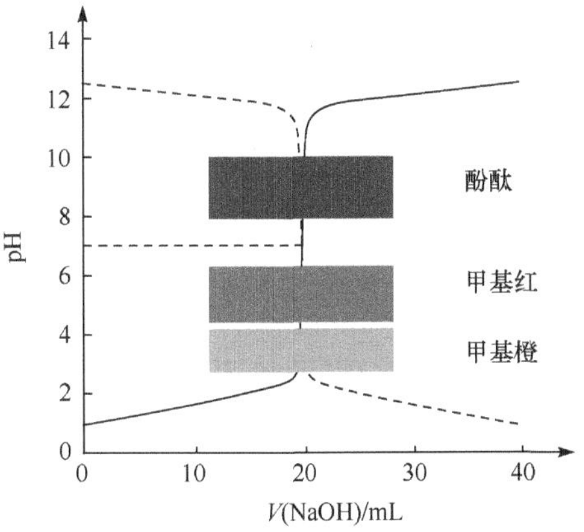

图 4-4　0.1000 mol · L^{-1} 的 NaOH 滴定 20.00 mL 0.1000 mol · L^{-1} 的 HCl 时的滴定曲线（实线）和 0.1000 mol · L^{-1} 的 HCl 滴定 20.00 mL 0.1000 mol · L^{-1} 的 NaOH 时的滴定曲线（虚线）

从滴定突跃范围的定义可以理解，滴定突跃是选择酸碱指示剂的依据。理想的指示剂应该恰好在化学计量点变色，但实际上基本落在突跃范围内变色的指示剂都可以用来指示终点，因此本例中误差为±0.1%的 pH 突跃范围为 4.30～9.70，可用甲基红(4.4～6.2)作指示剂，终点颜色由黄色变成橙色；若用酚酞(8.0～9.6)作指示剂，终点颜色由无色变成粉红色。而若选甲基橙(3.1～4.4)，除非由橙色恰好滴至黄色，其终点误差才可控制在−0.1%。通常指示剂选择的原则为：指示剂的 pH 变色范围全部或部分落在滴定的 pH 突跃范围内。

对于强酸滴定强碱，如用 0.1000 mol · L^{-1} 的 HCl 标准溶液滴定 20.00 mL 的 0.1000 mol · L^{-1} 的 NaOH，滴定曲线绘制如图 4-4 虚线所示。滴定误差为±0.1%的 pH 突跃范围为 9.70～4.30，可用甲基红作指示剂，终点颜色由黄色变为橙色。若选酚酞，因其颜色由粉红色变成无色，颜色变化难以观察，一般不选。

从上面的分析过程可以发现，滴定突跃的大小与溶液的浓度有关（图 4-5），酸碱浓度越大，pH 突跃范围越宽；酸碱浓度越小，pH 突跃范围越窄。在滴定分析中，一般酸碱的浓度不宜

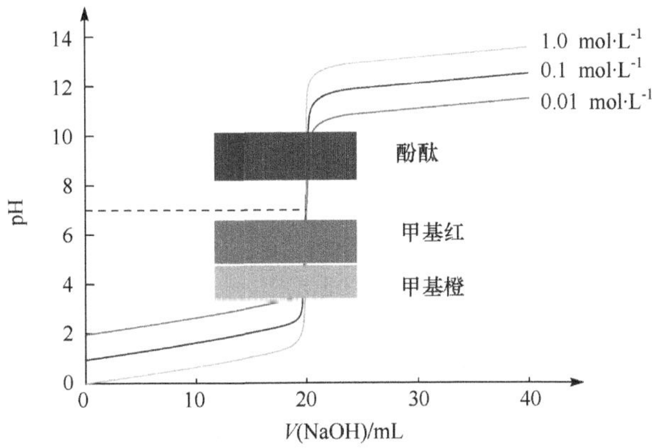

图 4-5　浓度对强酸（碱）滴定突跃范围的影响

过大或过小。过大，终点误差增大；过小，难以选择指示剂。因此，酸碱滴定法中酸碱溶液的浓度一般在 0.01～1.000 mol·L^{-1}。

4.5.2 一元弱酸(碱)的滴定

一元弱酸的滴定是指用强碱的标准溶液滴定一元弱酸。反应的基本计量关系为

$$OH^- + HA \rightleftharpoons A^- + H_2O$$

现以 0.1000 mol·L^{-1}的 NaOH 标准溶液滴定 20.00 mL 的 0.1000 mol·L^{-1} HAc 为例进行讨论。也采用"两点两线"法绘制滴定曲线。

1. 滴定前

溶液的酸度由 HAc 决定，因为 $c_r K_a^\ominus \geqslant 20K_w^\ominus$，$c_r/K_a^\ominus \geqslant 500$，所以，$c_r(H^+)$可由最简式求得

$$c_r(H^+) = \sqrt{K_a^\ominus c_r} = \sqrt{1.8\times10^{-5}\times0.1000} = 1.3\times10^{-3}$$

$$pH = 2.89$$

2. 滴定开始到化学计量点前

溶液由反应生成的 Ac$^-$和剩余的 HAc 构成的共轭酸碱溶液，可用缓冲溶液的最简式计算 $c_e(H^+)$

$$pH = pK_a^\ominus - \lg\frac{c(HAc)}{c(Ac^-)}$$

若给定一个 $V(NaOH)$就可以确定 $c_e(HAc)$和 $c_e(Ac^-)$，则带入上式可得溶液的 pH。例如，当 $V(NaOH) = 19.98$ mL($E_r = -0.1\%$)时

$$c_e(HAc) = \frac{c(HAc)V(HAc) - c(NaOH)V(NaOH)}{V(HAc) + V(NaOH)}$$

$$= 0.1000\times\frac{20.00-19.98}{20.00+19.98} = 5.0\times10^{-5}(mol\cdot L^{-1})$$

$$c_e(Ac^-) = \frac{c(NaOH)V(NaOH)}{V(HAc) + V(NaOH)}$$

$$= 0.1000\times\frac{19.98}{20.00+19.98} = 5.0\times10^{-2}(mol\cdot L^{-1})$$

3. 化学计量点时

HAc 完全转化成 Ac$^-$，此时

$$c(Ac^-) = 0.1000\times\frac{20.00}{40.00} = 0.05000(mol\cdot L^{-1})$$

溶液的酸度由 Ac$^-$的解离决定。因 $c_r K_b^\ominus > 20K_w^\ominus$，$c_r/K_b^\ominus > 500$，可按最简式求得 $c_r(OH^-)$

$$c_r(OH^-) = \sqrt{K_b^\ominus c_r} = \sqrt{\frac{1.0\times10^{-14}}{1.8\times10^{-5}}\times0.05000} = 5.3\times10^{-6}$$

$$pH = 8.73$$

4. 化学计量点后

溶液为过量的强碱 NaOH 和生成的弱碱 Ac$^-$组成，溶液的酸度由过量的 NaOH 浓度

决定。

$$c_e(OH^-)=\frac{c(NaOH)V(NaOH)-c(HAc)V(HAc)}{V(HAc)+V(NaOH)}$$

当加入 20.02 mL 的 NaOH(E_r=+0.1%)时

$$c_e(OH^-)=0.1000\times\frac{20.02-20.00}{20.02+20.00}=5.00\times10^{-5}(mol\cdot L^{-1})$$

$$pH=9.70$$

根据以上的计算方法，可以得到整个滴定过程中各溶液的 pH，列于表 4-4 中，可以绘制出滴定曲线(图 4-6)。

表 4-4　0.1000 mol·L^{-1}的 NaOH 滴定 20.00 mL 0.1000 mol·L^{-1}的 HAc 时溶液 pH 变化情况

滴入 NaOH 的体积/mL	HAc 被滴定的分数	溶液的 pH	
0.00	0.0000	2.89	
18.00	0.9000	5.70	
19.80	0.9900	6.73	
19.98	0.9990	7.74	突跃范围
20.00	0.1000	8.73	突跃范围
20.02	1.0010	9.70	突跃范围
20.20	1.0100	10.70	
22.00	1.1000	11.68	
40.00	2.0000	12.52	

从表 4-4 中的数据，以及图 4-6 绘出的 HAc 和 HCl 的滴定曲线可知一元弱酸的滴定具有以下特点：

(1) HAc 滴定曲线的起点高，这是由于 HAc 为弱酸，在水中只有部分解离，故其滴定曲线的起点较 NaOH 滴定同浓度的 HCl 的 pH 高；化学计量点时，体系为弱碱溶液，pH>7.00。

(2) 滴定开始时，由于同离子效应，溶液的 pH 上升较快，曲线较陡；当滴定分数接近 0.50 时，$c(HAc)/c(Ac^-)\approx1$，溶液的缓冲能力较强，曲线变得平缓；接近化学计量点时，因 $c(HAc)/c(Ac^-)$ 变小，失去缓冲能力，曲线又变陡，呈现 pH 突跃，pH 突跃范围为 7.76～9.70 突跃范围变窄，对此只能选择酚酞作指示剂；计量点后曲线与 HCl 的滴定曲线基本重合。

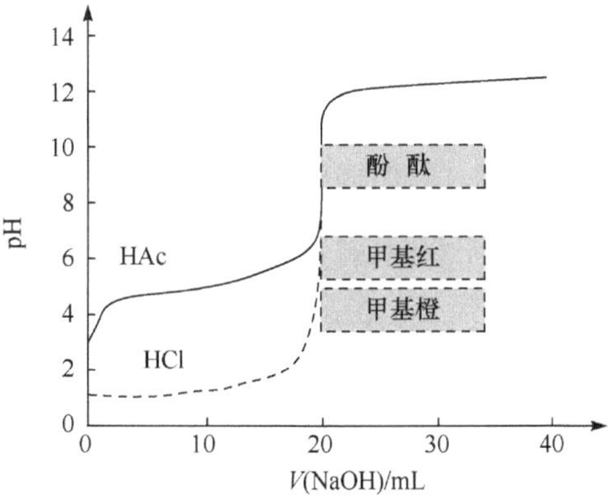

图 4-6　0.1000 mol·L^{-1}的 NaOH 滴定 20.00 mL 0.1000 mol·L^{-1}的 HAc 时的滴定曲线

与强碱滴定强酸不同，用强碱滴定一元弱酸，反应的完全程度不仅与浓度有关，还与被测弱酸的强度有关。因此，突跃范围的大小明显与被测弱酸的 $K_a^\ominus$ 大小有关。图 4-7 表示浓度均为 0.1000 mol·L^{-1}的不同强度的一元弱酸被浓度为 0.1000 mol·L^{-1}的 NaOH 滴定时的曲线。

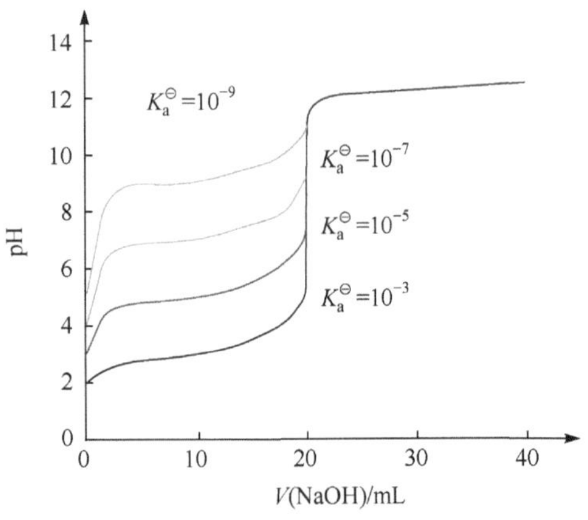

图 4-7　0.1000 mol·L^{-1}的 NaOH 滴定不同强度的 0.1000 mol·L^{-1}的 HA 时的滴定曲线

由图 4-7 可知，弱酸的 $K_a^\ominus$ 越小，即反应越不完全，突跃范围越小。可以证明，在用强碱滴定弱酸时，只有当弱酸的相对浓度与其解离常数的乘积 $c_rK_a^\ominus \geqslant 10^{-8}$，滴定才有明显的突跃，可使指示剂发生明显颜色变化，保证终点误差不大于±0.2%。因此，在用指示剂指示终点时，通常用 $c_rK_a^\ominus \geqslant 10^{-8}$作为一元弱酸可被强碱滴定的条件。一般 $c \approx 0.1$ mol·L^{-1}，所以也可用$K_a^\ominus \geqslant 10^{-7}$作为一元弱酸可被强碱滴定的条件。例如，HCN（$K_a^\ominus=4.9\times10^{-10}$）不能被强碱准确滴定；HAc（$K_a^\ominus=1.8\times10^{-5}$）可以被准确滴定。弱酸的滴定指示剂的选择原则是：指示剂的理论变色点尽量与化学计量点接近。

例 4-10　用浓度为 0.1 mol·L^{-1} NaOH 标准溶液能否准确滴定浓度为 0.1 mol·L^{-1}的苯甲酸（C_6H_5COOH）？如能，应选择何种指示剂？[已知 $K_a^\ominus(C_6H_5COOH)=6.2\times10^{-5}$]

解　因为 $c_rK_a^\ominus=0.1\times6.2\times10^{-5}>10^{-8}$，所以苯甲酸可以被准确滴定，滴定反应方程式如下：

$$C_6H_5COOH+OH^- \rightleftharpoons C_6H_5COO^-+H_2O$$

化学计量点的产物为一元弱碱 $C_6H_5COO^-$，其 $c(C_6H_5COO^-)=0.05$ mol·L^{-1}，则可用最简式计算其酸度

$$c_r(OH^-)=\sqrt{K_b^\ominus c_r}=\sqrt{\frac{1.0\times10^{-14}}{6.2\times10^{-5}}\times0.05}=2.84\times10^{-6}$$

$$pH=8.45$$

因此可选酚酞作为指示剂。

对于一元弱碱，可采用相同的方式进行处理，可用 $c_rK_b^\ominus \geqslant 10^{-8}$作为一元弱碱能被准确滴定的条件（误差控制在±0.2%）。

通过上面的分析可知，用强碱滴定弱酸，突跃出现在碱性范围；用强酸滴定弱碱，突跃出现在酸性范围；弱酸、弱碱之间相互滴定，则没有滴定突跃。故一般不用弱酸（碱）作标准溶液。

4.5.3　多元弱酸(碱)的滴定

1. 多元弱酸的滴定

多元酸一般为弱酸，在水中分步解离，如二元弱酸 H_2A 分两步解离，在被强碱滴定时，能否分两步中和，即 H_2A 首先被近似 100%地滴定为 HA^-，然后再被滴定为 A^{2-}，这与 H_2A 的 $K_{a1}^\ominus$、$K_{a2}^\ominus$的大小及其相差大小有关。从前面二元弱酸 $H_2C_2O_4$的分布分数图可以看出，在$H_2C_2O_4$未完全生成 $HC_2O_4^-$ 时，已有部分 $C_2O_4^{2-}$ 生成。即在主反应 $H_2C_2O_4+NaOH \rightleftharpoons NaHC_2O_4+H_2O$ 发生时，副反应 $NaHC_2O_4+NaOH \rightleftharpoons Na_2C_2O_4+H_2O$ 同时发生，其中 NaOH 不仅参加主反应，也参加副反应。因此主反应的完全程度大大降低，造成第一计量点附近滴定突跃不明显，无法使用指示剂指示滴定第一计量点。由此可见，H_2A 能否被准确滴定至 HA^-，以及进一步准确滴定至 A^{2-}，可按照下列原则进行大体判断：

(1) 若 $c_rK_{a1}^\ominus \geqslant 10^{-8}$，且 $K_{a1}^\ominus/K_{a2}^\ominus \geqslant 10^4$，则 H_2A 可被分步滴定至第一计量点，终点误差不

大于±0.5%；若 $c_r K_{a2}^{\ominus} \geqslant 10^{-8}$，还可继续被滴定至第二计量点。

(2) 若 $c_r K_{a1}^{\ominus} \geqslant 10^{-8}$，$K_{a1}^{\ominus}/K_{a2}^{\ominus} \geqslant 10^4$，但 $c_r K_{a2}^{\ominus} < 10^{-8}$，则 H_2A 只能被滴定至第一计量点。

(3) 若 $c_r K_{a1}^{\ominus} \geqslant 10^{-8}$，$c_r K_{a2}^{\ominus} \geqslant 10^{-8}$，但 $K_{a_1}^{\ominus}/K_{a_2}^{\ominus} < 10^4$，则 H_2A 只能被滴定至第二计量点。

对于其他多元弱酸被滴定的情况，可依照上述原则进行判断。一般多元弱酸相邻两级 $K_{ai}^{\ominus}$ 的比值很少大于 10^4，且弱酸浓度对减小分步滴定误差作用很小。因此，对多元弱酸分步滴定的准确度不能有过高的期望。指示剂可以根据终点溶液的酸度来选择，尽量使指示剂的变色点与终点的 pH 接近。

例 4-11　讨论用浓度为 0.1 mol·L^{-1} NaOH 标准溶液滴定浓度为 0.1 mol·L^{-1} H_3PO_4 的情况。[已知 $K_{a1}^{\ominus}(H_3PO_4)=7.6\times10^{-3}$，$K_{a2}^{\ominus}(H_3PO_4)=6.3\times10^{-8}$，$K_{a3}^{\ominus}(H_3PO_4)=4.4\times10^{-13}$]

解　因为 $c_r K_{a1}^{\ominus} \geqslant 10^{-8}$，且 $K_{a1}^{\ominus}/K_{a2}^{\ominus} > 10^4$，所以 H_3PO_4 可被滴至第一计量点，此时，溶液中 $c(H_2PO_4^-)=0.05$ mol·L^{-1}，计量点的 pH 可用最简式计算求得 $pH=1/2(pK_{a1}^{\ominus}+pK_{a2}^{\ominus})=4.67$，可选甲基红作指示剂。

因为 $c_r K_{a2}^{\ominus} \approx 10^{-8}$，且 $K_{a2}^{\ominus}/K_{a3}^{\ominus} > 10^4$，所以 H_3PO_4 可被滴至第二计量点，此时，溶液中 $c(HPO_4^{2-})=0.033$ mol·L^{-1}，计量点的 pH 可用最简式计算求得 $pH=1/2(pK_{a2}^{\ominus}+pK_{a3}^{\ominus})=9.77$，可选酚酞作指示剂。

因为 $c_r K_{a3}^{\ominus} \ll 10^{-8}$，所以 H_3PO_4 不能直接被滴至第三计量点。其滴定情况详见图 4-8。

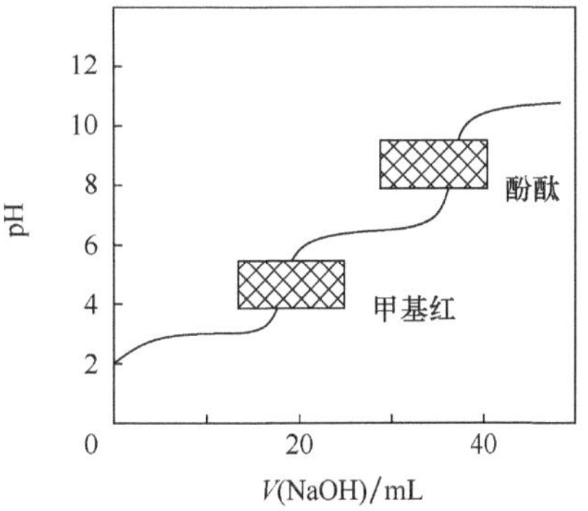

图 4-8　0.1 mol·L^{-1} NaOH 滴定 0.1 mol·L^{-1} H_3PO_4 的滴定曲线

2. 多元弱碱的滴定

多元弱碱被滴定的情况与多元弱酸的滴定情况完全类似，其能否被准确滴定或分步滴定，以及指示剂的选择与多元弱酸一样，不再详细叙述。

例 4-12　讨论用浓度为 0.1 mol·L^{-1} HCl 标准溶液滴定浓度为 0.1 mol·L^{-1} 的 Na_2CO_3 的情况。[已知 $K_{a1}^{\ominus}(H_2CO_3)=4.3\times10^{-7}$，$K_{a2}^{\ominus}(H_2CO_3)=5.6\times10^{-11}$]，

解　因为 $K_{a1}^{\ominus}(H_2CO_3)=4.3\times10^{-7}$，$K_{a2}^{\ominus}(H_2CO_3)=5.6\times10^{-11}$，所以

$$K_{b1}^{\ominus}(CO_3^{2-})=\frac{K_w^{\ominus}}{K_{a2}^{\ominus}(H_2CO_3)}=1.8\times10^{-4}$$

$$K_{b2}^{\ominus}(CO_3^{2-})=\frac{K_w^{\ominus}}{K_{a1}^{\ominus}(H_2CO_3)}=2.3\times10^{-8}$$

因为 $c_r K_{b1}^{\ominus}=0.1\times1.8\times10^{-4}>10^{-8}$，且 $K_{b1}^{\ominus}/K_{b2}^{\ominus}\approx10^4$，所以在第一计量点附近有一不太大的 pH 突跃，计量点的 pH 可用最简式计算

$$pH=1/2(pK_{a1}^{\ominus}+pK_{a2}^{\ominus})=8.31$$

可选酚酞作指示剂。因为 $c_r K_{b2}^{\ominus}\approx10^{-8}$，所以 Na_2CO_3 可被近似滴至第二计量点，计量点的溶液为饱和碳酸溶液，浓度约为 0.04 mol·L^{-1}，此时，计量点的酸度可用最简式计算

$$c_r(H^+)=\sqrt{K_{a1}^{\ominus}c_r}=\sqrt{4.3\times10^{-7}\times0.04}=1.2\times10^{-4}$$

$$pH=3.92$$

可选甲基橙作指示剂。

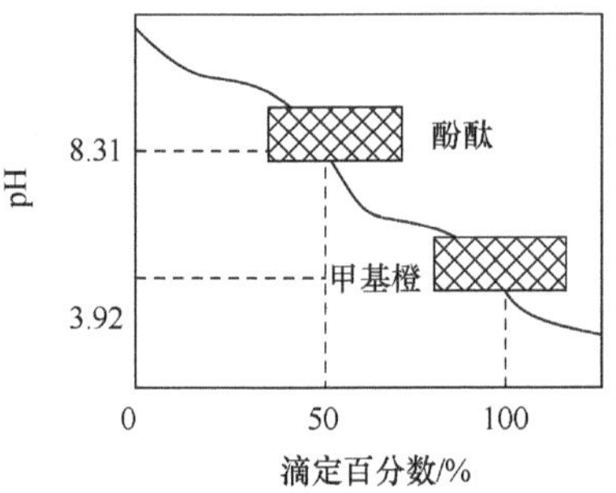

图 4-9　0.1000 mol·L^{-1}的 HCl 滴定 0.1000 mol·L^{-1}的 Na_2CO_3 滴定曲线

第一计量点突跃不明显，选用酚酞作指示剂时终点颜色由红色变为无色，终点不易观察，终点误差就会增大。为了较准确地判断第一计量点，可采用 $NaHCO_3$ 的参比溶液，或使用混合指示剂，如甲酚红和百里酚蓝混合指示剂确定终点，效果较好。第二计量点的突跃也不明显，可选用甲基橙或甲基橙-靛蓝混合指示剂。滴定第二计量点前时，容易形成 CO_2 的过饱和溶液，溶液酸度增大，使终点过早出现，滴定过程中需要在计量点附近剧烈摇动溶液，或将溶液加热煮沸，则 CO_2 可以溢出。此时变色敏锐，准确度高。滴定过程的 pH 变化情况如图 4-9所示。

3. 酸碱滴定中 CO_2 的影响

酸碱滴定中 CO_2 的影响不容忽视，经常导致较大的误差。酸碱滴定法中 CO_2 的影响主要来自以下几个方面。

(1) NaOH 试剂中含 Na_2CO_3，未经处理直接配制标准溶液。用邻苯二甲酸氢钾或草酸标定含 Na_2CO_3 的 NaOH 时，终点为碱性，以酚酞作指示剂。此时 Na_2CO_3 被部分中和为 $NaHCO_3$。用此标准溶液直接滴定样品时，若终点为碱性，用酚酞作指示剂，对结果基本无影响；若终点为酸性，以甲基红或甲基橙为指示剂，则 Na_2CO_3 被完全中和为 CO_2，将造成负误差。

(2) NaOH 标准溶液保存不当，吸收空气中 CO_2。若用此标准溶液直接滴定样品时，若终点为碱性，用酚酞作指示剂，Na_2CO_3 部分转化为 $NaHCO_3$，将造成正误差；若终点为酸性，则吸收的 CO_2 最终又以 CO_2 形式放出，对结果基本无影响。

(3) 被测样吸收了 CO_2 或用含 Na_2CO_3 的 NaOH 滴定至碱性终点时，以酚酞作指示剂终点颜色不稳定造成一定的误差。这在实际工作中较为常见。

为消除酸碱滴定中 CO_2 的影响，可以从以下几点做起：

(1) 酸碱滴定中应用新煮的蒸馏水，以除去 CO_2。

(2) 配制不含 Na_2CO_3 的 NaOH 标准溶液。可先配制 NaOH 饱和溶液，因 Na_2CO_3 的溶解度很小，在溶液底部结晶，再吸取上层清液稀释至所需浓度。

(3) 正确保存 NaOH 标准溶液。避免 NaOH 溶液吸收 CO_2；标准溶液久置后应重新标定。

(4) 标定和测定尽可能用同一指示剂在相同的条件下进行，以抵消 CO_2 的影响。

4.6　酸碱滴定法的应用

4.6.1　酸碱标准溶液的配制

1. 酸标准溶液的配制与标定

酸标准溶液一般为 HCl，但市售 HCl 一般浓度不定而且纯度不够，不能直接配制标准溶液，需要采用标定法配制。通常用于标定 HCl 的基准物质是无水碳酸钠和硼砂。

采用硼砂($Na_2B_4O_7 \cdot 10H_2O$)标定 HCl

$$Na_2B_4O_7 + 2HCl + 5H_2O = 4H_3BO_3 + 2NaCl$$

计量点时产物为 H_3BO_3[$K_a^\ominus(H_3BO_3) = 5.8\times10^{-10}$]和 NaCl,溶液的 pH ≈ 5.3,可采用甲基红作为指示剂。HCl 标准溶液的浓度计算式为

$$c(HCl) = \frac{2m(Na_2B_4O_7 \cdot 10H_2O)}{M(Na_2B_4O_7 \cdot 10H_2O)V(HCl)}$$

2. 碱标准溶液的配制与标定

碱标准溶液一般为 NaOH 或 KOH,其中以 NaOH 应用最多。NaOH 因易吸湿和吸收 CO_2 等原因,不能直接配制标准溶液,也需要采用标定法配制。常用邻苯二甲酸氢钾或草酸标定 NaOH。

采用邻苯二甲酸氢钾($KHC_8H_4O_4$)标定 NaOH

$$KHC_8H_4O_4 + NaOH = KNaC_8H_4O_4 + H_2O$$

终点产物为 $KNaC_8H_4O_4$,溶液的 pH ≈ 9.1,可选酚酞作指示剂。结果可按下式计算

$$c(NaOH) = \frac{m(KHC_8H_4O_4)}{M(KHC_8H_4O_4)V(NaOH)}$$

4.6.2　酸碱滴定法的应用实例

1. 食醋中总酸量的测定

食醋中主要含有乙酸[$K_a^\ominus(HAc) = 1.8\times10^{-5}$]以及乳酸等其他一些弱酸。用 NaOH 滴定时,只要符合 $c_rK_a^\ominus \geqslant 10^{-8}$ 条件的酸均可被滴定,且共存的酸的 $K_a^\ominus$ 之间的比值均小于 10^4。因此,测定值实际是总酸量,其分析结果用主要成分乙酸表示,总酸量通常用乙酸的质量浓度 $\rho(HAc)$ 形式表示,单位为 $g \cdot L^{-1}$。因其计量点 pH 在碱性范围,测定时以酚酞作指示剂。若样品颜色过深,妨碍终点颜色观察,可先用活性炭脱色。结果按下式计算

$$\rho(HAc) = \frac{c(NaOH)V(NaOH)M(HAc)}{V(HAc)}$$

2. 铵盐中氮含量的测定

测定铵盐中氮含量的方法有蒸馏法和甲醛法。

1) 蒸馏法

试样与 NaOH 共同煮沸,使得 $NH_4{}^+$ 转化为 NH_3,经蒸馏装置分离出来,用定量且过量的 HCl 标准溶液吸收,再用 NaOH 标准溶液返滴定过量的 HCl,以甲基红或甲基橙为指示剂。也可用硼酸(H_3BO_3)吸收蒸馏出的 NH_3,反应为

$$NH_3 + H_3BO_3 = NH_4H_2BO_3$$

$NH_4H_2BO_3$ 为两性物质,NH_4^+ 的酸性很弱[$K_a^\ominus(NH_4^+) = 5.6\times10^{-10}$],$H_2BO_3^-$ 的碱性较强[$K_a^\ominus(H_2BO_3^-) = 1.7\times10^{-5}$],可用 HCl 标准溶液滴定

$$H_2BO_3^- + H^+ = H_3BO_3$$

计量点的产物为 NH_4Cl 和 H_3BO_3 的混合溶液,pH 约为 5.1,可选甲基红作为指示剂,间接测定 NH_3 的含量。用 H_3BO_3 吸收的优点是只需一种标准溶液(HCl)即可,过量的 H_3BO_3 不干扰滴定,它的浓度和体积无需准确,只要用量足够即可,但温度不宜过高,否则氨易逸出。

2) 甲醛法

该方法适用于 NH_4Cl、$(NH_4)_2SO_4$ 和 NH_4NO_3 等铵的强酸盐的测定。NH_4^+ 和甲醛(HCHO)定量反应生成质子化的六亚甲基四胺和 H^+。

$$4NH_4^+ + 6HCHO \rightleftharpoons (CH_2)_6N_4H^+ + 3H^+ + 6H_2O$$

用 NaOH 标准溶液滴定，可同时滴定一元弱酸 $(CH_2)_6N_4H^+$ ($K_a^\ominus = 7.1\times10^{-6}$) 和强酸 H^+ 混合物，计量点的产物 $(CH_2)_6N_4$ 为一元弱碱 ($K_b^\ominus = 1.7\times10^{-9}$) 溶液，溶液的 pH 约为 8.7，可选酚酞作指示剂。此法简单，准确度可满足一般分析工作的要求。氮的质量分数可按下式计算

$$w(N) = \frac{c(NaOH)V(NaOH)M(N)}{m(样品)}$$

3) 有机物中氮含量的测定

有机物如谷物、乳品、蛋白质、有机肥料、土壤，以及生物碱等中的氮含量测定常采用凯氏(Kjeldahl)定氮法。将试样与浓硫酸混合共沸，并加入 $CuSO_4$ 或汞盐作催化剂，使其消化分解，有机物中碳、氢、氮分别被氧化为 CO_2、H_2O 和 NH_4^+，然后用蒸馏法测定氮含量。

3. 混合碱的滴定

混合碱的测定是指用 HCl 标准溶液直接测定 NaOH、$NaHCO_3$、Na_2CO_3 及它们的混合物 NaOH 与 Na_2CO_3、$NaHCO_3$ 与 Na_2CO_3。混合碱的测定通常用双指示剂法。

采用双指示剂测定碱样或混合碱是指使用两种指示剂，用 HCl 标准溶液进行连续滴定，分别指示两个终点，根据两个终点所消耗的盐酸的体积判断碱样的组成，并计算出各组分的含量。具体方法如下：先以酚酞为指示剂，用 HCl 标准溶液滴定至红色刚消失，记下用去 HCl 的体积 V_1；再在此溶液中加入甲基橙，继续用 HCl 滴定至橙红色，用去 HCl 的体积 V_2。此方法中，最关键的一个组分是 Na_2CO_3，第一计量点，即酚酞变色点，Na_2CO_3 转化为 $NaHCO_3$；第二计量点，甲基橙变色点，$NaHCO_3$ 将转化为 CO_2 和 H_2O。即在酚酞变色之前，$NaHCO_3$ 不与 HCl 反应，而在酚酞变色前 NaOH 已完全被中和。因此，根据酚酞的以及甲基橙变色时分别消耗 HCl 的体积可以判断碱样的组成，以及计算各组分的含量。各种碱样与 HCl 标准溶液体积之间的关系如表 4-5 所示。

表 4-5　碱样组成与 HCl 标准溶液体积之间的关系

碱样组分	Na_2CO_3	$NaHCO_3$	NaOH	Na_2CO_3+NaOH	Na_2CO_3+$NaHCO_3$
第一计量点(酚酞变色点)产物	$NaHCO_3$		NaCl+H_2O	$NaHCO_3$+NaCl+H_2O	$NaHCO_3$
消耗 HCl 的体积	V_1		V_1	V_1	V_1
第二计量点(甲基橙变色点)产物	CO_2+H_2O	CO_2+H_2O		CO_2+H_2O	CO_2+H_2O
消耗 HCl 的体积	V_2	V_2		V_2	V_2
V_1 和 V_2 的关系	$V_1=V_2>0$	$V_1=0$, $V_2>0$	$V_1>0$, $V_2=0$	$V_1>V_2>0$	$V_2>V_1>0$

若滴定过程中

(1) $V_1=V_2>0$，则碱样的组成为 Na_2CO_3

$$w(Na_2CO_3)=\frac{c(HCl)V_1M(Na_2CO_3)}{m_s}$$

(2) $V_1=0$,$V_2>0$,则碱样的组成为 $NaHCO_3$

$$w(NaHCO_3)=\frac{c(HCl)V_2M(NaHCO_3)}{m_s}$$

(3) $V_1>0$,$V_2=0$,则碱样的组成为 NaOH

$$w(NaOH)=\frac{c(HCl)V_1M(NaOH)}{m_s}$$

(4) $V_1>V_2>0$,则碱样的组成为 Na_2CO_3 和 NaOH

$$w(Na_2CO_3)=\frac{c(HCl)V_2M(Na_2CO_3)}{m_s}$$

$$w(NaOH)=\frac{c(HCl)(V_1-V_2)M(NaOH)}{m_s}$$

(5) $V_2>V_1>0$,则碱样的组成为 Na_2CO_3 和 $NaHCO_3$

$$w(Na_2CO_3)=\frac{c(HCl)V_1M(Na_2CO_3)}{m_s}$$

$$w(NaHCO_3)=\frac{c(HCl)(V_2-V_1)M(NaHCO_3)}{m_s}$$

思考题

1. 什么是酸碱质子理论？什么是共轭酸碱对？共轭酸碱对的 $K_a^{\ominus}$ 和 $K_b^{\ominus}$ 之间关系是什么？

2. 对于一元弱酸 HA,当 pH 等于多少时,其 $\delta(HA)=\delta(A^-)$？

3. 简述酸碱指示剂的变色原理。什么是酸碱指示剂的理论变色点和理论变色范围？

4. 影响酸碱滴定突越的因素有哪些？如何选择酸碱指示剂？

5. 一元弱酸(碱)被准确滴定的条件是什么？多元弱酸(碱)被准确滴定和分步滴定的条件是什么？

6. 酸碱滴定法中,为什么用强酸(碱)而不用弱酸(碱)配制标准溶液？标准溶液的浓度一般为多少？

7. 下列说法是否准确？

(1) 所有弱酸均可用 NaOH 标准溶液滴定。

(2) 弱酸的 $K_a^{\ominus}$ 越大,其共轭碱的 $K_b^{\ominus}$ 越小。

(3) 酸碱指示剂的用量越多,变色越敏锐。

8. 下列哪些说法正确？

(1) 用同一浓度的 HCl 滴定浓度和体积都相同的不同的一元弱碱,则 $K_b^{\ominus}$ 较大的弱碱(　　)

A. 消耗 HCl 多　B. 突越范围大　C. 计量点 pH 较高　D. 指示剂变色不敏锐

(2) 选择酸碱指示剂时不用考虑的因素有(　　)

A. pH 突越范围　B. 指示剂变色范围　C. 滴定方向　D. 指示剂的结构

(3) 下列各组酸碱物质中,属于共轭酸碱对的有(　　)

A. Na_2CO_3 和 H_2CO_3　B. H_2S 和 HS^-　C. $(CH_2)_6N_4H^+$ 和 $(CH_2)_6N_4$　D. H_3O^+ 和 OH^-

9. 判断下列情况对测定结果的影响。

(1) 用 $H_2C_2O_4\cdot 2H_2O$ 为基准物质标定 NaOH 时,若基准物质部分风化,标定结果是偏低还是偏高？

(2) NaOH 标准溶液因保存不当,吸收了 CO_2。当用它测定 HCl 浓度时,滴至甲基橙变色,对测定结果有何影响？滴至酚酞变色,对测定结果有何影响？

10. 用双指示剂法测定碱样。假设酚酞变色时消耗盐酸的体积为 V_1,滴至甲基橙变色时,消耗盐酸的体

积为 V_2，请判断下列碱样的组成。

(1) $V_1>V_2>0$ (2) $V_2>V_1>0$ (3) $V_1=V_2>0$

习 题

1. 利用分布分数的概念，计算在 pH=10.00，c(NaAc)=0.10 mol·L^{-1}乙酸钠水溶液中 Ac^- 和 HAc 型体的平衡浓度。

2. 写出下列化合物水溶液的质子平衡式(PBE)。

(1) NaAc (2) $NaHCO_3$ (3) H_2S (4) NH_4Ac (5) Na_2HPO_4

3. 计算下列水溶液的 pH。

(1) c(NaAc)=0.10 mol·L^{-1} (2) $c(NaHCO_3)$=0.10 mol·L^{-1}

(3) $c(H_2S)$=0.10 mol·L^{-1} (4) $c(Na_3PO_4)$=0.10 mol·L^{-1}

4. 下列酸碱溶液能否用同浓度的强酸或强碱直接滴定？如能，计算计量点的 pH，并选择合适的指示剂。

(1) 0.1 mol·L^{-1}的乙酸钠(NaAc)水溶液 (2) 0.1 mol·L^{-1}的甲酸(HCOOH)水溶液

(3) 0.1 mol·L^{-1}的柠檬酸(H_3Cit)水溶液 (4) 0.1 mol·L^{-1}的乙二胺水溶液

5. 下列多元酸(碱)(c=0.1 mol·L^{-1})能否用同浓度的强碱或强酸标准溶液滴定？如能滴定，有几个滴定终点？如何选择指示剂？

(1) 酒石酸($K_{a1}^{\ominus}=9.1\times10^{-4}$，$K_{a2}^{\ominus}=4.3\times10^{-5}$)

(2) 柠檬酸($K_{a1}^{\ominus}=7.4\times10^{-4}$，$K_{a2}^{\ominus}=1.7\times10^{-5}$，$K_{a3}^{\ominus}=4.0\times10^{-7}$)

(3) Na_3PO_4

6. 称取灼烧后的基准物质 Na_2CO_3 0.2120 g，溶于水，用 HCl 滴至甲基橙变色点，用去 25.10 mL HCl，试计算 c(HCl)。

7. 写出甲醛法测定氯化铵中，w(N)、$w(NH_3)$和 $w(NH_4Cl)$的计算式。

8. 称取 2.000 g 的 H_3PO_4试样，配制成 250.0 mL 的溶液，吸取 25.00 mL 的溶液，用浓度为 0.094 60 mol·L^{-1}的 NaOH 标准溶液滴至甲基红变色点，消耗 NaOH 21.30 mL，试计算样品中 H_3PO_4和 P_2O_5的质量分数。

9. 用凯氏法测定牛奶中含氮量，称取奶样 0.4500 g，经消化后，加碱蒸馏出 NH_3，用 50.00 mL 的 HCl 吸收，再用浓度为 0.080 00 mol·L^{-1}的 NaOH 标准溶液 12.00 mL 回滴至终点。已知中和 25.00 mL 的 HCl 需要 15.83 mL 的 NaOH 标准溶液。计算奶样中氮的质量分数。

10. 称取 Na_2CO_3和 $NaHCO_3$混合碱样 0.6400 g，溶于适量的蒸馏水中，以甲基橙为指示剂，用 0.2000 mol·L^{-1}的 HCl 标准溶液 48.50 mL 滴至终点。若同样质量的碱样以酚酞作指示剂，用上述 HCl 标准溶液滴至终点，需要消耗 HCl 多少毫升？

11. 根据下列数据判断下列试样的组成，并计算各组分的质量分数。三种试样均称取 0.3010 g，用 0.1050 mol·L^{-1}的 HCl 标准溶液滴定。

(1) 滴至酚酞变色点，消耗 20.30 mL HCl，若取等量试样，以甲基橙为指示剂，滴至计量点时消耗 45.40 mL HCl。

(2) 加酚酞指示剂溶液颜色无变化，再加甲基橙，滴至终点时用去 HCl 30.65 mL。

(3) 以酚酞指示剂滴至终点用去 HCl 25.02 mL，再加甲基橙又用去 14.32 mL HCl 滴至终点。

12. 采用氯化钡法测定混合碱试样，称取含 NaOH 和 Na_2CO_3的样品 2.5460 g，溶解后定容在 250.0 mL 的容量瓶中。移取 25.00 mL 的试样两份，一份以甲基橙为指示剂，用 24.86 mL 滴至终点；另一份加入过量的 $BaCl_2$，再以酚酞为指示剂，用 23.74 mL HCl 滴至终点。已知此 HCl 24.37 mL 需要 0.4852 g 硼砂完全中和，计算样品中 NaOH 和 Na_2CO_3的质量分数。

第 5 章　配位滴定法

基本要求

- 了解配位滴定法的实质，滴定分析对配位反应的要求。
- 熟悉 EDTA 的性质及其与金属离子配位的特点。
- 理解配位平衡的影响因素，熟悉稳定常数、条件稳定常数、酸效应系数等有关计算方法。
- 理解金属指示剂变色原理，熟悉常用的金属指示剂。
- 熟悉配位滴定曲线、影响滴定突跃因素、提高配位滴定选择性的途径，掌握关计算方法及应用。

配位滴定法(complexation titration)是以配位反应为基础的滴定分析方法。它是用配位剂作为标准溶液直接或间接滴定被测物质，并选用适当的指示剂指示滴定终点。本章将就配位平衡问题进行讨论，着重介绍反应条件对配位平衡的影响，以酸效应为例介绍处理复杂平衡的方法——副反应和副反应系数。在此基础上讨论配位滴定法的基本原理及应用。

金属离子在溶液中大多是以不同形式的配离子存在的，配位反应具有极大的普遍性，广泛应用于分析化学的各种分离与测定中。配位滴定法是以配位反应为基础的滴定分析方法，其对配位化学反应的要求是：

(1) 反应要完全，形成的配合物要稳定。

(2) 在一定的条件下，配位数必须固定。

(3) 反应速率要快。

(4) 要有适当的方法确定反应终点。

鉴于上述要求，能够用于配位滴定的反应并不多(主要是稳定性不高和分步配位)。1945 年后，瑞士化学家岑巴赫(Schwazenbarch)发现了以 EDTA(ethylene diamine tetraacetate acid，乙二胺四乙酸)为代表的一系列氨羧配位剂，配位滴定法才得到了迅速的发展和广泛应用。

配合物都是由中心离子和配体组成的。含有一个配位原子的配体称为**单基配体**，也称**单齿配体**(monodentate ligand)，如 F^-、NH_3、CN^- 和 OH^- 等；含有两个或两个以上配位原子的配体称为多基配体，也称为多齿配体(monodentate ligand)，如乙二胺($H_2NCH_2CH_2NH_2$)、氨基乙酸(H_2NCH_2COOH)等。

单基配体和中心离子形成的配合物称为简单配合物。中心离子和一个配位体可以形成一个配位键，当有 n 个配位体结合在中心离子周围时，就形成配位数为 n 的简单配合物。大多数简单配合物都存在分级配合现象，如 Cu^{2+} 和 NH_3 可以生成 $[Cu(NH_3)]^{2+}$、$[Cu(NH_3)_2]^{2+}$、$[Cu(NH_3)_3]^{2+}$ 等多种形态的配合物，这使得平衡情况变得很复杂，也正因如此，使得简单配位化合物在分析化学中的应用受到限制。单基配位体通常都是用作掩蔽剂、显色剂及指示剂等，只有以 CN^- 为配位剂的氰量法和以 Hg^{2+} 为中心离子的汞量法具有一些实际意义。

在配位滴定中，得到广泛应用的是多基配体的配位剂。金属离子与多齿配体配位时，形成具有环状结构的配合物称为**螯合物**(chelate)。螯合物通常具有五元或六元环状结构，稳定性高，配位比相对较恒定，符合配位滴定的要求。形成螯合物的多基配体称为**螯合剂**(chelating agents)，它们大多是含有 N、S、O 等配位原子的有机分子或离子，目前应用最多的是以乙二胺四乙酸为代表的氨羧配位剂，而通常所说的配位滴定法也指的是形成螯合物的配位滴定法。

5.1 乙二胺四乙酸及其配合物

乙二胺四乙酸简称为 EDTA，它是一种四元弱酸，常用 H_4Y 表示，其结构式为

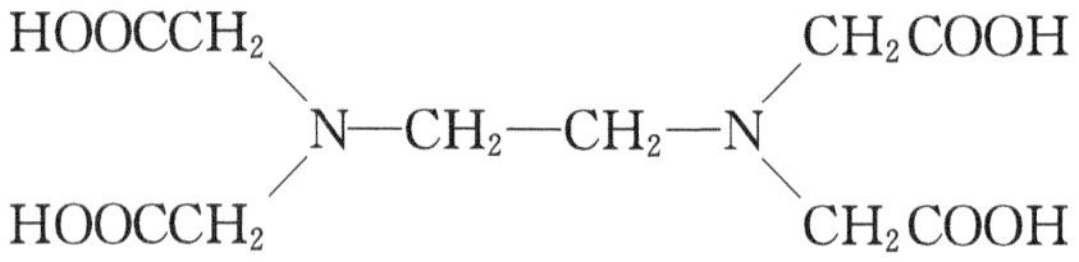

由于乙二胺四乙酸在水里的溶解度较小，通常把它制备成二钠盐，一般也称为 EDTA，它在水里的溶解度较大，在 22 ℃时，每 100 mL 水中可以溶解 11.1 g，浓度相当于 0.3 $mol \cdot L^{-1}$，pH 约为 4.4。

在水溶液中，乙二胺四乙酸的两个羧基上的质子会转移到氮原子上，形成双偶极离子

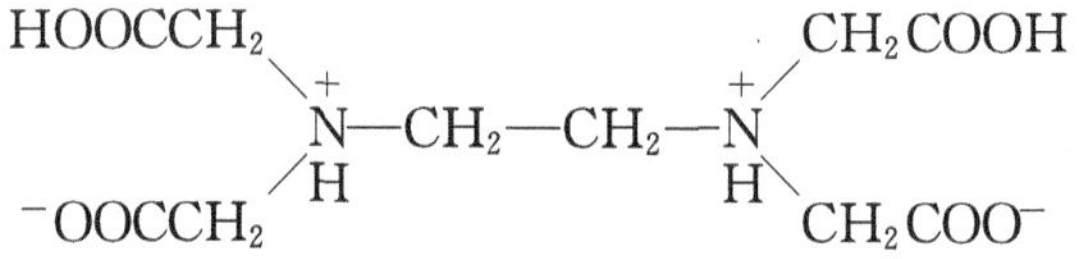

当 EDTA 的水溶液酸度较大时，它的两个羧基可以再接受溶液中的 H^+，形成 H_6Y^{2+}，这样，EDTA 就相当于六元酸，在水中存在下列解离平衡

$$H_6Y^{2+} \rightleftharpoons H^+ + H_5Y^+ \qquad K_{a1}^{\ominus}=\frac{c_e(H^+)c_e(H_5Y^+)}{c_e(H_6Y^{2+})}=10^{-0.9}$$

$$H_5Y^+ \rightleftharpoons H^+ + H_4Y \qquad K_{a2}^{\ominus}=\frac{c_e(H^+)c_e(H_4Y)}{c_e(H_5Y^+)}=10^{-1.6}$$

$$H_4Y \rightleftharpoons H^+ + H_3Y^- \qquad K_{a3}^{\ominus}=\frac{c_e(H^+)c_e(H_3Y^-)}{c_e(H_4Y)}=10^{-2.0}$$

$$H_3Y^- \rightleftharpoons H^+ + H_2Y^{2-} \qquad K_{a4}^{\ominus}=\frac{c_e(H^+)c_e(H_2Y^{2-})}{c_e(H_3Y^-)}=10^{-2.67}$$

$$H_2Y^{2-} \rightleftharpoons H^+ + HY^{3-} \qquad K_{a5}^{\ominus}=\frac{c_e(H^+)c_e(HY^{3-})}{c_e(H_2Y^{2-})}=10^{-6.16}$$

$$HY^{3-} \rightleftharpoons H^+ + Y^{4-} \qquad K_{a6}^{\ominus}=\frac{c_e(H^+)c_e(Y^{4-})}{c_e(HY^{3-})}=10^{-10.26}$$

因此，在水溶液中，EDTA 是以 H_6Y^{2+}、H_5Y^+、H_4Y、H_3Y^-、H_2Y^{2-}、HY^{3-} 和 Y^{4-} 等七种形式存在(为了书写方便起见，EDTA 的各种存在形态通常省略电荷，用 H_6Y、H_5Y、…、HY 和 Y 来表示)，但在不同的酸度条件下，各种型体的浓度分布是不同的，它们的浓度分布与溶液的酸度关系如图 5-1 所示。

从图中可以看出，在 pH<1 的强酸性溶液中，主要以 H_6Y 形式存在；在 pH 为 2.67～6.16 的溶液中，主要以 H_2Y 形式存在；在 pH>10.26 的碱性溶液中，主要以 Y 形式存在。在

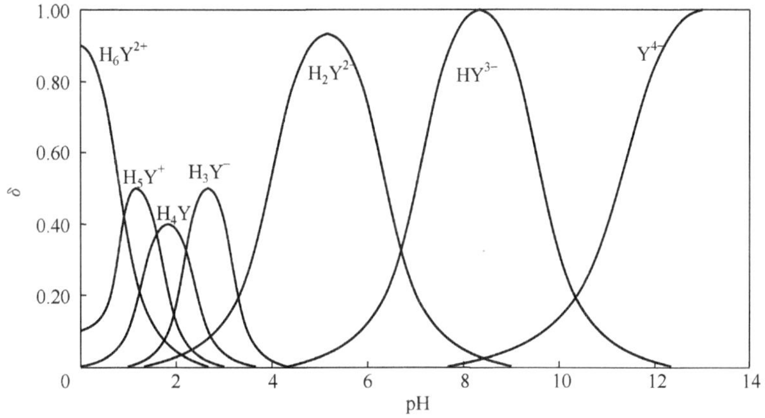

图 5-1 EDTA 各种型体的分布图

以上七种型体中，一般是 Y 与金属离子直接配位，生成稳定的配合物。

5.2 配位平衡

5.2.1 配合物的稳定常数

配合物的稳定性常用**稳定常数**(stability constant)[也称形成常数(formation constant)]或**不稳定常数**(instability constants，也称解离常数)来表示，如金属离子 M 与 EDTA 之间的配位反应，配合物的形成可用下列方程式表示(将各组分的电荷略去)

$$M + Y \longrightarrow MY$$

当反应达到平衡时，配合物 MY 的稳定常数可表示为

$$K^{\ominus}_{f(MY)} = \frac{c_e(MY)}{c_e(M)c_e(Y)} \tag{5-1}$$

式中，$c_e(MY)$、$c_e(M)$及 $c_e(Y)$分别为平衡时 MY、M 和 Y 的相对平衡浓度；$K^{\ominus}_{f(MY)}$为 MY 的**稳定常数**，也称为 MY 的形成常数。稳定常数越大，配合物越稳定。一些金属离子与 EDTA 形成的配合物 MY 的稳定常数见表 5-1。

表 5-1 金属离子配合物的 $\lg K^{\ominus}_{f(MY)}$ ($I=0.1$，$T=293\sim298$ K)

离子	$\lg K^{\ominus}_{f(MY)}$	离子	$\lg K^{\ominus}_{f(MY)}$	离子	$\lg K^{\ominus}_{f(MY)}$
Li^{+}	2.79	Co^{2+}	16.31	Hg^{2+}	21.70
Na^{+}	1.66	Zn^{2+}	16.50	Fe^{3+}	25.10
Be^{2+}	9.30	Cd^{2+}	16.46	Bi^{3+}	27.94
Mg^{2+}	8.70	Cu^{2+}	18.80	Cr^{3+}	23.40
Ca^{2+}	10.69	Pb^{2+}	18.04	Sn^{2+}	22.11
Sr^{2+}	8.73	Mn^{2+}	13.87	Ni^{2+}	18.62
Ba^{2+}	7.86	Al^{3+}	16.30	Fe^{2+}	14.32

对于配合物的稳定性，还可以用不稳定常数(或解离常数)$K^{\ominus}_{d(MY)}$表示，稳定常数和不稳定常数存在下述关系

$$K^{\ominus}_{d(MY)}=\frac{1}{K^{\ominus}_{f(MY)}} \tag{5-2}$$

如果金属离子 M 与 L 形成 ML_n型配合物，ML_n型配合物是逐级形成的，相应的逐级稳定常数(stepwise stability/formation constant)如下

$$M+L \rightleftharpoons ML \quad 第一级稳定常数 \quad K^{\ominus}_{f,1}=\frac{c_e(ML)}{c_e(M)c_e(L)}$$

$$ML+L \rightleftharpoons ML_2 \quad 第二级稳定常数 \quad K^{\ominus}_{f,2}=\frac{c_e(ML_2)}{c_e(ML)c_e(L)}$$

$$\vdots \qquad\qquad \vdots \qquad\qquad \vdots$$

$$ML_{n-1}+L \rightleftharpoons ML_n \quad 第\ n\ 级稳定常数 \quad K^{\ominus}_{f,n}=\frac{c_e(ML_n)}{c_e(ML_{n-1})c_e(L)}$$

5.2.2 累积稳定常数

在许多配位平衡的计算中，经常要用到$K^{\ominus}_{f,1}$、$K^{\ominus}_{f,2}$、$K^{\ominus}_{f,3}$等数值，这样将逐级稳定常数依次相乘得到的乘积称为累积稳定常数(cumulative stability/formation constants)，用β表示：

第一级累积稳定常数 $\beta_1=K^{\ominus}_{f,1}$

第二级累积稳定常数 $\beta_2=K^{\ominus}_{f,1}K^{\ominus}_{f,2}$

……

第 n 级累积稳定常数 $\beta_n=K^{\ominus}_{f,1}K^{\ominus}_{f,2}\cdots K^{\ominus}_{f,n}=\frac{c_e(ML_n)}{c_e(M)c_e^n(L)}$

即

$$\beta_n=\prod_{i=1}^{n}(K^{\ominus}_{f,i})$$

5.3 影响配位平衡的主要因素

在化学反应中，通常把主要考查的一种反应看作主反应，其他与之有关的反应看作副反应。在配位滴定体系中，除金属离子 M 与配位剂 Y 之间的反应外，还存在不少副反应。

这些副反应的进行将对主反应构成影响，根据化学平衡原理可以得出：如果反应物(M 或 Y)发生副反应，则不利于主反应的进行，而生成物 MY 所发生的副反应则有利于主反应的进行。当有副反应发生时，$K^{\ominus}_{f(MY)}$就已经反映不出主反应进行的情况了。为了能定量地表示有副反应发生时主反应进行的程度，必须引入副反应系数(side reaction coefficient)α 的概念。

5.3.1 EDTA 的酸效应及酸效应系数

EDTA 是一种广义的酸，当溶液中有 H^+时，EDTA 除和金属离子 M 发生主反应外，还可以和 H^+结合形成它的共轭酸，从而使 Y 的平衡浓度降低，影响其参加主反应，这种现象称为 **EDTA 的酸效应**。H^+引起副反应时所对应的副反应系数称为**酸效应系数**(acid effect coefficient)，通常用 $\alpha_{Y(H)}$ 来表示。

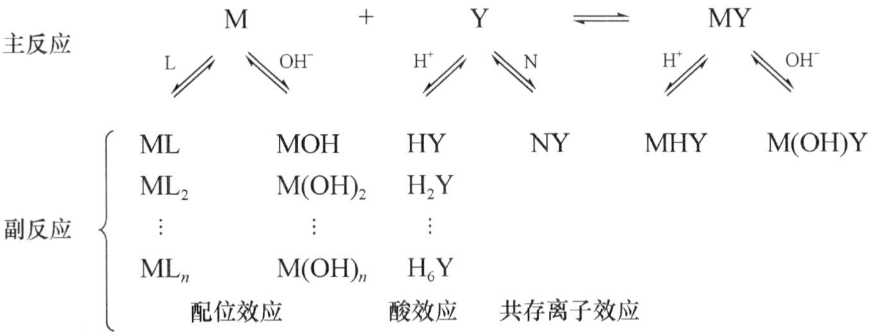

$$\alpha_{Y(H)}=\frac{c_e(Y')}{c_e(Y)} \tag{5-3}$$

式中，$c_e(Y')$为未参加配位反应的 EDTA 各种存在型体的总浓度；$c_e(Y)$为没有参加主反应，也没有和 H^+ 结合的 EDTA 的平衡浓度，即游离 EDTA 的平衡浓度。从定义中可以得到 $\alpha_{Y(H)}\geqslant 1$，如果 $\alpha_{Y(H)}$ 越大，则配位剂的副反应越严重，即相对于游离的配位剂 Y 来说，有大量的配位剂参加了与 H^+ 的副反应。

由于 $\alpha_{Y(H)}$ 值随酸度改变而变化的范围很大，所以经常使用的是其对数值。EDTA 在不同 pH 时的酸效应系数是一些经常用到的数据，为便于使用，表 5-2 列出了 EDTA 在不同 pH 时的 $\lg\alpha_{Y(H)}$ 值。

表 5-2 EDTA 的 $\lg\alpha_{Y(H)}$ 值

pH	$\lg\alpha_{Y(H)}$	pH	$\lg\alpha_{Y(H)}$	pH	$\lg\alpha_{Y(H)}$
0.0	23.64	3.4	9.70	6.8	3.55
0.2	22.47	3.6	9.27	7.0	3.32
0.4	21.32	3.8	8.85	7.2	3.10
0.6	20.18	4.0	8.44	7.4	2.88
0.8	19.08	4.2	8.04	7.6	2.68
1.0	18.01	4.4	7.64	7.8	2.47
1.2	16.98	4.6	7.24	8.0	2.27
1.4	16.02	4.8	6.84	8.2	2.07
1.6	15.11	5.0	6.45	8.6	1.67
1.8	14.27	5.2	6.07	9.0	1.28
2.0	13.51	5.4	5.69	9.5	0.83
2.2	12.82	5.6	5.33	10.0	0.45
2.4	12.19	5.8	4.98	10.5	0.20
2.6	11.62	6.0	4.65	11.0	0.07
2.8	11.09	6.2	4.34	11.5	0.02
3.0	10.60	6.4	4.06	12.0	0.01
3.2	10.14	6.6	3.79	13.0	0.00

由表中的数据可以看出，随溶液中 H^+ 浓度增大，$\lg\alpha_{Y(H)}$ 的值也在增大，即 EDTA 越容易

与 H^+ 结合发生副反应。而在 pH=12 的溶液中，$\lg\alpha_{Y(H)}$ 值已经接近于 0，所以，在 pH>12 的溶液中进行滴定时，可以忽略 EDTA 的酸效应的影响。

如果绘成 pH-$\lg\alpha_{Y(H)}$ 关系曲线，即可得到 EDTA 的酸效应曲线，如图 5-2 所示。

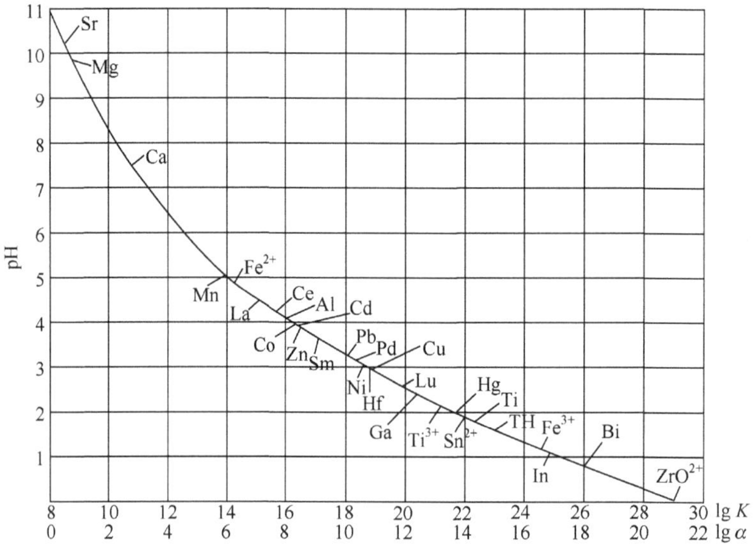

图 5-2　EDTA 的酸效应曲线

5.3.2　配位效应及配位效应系数

除 EDTA 外，如果溶液中有其他的配位剂存在，也会降低金属离子 M 参加主反应的能力，这种现象称为配位效应。其他配位剂引起的副反应对应的副反应系数称为**配位效应系数**(complexation effect coefficient)，用 $\alpha_{M(L)}$ 表示。

$$\alpha_{M(L)}=\frac{c_e(M')}{c_e(M)}$$

式中，$c_e(M')$ 为所有未参加主反应的金属离子的浓度；$c_e(M)$ 为没参加主反应的游离金属离子的浓度。配位效应系数 $\alpha_{M(L)}\geqslant 1$，$\alpha_{M(L)}$ 越大，表示金属离子与配位剂 L 配位的越完全，副反应越严重，对主反应的影响越严重。如果在没有其他配位剂存在的情况下，$\alpha_{M(L)}=1$，即所有未参加主反应的配体都以游离形式存在。

5.3.3　条件稳定常数

当配位剂 EDTA 与金属离子 M 在溶液中发生反应时，如果不存在副反应，则 $K^{\ominus}_{f(MY)}$ 是衡量反应进行程度的主要标志。$K^{\ominus}_{f(MY)}$ 越大，平衡时配合物 MY 的浓度越大而未参加主反应的金属离子 M 和配位剂 Y 的浓度越小，即反应进行的程度越彻底。但是，当有副反应发生时，$K^{\ominus}_{f(MY)}$ 已经不能准确反映出配位反应的进行程度了。假定没参加主反应的金属离子和配位剂的浓度分别为 $c_e(M')$ 和 $c_e(Y')$，生成的配合物的浓度为 $c_e(MY)$，当达到平衡时，可以得到一个考虑了副反应的稳定常数，即条件稳定常数(conditional stability/formation constant)

$$K^{\ominus'}_{f(MY)}=\frac{c_e(MY)}{c_e(M')c_e(Y')} \tag{5-4}$$

从上面对副反应系数的讨论中可得

$$\alpha_{M(L)}=\frac{c_e(M')}{c_e(M)} \quad \alpha_{Y(H)}=\frac{c_e(Y')}{c_e(Y)}$$

忽略其他的副反应，则可以得到

$$K^{\ominus'}_{f(MY)}=\frac{c_e(MY)}{c_e(M')c_e(Y')}=K^{\ominus}_{f(MY)}\frac{1}{\alpha_{M(L)}\alpha_{Y(H)}}$$

取对数以后可以得到

$$\lg K_f^{\ominus'}=\lg K_f^{\ominus}-\lg\alpha_{M(L)}-\lg\alpha_{Y(H)} \tag{5-5}$$

例 5-1　假定溶液中没有其他金属离子，计算 pH=2 和 pH=5 时 ZnY 的条件稳定常数。

解　查表 5-1 可以得到 $\lg K_f^{\ominus}(ZnY)=16.5$，查表 5-2 可知，pH=2.0 时，$\lg\alpha_{Y(H)}=13.51$，所以

$$\lg K_f^{\ominus'}(ZnY)=\lg K_f^{\ominus}(ZnY)-\lg\alpha_{Y(H)}=16.5-13.51=2.99$$

$$K_f^{\ominus'}(ZnY)=10^{2.99}$$

pH=5.0 时，$\lg\alpha_{Y(H)}=6.45$，所以

$$\lg K_f^{\ominus'}(ZnY)=\lg K_f^{\ominus}(ZnY)-\lg\alpha_{Y(H)}=16.5-6.45=10.05$$

$$K_f^{\ominus'}(ZnY)=10^{10.05}$$

5.4　金属指示剂

5.4.1　金属指示剂的变色原理

在配位滴定中，通常利用一种能与金属离子生成有色配合物的显色剂来指示滴定过程中金属离子浓度的变化，这种显色剂称为金属离子指示剂(metal ion indicator)，简称金属指示剂。

金属离子指示剂与被滴定金属离子反应，形成一种与指示剂本身颜色不同的配合物(为了书写方便，省略电荷)

$$\underset{\text{金属离子}}{M} + \underset{\text{(甲色)}}{In} \rightleftharpoons \underset{\text{(乙色)}}{MIn}$$

式中，M 为金属离子；In 为指示剂。

滴定前，溶液所呈现的是指示剂与金属离子形成的配合物的颜色。刚开始滴定时，溶液中绝大部分金属离子仍处于游离状态，随着 EDTA 的滴入，游离的金属离子逐步被螯合，形成无色或有色螯合物，溶液仍然显示 MIn 的颜色。直到接近化学计量点时，溶液中的游离金属离子几乎全部被 EDTA 螯合，再加入稍微过量的 EDTA 便会夺取 MIn 配合物中的 M 离子，而使指示剂 In 游离出来，引起溶液颜色的变化，从而指示滴定终点。终点时发生的置换反应表示为

$$\underset{\text{(乙色)}}{MIn} + Y \rightleftharpoons MY + \underset{\text{(甲色)}}{In}$$

金属离子的显色剂很多，但是其中只有一部分能用作金属离子指示剂。一般来说，金属离子指示剂应具备下列条件：

(1) 指示剂与金属离子形成的显色配合物(MIn)与指示剂(In)的颜色应有显著的差异，才能使终点变色明显。

(2) 显色反应要求灵敏、迅速，有良好的变色可逆性。

(3) 显色配合物的稳定性要适当，既要有足够的稳定性，又要比该金属离子的 EDTA 配合物稳定性小，如果显色配合物的稳定性太小，则会使滴定终点提前到达。如果稳定性太高，就会使终点拖后，变色也不敏锐，甚至还有可能使 EDTA 无法置换出显色配合物中的金属离子，显色反应失去可逆性，得不到滴定终点。

(4) 指示剂应具有一定的选择性，即在一定的条件下，只对一种或几种离子发生显色反应。

(5) 金属离子指示剂应该比较稳定，便于储存和使用。

5.4.2 指示剂的封闭、僵化和氧化变质现象

1. 指示剂的封闭现象

有时某些指示剂能与某些金属离子生成极稳定的配合物，这些配合物比相应的 EDTA 配合物更稳定，以致滴入过量的 EDTA 也不能夺取指示剂配合物中的金属离子，使指示剂游离出来，因而在滴定过程中看不到颜色变化，这种现象称为指示剂的封闭(indicator closed)。这样不仅不能用这种指示剂指示这些离子的滴定，而且当这些金属离子存在时，也不能用这种指示剂指示其他离子的滴定。例如，以铬黑 T 为指示剂，在 pH＝10 的条件下，用 EDTA 滴定 Ca^{2+} 和 Mg^{2+} 时，若溶液中有微量的 Fe^{3+} 和 Al^{3+} 等离子，由于后者与铬黑 T 形成极为稳定的红色配合物，指示剂被封闭，不能指示滴定终点。在实验室中往往由于蒸馏水不纯含有微量重金属离子，妨碍终点的观察。解决的办法是滴定前加入掩蔽剂，使干扰离子与掩蔽剂生成更稳定的配合物而不再与指示剂作用。例如，加入三乙醇胺，可以消除少量 Fe^{3+} 和 Al^{3+} 对铬黑 T 的封闭；加入 KCN 可以消除 Cu^{2+}、Co^{2+} 和 Ni^{2+} 对指示剂的封闭。

2. 指示剂的僵化现象

有些金属指示剂本身及其与金属离子形成配合物的溶解度很小，因而使滴定终点的颜色变化不明显，这种现象称为指示剂的僵化(fossilization of indicator)。通常可加热以加快反应速率，或加入适当的有机溶液以增加指示剂或指示剂配合物的溶解度等办法来消除指示剂的僵化现象。

3. 指示剂的氧化变质现象

指示剂的氧化变质(oxidative deterioration of indicator)通常指大多数金属指示剂具有双键基团，易被日光、空气、氧化剂等所分解。其分解变质的速率与试剂的纯度有关。有些金属离子还会对分解起催化作用。例如，铬黑 T 在 Mn^{4+}、Ce^{4+} 存在下，数秒钟即被分解褪色。由于上述原因，指示剂在水溶液中不稳定，日久会变质，因此，常将指示剂配成固体混合物，或加入还原性物质如抗坏血酸和盐酸羟胺等，最好是现用现配。

5.4.3 常用的金属指示剂

1. 铬黑 T

铬黑 T 简称 EBT，它属于偶氮染料，化学名称为 1-(1-羟基-2-萘偶氮基)-6-硝基-2-萘酚-4-磺酸钠。铬黑 T 溶于水后，结合在磺酸根上的 Na^+ 全部解离，以 H_2In^- 的形式存在于溶液中。

由于两个酚羟基具有弱酸性，因此，在溶液中存在一系列解离平衡，其溶液随 pH 不同而呈现不同的颜色。为方便计算，用 NaH_2In 表示。在溶液中存在下列平衡

$$\underset{\substack{(\text{红色})\\ pH<6}}{H_2In^-} \underset{+H^+}{\overset{-H^+}{\rightleftharpoons}} \underset{\substack{(\text{蓝色})\\ pH=7\sim11}}{HIn^{2-}} \underset{+H^+}{\overset{-H^+}{\rightleftharpoons}} \underset{\substack{(\text{橙色})\\ pH>12}}{In^{3-}}$$

当 pH ＜ 6 时，溶液呈紫红色；pH＝7 ～ 11 时，溶液呈蓝色；pH＞11.6 时，溶液呈橙色。而铬黑 T 与金属离子形成的配合物呈现红色，所以，只有在 pH ＝6.3～11.6 时使用铬黑 T 作指示剂才能有明显的颜色变化。在 pH＝10 的氨性缓冲溶液中，用 EDTA 直接滴定 Mg^{2+}、Zn^{2+}、Cd^{2+}、Pb^{2+} 和 Hg^{2+} 等离子时，铬黑 T 是良好的指示剂，但 Al^{3+}、Fe^{3+}、Co^{2+}、Ni^{2+}、Cu^{2+} 和 Ti^{4+} 等对指示剂有封闭作用，Al^{3+} 和 Ti^{4+} 可以用氟化物掩蔽，Fe^{3+} 可用抗坏血酸还原掩蔽，Co^{2+}、Ni^{2+}、Cu^{2+} 可以用邻二氮菲掩蔽，Cu^{2+} 还可用硫化物形成沉淀掩蔽。

虽然铬黑 T 性质稳定，但其水溶液易发生聚合反应而变质，只能保存几天，尤其在酸性溶液中，聚合反应更为严重。通常将固体铬黑 T 与惰性盐 NaCl 按 1∶100 的比例混合研细，密闭保存在棕色瓶中备用。

2. 钙指示剂

钙指示剂简称 NN，化学名称为 2-羟基-1-(2-羟基-4-磺酸基-1-萘偶氮基)-3-萘甲酸。纯品为黑紫色粉末，其水溶液或乙醇溶液均不稳定，故一般取固体钙指示剂与干燥的纯 NaCl 按 1∶100混合均匀后使用。

经常使用的酸度范围为 pH＝12～13，此时，钙指示剂可以与 Ca^{2+} 形成红色配合物，指示剂自身呈纯蓝色，所以，用 EDTA 进行滴定时，终点将由红色变为蓝色，颜色变化敏锐。钙指示剂受封闭的情况类似于铬黑 T，此时，可以用 KCN 和三乙醇胺联合掩蔽，消除指示剂的封闭情况。

3. 二甲酚橙

二甲酚橙简称 XO，化学名称为 3,3′-双(二羧甲基氨甲基)-邻甲酚磺酞，紫色结晶，易溶于水，它有 6 级酸式解离。在 pH＞6.3 时，呈现红色；pH＜6.3 时，呈现黄色；pH＝6.3 时，呈现中间颜色。二甲酚橙与金属离子形成的配合物都是红紫色，它只适用于在 pH＜6 的酸性溶液中使用，通常将其配成 0.5%的水溶液，大约可以保存 2～3 周。

许多金属离子，如 ZrO^{2+}(pH ＜ 1)、Pr^{3+}(pH＝1～2)、Th^{4+}(pH＝2.5～3.5)、Pb^{2+}、Zn^{2+}、Cd^{2+}、Hg^{2+}、Tl^{3+} 以及稀土元素都可以用二甲酚橙作指示剂直接滴定，终点由红紫色转变为亮黄色，颜色变化敏锐。

有些金属离子，如 Fe^{3+}、Al^{3+}、Ni^{2+} 和 Cu^{2+} 等，对二甲酚橙有封闭作用，在对这些离子进行滴定时，可以采用返滴定法，即可先加入过量的 EDTA 后，再用 Zn^{2+} 溶液返滴定。

当 Fe^{3+}、Al^{3+}、Ni^{2+} 和 Ti^{4+} 等离子由于对二甲酚橙的封闭作用而干扰到其他离子的测定时，依据不同的情况可以采用不同的方法消除干扰，其中 Fe^{3+} 和 Ti^{4+} 可用抗坏血酸还原，Al^{3+} 可以用氟化物掩蔽，Ni^{2+} 可以用邻二氮菲掩蔽。

4. PAN 指示剂

PAN 属于吡啶偶氮类显色剂，化学名称为 1-(2-吡啶偶氮)-2-萘酚，纯的 PAN 是橙红色

针状结晶，难溶于水，可溶于碱、氨溶液及甲醇、乙醇等溶剂中，通常配成0.1%乙醇溶液使用。

PAN在pH=1.9～12适用，在此范围内，PAN呈现黄色，而PAN与金属离子的配合物为红色，所以，用EDTA进行滴定时，终点由红色变为黄色。PAN可以与Bi^{3+}、Cu^{2+}、Ni^{2+}、Pb^{2+}、Cd^{2+}、Zn^{2+}、Mn^{2+}和稀土金属离子形成红色螯合物，但它们的水溶性差，大多出现沉淀，变色不敏锐。为了加快变色过程，可加入乙醇，并适当加热。

5.5 配位滴定的基本原理

在酸碱滴定的操作过程中，随着滴定剂的加入，溶液中由于H^+和OH^-发生反应而导致溶液中H^+浓度不断发生变化，在化学计量点附近，溶液的pH发生突变。根据酸碱理论，金属离子也可以看作酸(路易斯酸)，EDTA可以看作是碱(路易斯碱)，EDTA与金属离子发生的反应在某种程度上也可以看作酸碱反应，而且EDTA与绝大多数金属离子发生的反应都是1∶1的关系，所以，可以参考酸碱溶液的计算方法。但是，由于副反应的存在，EDTA与金属离子的反应又比通常意义上的酸碱反应要复杂。

5.5.1 配位滴定曲线

在配位滴定过程中，随着配位剂的加入，由于配合物的形成，溶液中金属离子的浓度不断减小，在化学计量点附近时，金属离子浓度的负对数pM会发生突变。如果以pM为纵坐标，以标准溶液的量为横坐标作图，可以得到与酸碱滴定相类似的配位滴定曲线(complexation titration curve)。

现以pH=12.00时，0.010 00 mol·L^{-1}的EDTA标准溶液滴定20.00 mL 0.010 00 mol·L^{-1} Ca^{2+}溶液为例，计算pCa的变化情况。

假定滴定体系不存在其他的辅助配位剂，只考虑EDTA的酸效应，先求条件稳定常数。查表5-1得知：$\lg K^{\ominus}_{f(CaY)}=10.69$，当pH=12.00时，查表5-2可得，$\lg\alpha_{Y(H)}$为0.01，所以$\lg K^{\ominus'}_{f(CaY)}=10.69-0.01=10.68$，然后计算pCa的变化值。

1. 滴定前

溶液中的Ca^{2+}浓度为0.010 00 mol·L^{-1}，所以pCa=2.00。

2. 滴定开始至化学计量点前

溶液中未被滴定的Ca^{2+}与反应产物CaY同时存在。严格来说，溶液中的Ca^{2+}既来自于剩余的Ca^{2+}，又来自CaY的解离。考虑到$\lg K^{\ominus'}_{f(CaY)}$数值较大，CaY的解离程度很小，且溶液中剩余的$Ca^{2+}$对CaY的解离又起到抑制作用，故可忽略CaY的解离，近似地用剩余的Ca^{2+}来计算溶液中Ca^{2+}的浓度。

例如，当加入19.98 mL的EDTA溶液(99.9%)时

$$c_e(Ca^{2+})=0.010\,00\times\frac{(20.00-19.98)\times10^{-3}}{(20.00+19.98)\times10^{-3}}=5.0\times10^{-6}(\text{mol}\cdot\text{L}^{-1})$$

$$\text{pCa}=5.30$$

化学计量点以前其他各点的pCa按同法计算，列于表5-3中。

3. 化学计量点时

由于 CaY 配合物相当稳定，化学计量点时 Ca^{2+} 与加入的 EDTA 标准溶液几乎全部配位生成 CaY 螯合物，则

$$c_e(\text{CaY})=\frac{0.01000\times 20.00}{20.00+20.00}=5.0\times 10^{-3}(\text{mol}\cdot\text{L}^{-1})$$

此时，溶液中 Ca^{2+} 的浓度可以近似的由 CaY 的解离来计算，即 $c_e(\text{Ca}^{2+})=c_e(\text{Y}')$，所以

$$K^{\ominus'}_{f(\text{CaY})}=\frac{c_e(\text{CaY})}{c_e(\text{Ca}^{2+})c_e(\text{Y}')}=\frac{5.0\times 10^{-3}}{c_e^2(\text{Ca}^{2+})}=4.8\times 10^{10}$$

$$c_e(\text{Ca}^{2+})=\sqrt{\frac{5.0\times 10^{-3}}{4.8\times 10^{10}}}=3.0\times 10^{-7}(\text{mol}\cdot\text{L}^{-1})$$

$$\text{pCa}=6.50$$

4. 化学计量点后

溶液中过量的 Y 抑制了 CaY 的解离。因此，可以近似认为 $c_e(\text{CaY})$ 仍为 5.0×10^{-3} mol · L^{-1}。设加入 20.02 mL 的 EDTA 标准溶液(100.1%)时，过量的 EDTA 的浓度为

$$c_e(\text{Y}')=0.01000\times\frac{(20.02-20.00)}{(20.00+20.02)}=5.0\times 10^{-6}(\text{mol}\cdot\text{L}^{-1})$$

$$K^{\ominus'}_{f(\text{CaY})}=\frac{c_e(\text{CaY})}{c_e(\text{Ca}^{2+})c_e(\text{Y}')}=\frac{5.0\times 10^{-3}}{c_e(\text{Ca}^{2+})\times 5.0\times 10^{-6}}=4.8\times 10^{10}$$

$$c_e(\text{Ca}^{2+})=2.0\times 10^{-8}(\text{mol}\cdot\text{L}^{-1})$$

$$\text{pCa}=7.70$$

化学计量点后其他各点 pCa 按同法计算，其结果见表 5-3。

表 5-3　pH=12 时用 0.010 00 mol · L^{-1} EDTA 溶液滴定 20.00 mL 0.010 00 mol · L^{-1} Ca^{2+} 溶液过程中 pCa 的变化

加入 EDTA 的量		被配位的百分数	过量的 EDTA/%	pCa	
V/mL	百分数/%				
0.00	0			2.00	
18.00	80	90.0		3.00	
19.80	99	99.0		4.30	
19.98	99.9	99.9		5.30	滴定突跃
20.00	100	100.0	(化学计量点)	6.50	滴定突跃
20.02	100.1		0.1	7.70	滴定突跃
20.20	101		1	8.70	
40.00.	200		100	10.70	

以 pCa 为纵坐标，加入 EDTA 标准溶液的百分数为横坐标作图，得到用 EDTA 标准溶液滴定 Ca^{2+} 的滴定曲线，如图 5-3 所示。

5.5.2 影响配位滴定突跃的主要因素

从上述各图可以看出,配合物的条件稳定常数和被滴定的金属离子的浓度是影响滴定突跃的主要因素。

用同样的方法计算 pH=12、10、9、7、6 时滴定过程中的 pCa,其结果如图 5-4 所示。

当用 0.010 00 mol·L^{-1}的 EDTA 溶液滴定 0.010 00 mol·L^{-1}的金属离子 M^{n+}时,若配合物 MY 的 $\lg K_f^{\ominus'}$分别为 2、4、6、8、10、12、14 时,同样可计算并绘制出相应的滴定曲线,如图 5-5所示。

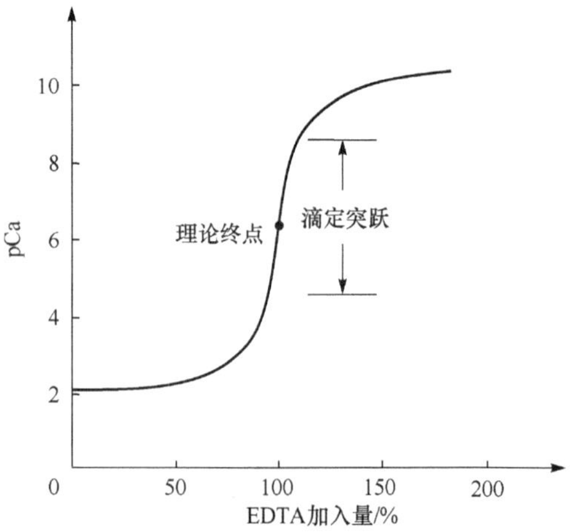

图 5-3 0.010 00 mol·L^{-1}EDTA 滴定 0.010 00 mol·$L^{-1}$$Ca^{2+}$的滴定曲线(pH=12)

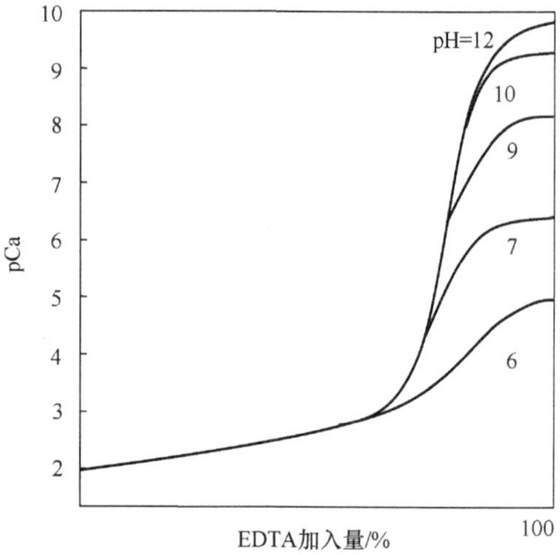

图 5-4 pH 对滴定突跃的影响

若 $\lg K_f^{\ominus'}=10$,用相同浓度的 EDTA 溶液分别滴定不同浓度的金属离子,滴定过程中的 pM 也可以计算出来,其滴定曲线如图 5-6 所示。

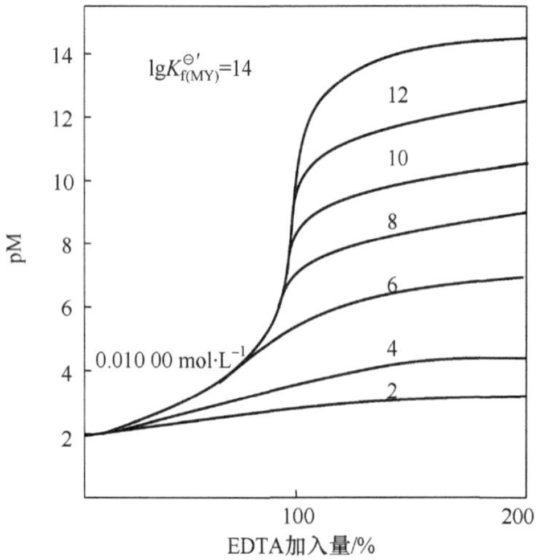

图 5-5 不同 $\lg K_{f(MY)}^{\ominus'}$时用 0.010 00 mol·L^{-1} EDTA 滴定 0.01000 mol·L^{-1} 的 M^{n+}的滴定曲线

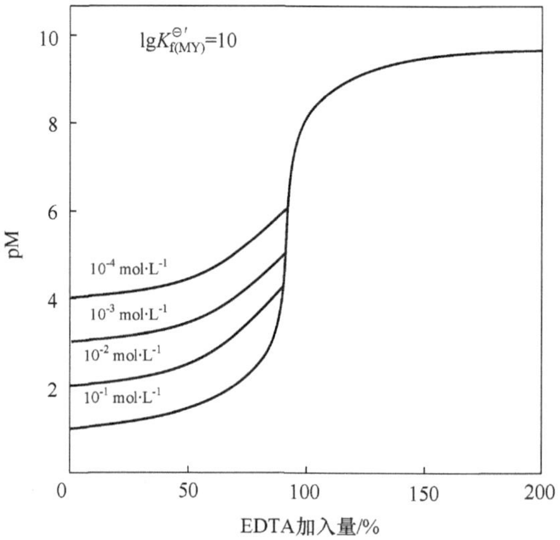

图 5-6 金属离子浓度对滴定突跃的影响

(1) 配合物的条件稳定常数。由图 5-5 可见，在金属离子的浓度一定的时候，MY 配合物的条件稳定常数 $K_f^{\ominus'}$ 越大，其滴定曲线上的突跃也越大。由式(5-5)可以看出，配合物的稳定常数 $K_{f(MY)}^{\ominus}$、溶液的酸度以及金属离子的配位效应等都会通过影响配合物的条件稳定常数来影响滴定突跃的大小。

$K_{f(MY)}^{\ominus}$ 的影响：当溶液的酸度和其他配体的浓度一定时，$K_{f(MY)}^{\ominus}$ 越大，滴定突跃越大，若 $K_{f(MY)}^{\ominus}$ 太小，则无法滴定。

溶液的酸度的影响：pH 升高，$\alpha_{Y(H)}$ 下降，条件稳定常数增大，滴定突跃增大。因此，滴定金属离子 M 时，应当选择较高的 pH 以利于提高滴定的准确度，但是，pH 也不可过高，以防止金属离子发生水解，反而影响滴定的准确度。

配位效应的影响：当溶液中有其他的能与 M 起作用的配位体(如缓冲溶液、掩蔽剂等)时，也可以降低条件稳定常数，使滴定突跃变小，因此应尽可能地降低溶液中其他配位体的浓度。

(2) 被滴定金属离子浓度的影响。从图 5-6 可以看出，在条件稳定常数一定时，金属离子的浓度越低，滴定曲线的起点就越高，滴定突跃就越小。

5.5.3 准确滴定的条件

1. 单一金属离子准确滴定的条件

由前面的讨论可知，当 c(M)一定时，条件稳定常数越大，或者在条件稳定常数一定时，c(M)越大，其滴定突跃范围越大，即 $c(M)K_{f(MY)}^{\ominus'}$ 值越大，滴定突跃越大。突跃范围越大，越有利于指示剂的选择，分析结果的准确度越高。在允许误差为 0.1%时，单一金属离子能被准确滴定的条件为

$$\lg[c(M)K_{f(MY)}^{\ominus'}]\geqslant 6 \tag{5-6}$$

在实际工作中，c(M)常为 0.01 mol · L^{-1}左右，此时，准确滴定的条件为

$$\lg K_{f(MY)}^{\ominus'}\geqslant 8$$

例 5-2 在 pH=5.0 时，能否用 0.01 mol · L^{-1} EDTA 标准溶液直接准确滴定 0.01 mol · L^{-1} Mg^{2+}？在 pH=10.0 的溶液中呢？

解 pH=5.0 时，查表 5-2 知 $\lg\alpha_{Y(H)}=6.45$，则

$$\lg K_{f(MgY)}^{\ominus'}=\lg K_{f(MgY)}^{\ominus}-\lg\alpha_{Y(H)}=8.70-6.45=2.25<8$$

故 pH=5.0 时不能直接准确滴定 Mg^{2+}。

在 pH=10.0 时，查表 5-2 得知 $\lg\alpha_{Y(H)}=0.45$，则

$$\lg K_{f(MgY)}^{\ominus'}=\lg K_{f(MgY)}^{\ominus}-\lg\alpha_{Y(H)}=8.70-0.45=8.25>8$$

所以，在 pH=10.0 时，Mg^{2+} 可被准确滴定。

2. 配位滴定中的酸度控制

单一金属离子被准确滴定的条件是 $\lg[c(M)K_{f(MY)}^{\ominus'}]\geqslant 6$，而 $K_{f(MY)}^{\ominus'}$ 是与滴定条件直接相关的。假定在配位滴定中，除 EDTA 的酸效应以外，没有其他的副反应，则 $K_{f(MY)}^{\ominus'}$ 主要受到溶液酸度的影响。从式(5-6)可以看出，在 c(M)一定的时候，随着溶液酸度的增强，$\alpha_{Y(H)}$ 增大，则 $K_{f(MY)}^{\ominus'}$ 减小，当溶液的酸度增大到一定程度时，就可能导致 $\lg[c(M)K_{f(MY)}^{\ominus'}]<6$，不能对金属离子进行准确滴定，这时溶液的酸度称为准确滴定的最高酸度(high acidity of accurate titration)，与此相对应的溶液的 pH 称为溶液的最低 pH。

在不考虑其他的副反应的情况下，滴定任一金属离子时所对应的最低 pH 可以按以下方法进行计算

$$\lg K_f^{\ominus'}(MY) \geqslant 8$$

考虑到 EDTA 的酸效应，则

$$\lg K_{f(MY)}^{\ominus'} = \lg K_f^{\ominus} - \lg\alpha_{Y(H)} \geqslant 8$$

$$\lg\alpha_{Y(H)} \leqslant \lg K_f^{\ominus} - 8 \tag{5-7}$$

所以，当 $c(M)$ 为 0.01 mol · L^{-1} 时，由式(5-7)求得滴定的最大 $\lg\alpha_{Y(H)}$，并从表 5-2 中查出此最大 $\lg\alpha_{Y(H)}$ 值所对应的 pH。

必须指出，滴定分析时实际所允许的 pH，要比所允许的最低 pH 稍高一些，这样可以使被滴定的金属离子螯合更完全。由于酸效应曲线未能指出某金属离子被定量滴定时 pH 的最高限值(最低酸度)，因此在滴定分析中，还应根据各被测金属离子以及所选用指示剂的性质综合进行考虑，拟定适合的酸度范围。过高的 pH 会引起金属离子的水解，生成多羟基配合物，从而降低金属离子与 EDTA 的螯合能力，甚至会生成 $M(OH)_n$ 沉淀而妨碍 MY 螯合物的形成。所以，对不同的金属离子，滴定时有不同的最高 pH(最低酸度)。在没有辅助配位剂存在条件下，最低酸度值可由 $M(OH)_n$ 的溶度积求得。

例 5-3 试计算用 0.01 mol · L^{-1} EDTA 滴定 0.01 mol · L^{-1} Fe^{3+} 溶液时的最高酸度和最低酸度。

解 由式(5-8)得

$$\lg\alpha_{Y(H)} \leqslant \lg K_{f(FeY)}^{\ominus} - 8 = 25.1 - 8 = 17.1$$

通过查表或酸效应曲线可以看出：当 pH≥1.2 时，$\lg\alpha_{Y(H)} \leqslant 17.1$，故滴定时的最高酸度为 1.2。

最低酸度由 $Fe(OH)_3$ 的 $K_{sp}^{\ominus}$ 求得

$$c(OH^-) = \sqrt[3]{\frac{K_{sp}^{\ominus}[Fe(OH)_3]}{c(Fe^{3+})}} = \sqrt[3]{\frac{4\times10^{-39}}{0.01}} = 7.37\times10^{-13}$$

$$pOH = 12.1 \qquad pH = 1.9$$

即滴定时的最低酸度为 1.9。

3. 缓冲溶液的作用

在配位滴定过程中，伴随着配合物的生成，不断有 H^+ 释放出来

$$M + H_2Y \rightleftharpoons MY + 2H^+$$

溶液的酸度不断增大，不仅降低了配合物的实际稳定性，即降低了 $K_{f(MY)}^{\ominus'}$ 值，使滴定突跃减小，同时也可能改变指示剂变色的适宜酸度，导致很大的误差，甚至无法滴定。因此，在配位滴定中，通常要加入缓冲溶液来控制溶液 pH。

总而言之，不同的金属离子用 EDTA 滴定时，都应有一定的 pH 范围，超过这个范围，不论是高还是低，都是不适宜的。而且因为 EDTA 与金属离子反应时，有 H^+ 放出，为了防止溶液 pH 的变化，需要用缓冲溶液(buffer solution)控制溶液的酸度。

5.6 提高配位滴定选择性的方法

5.6.1 控制溶液酸度

如果滴定单一金属离子，只要满足 $\lg[c(M)K_{f(MY)}^{\ominus'}] \geqslant 6$ 的条件，就可以直接准确滴定。但在实际的分析工作中，分析样品往往是多种金属离子共存，而 EDTA 又缺乏选择性，此时，

如果想对其中的某一离子进行滴定时，其他离子就会造成干扰。

若溶液中含有 M、N 两种金属离子，它们均可与 EDTA 形成配合物，且 $K^{\ominus}_{f(MY)}>K^{\ominus}_{f(NY)}$。在浓度相同时，首先被滴定的是 M，如果 $K^{\ominus}_{f(MY)}$ 与 $K^{\ominus}_{f(NY)}$ 相差足够大，则 EDTA 与 M 定量作用后才会继续与 N 相互作用，这样，就可以在 N 存在的情况下准确滴定 M。两种金属离子的条件稳定常数相差越大，就越有可能对 M 进行选择滴定。

根据理论推导，在 M、N 两种离子共存时，若满足要求

$$\lg[c(M)K^{\ominus'}_{f(MY)}]\geqslant 6 \quad 且 \quad \frac{c(M)K^{\ominus'}_{f(MY)}}{c(N)K^{\ominus'}_{f(NY)}}\geqslant 10^5 \tag{5-8}$$

就可以在干扰离子 N 存在时，准确滴定 M 离子。式(5-8)称为分别滴定判别式。

如果要通过控制酸度对 M 和 N 两种离子进行分别滴定，则必须满足条件

$$\lg[c(M)K^{\ominus'}_{f(MY)}]\geqslant 6,\lg[c(N)K^{\ominus'}_{f(NY)}]\geqslant 6 \quad 且 \quad \frac{c(M)K^{\ominus'}_{f(MY)}}{c(N)K^{\ominus'}_{f(NY)}}\geqslant 10^5 \tag{5-9}$$

例 5-4　当溶液中 Bi^{3+}、Pb^{2+} 浓度皆为 0.01 mol · L^{-1}时，用 EDTA 滴定 Bi^{3+} 有无可能？

解　查表 5-1 可知，$\lg K^{\ominus}_{f(BiY)}=27.94$，$\lg K^{\ominus}_{f(PbY)}=18.04$，$c(Bi)=c(Pb)$ 则同一溶液中的 EDTA 酸效应 $\lg\alpha_{Y(H)}$ 为一固定值，在无其他副反应时

$$\lg[c(M)K^{\ominus'}_{f(MY)}]-\lg[c(N)K^{\ominus'}_{f(NY)}]=27.94-18.04=9.9>5$$

故滴定 Bi^{3+} 时 Pb^{2+} 不干扰 。

由酸效应曲线查得滴定 Bi^{3+} 的最低 pH 约为 0.7。滴定时 pH 也不能太大，在 pH ≈ 2 时，Bi^{3+} 将开始水解析出沉淀。因此滴定 Bi^{3+} 的适宜 pH 范围为 0.7～2。

例 5-5　若一溶液中 Fe^{3+}、Al^{3+} 浓度均为 0.01 mol · L^{-1}，能否用 EDTA 单独滴定 Fe^{3+}？如何控制溶液的酸度？

解　已知 $\lg K^{\ominus}_{f(FeY)}=25.1$，$\lg K^{\ominus}_{f(AlY)}=16.3$，$c(Fe)=c(Al)$，则

同一溶液中的 EDTA 酸效应 $\lg\alpha_{Y(H)}$ 为一固定值，在无其他副反应时

$$\lg K^{\ominus}_{f(FeY)}-\lg K^{\ominus}_{f(AlY)}=25.1-16.3=8.8>5$$

所以，可以控制溶液的酸度来滴定 Fe^{3+}，而 Al^{3+} 不干扰。

5.6.2　利用掩蔽剂提高选择性

若待测离子配合物与干扰离子配合物的稳定性相差不大，或者小于干扰离子配合物的稳定常数，就不能利用控制酸度的方法消除干扰，这时应该使用掩蔽剂与干扰离子反应以消除干扰。

根据掩蔽剂与干扰离子反应的类型不同，掩蔽法可以分为配位掩蔽法、沉淀掩蔽法、氧化还原掩蔽法等，其中用到最多的是配位掩蔽法。

1. 配位掩蔽法

加入另外一种配位剂，利用其与干扰离子的配位反应以降低干扰离子浓度称为配位掩蔽法(complexing-masked method)。这一方法的实质是通过降低干扰离子的条件稳定常数，从而增大待测离子与干扰离子的条件稳定常数的差值，从而实现对待测离子的准确滴定。表 5-4列出了一些常用的掩蔽剂和被掩蔽的金属离子。

表 5-4　一些常用的掩蔽剂和被掩蔽的金属离子

掩蔽剂	被掩蔽的金属离子	使用条件
三乙醇胺	Al^{3+}、Fe^{3+}、Sn^{4+}、TiO^{2+}、Mn^{2+}	酸性溶液中加入三乙醇胺，然后调至碱性
氟化物	Al^{3+}、Sn^{4+}、TiO^{2+}、Mn^{2+}	溶液 pH>4
氰化物	Cd^{2+}、Hg^{2+}、Cu^{2+}、Co^{2+}、Ni^{2+}、Fe^{2+}	溶液 pH>8
2,3-二巯丙醇	Cd^{2+}、Hg^{2+}、Bi^{3+}、Sb^{3+}	溶液 pH≈10
邻二氮菲	Cu^{2+}、Co^{2+}、Ni^{2+}、Cd^{2+}、Hg^{2+}、Zn^{2+}	溶液 pH=5～6
乙酰丙酮	Al^{3+}、Fe^{3+}	溶液 pH=5～6

2. 氧化还原掩蔽法

加入一种氧化还原剂，使之与干扰离子反应以消除其对待测离子的干扰称为氧化还原掩蔽法(redox-masked method)。例如，在 pH=1 的条件下用 EDTA 对 Bi^{3+} 进行检测时，如果溶液中有 Fe^{3+} 存在，就会干扰滴定。这时，如果加入还原剂抗坏血酸或盐酸羟胺把 Fe^{3+} 还原成 Fe^{2+}，由于 Fe^{2+} 与 EDTA 形成的配合物的稳定性远弱于 Fe^{3+} 与 EDTA 形成的配合物，从而达到消除干扰的目的。

3. 沉淀掩蔽法

加入能与干扰离子形成沉淀的沉淀剂，并在沉淀存在的情况下直接进行配位滴定，这种消除干扰的方法称为沉淀掩蔽法。例如，在对 Ca^{2+} 和 Mg^{2+} 混合溶液中的 Ca^{2+} 进行测定时，无法通过上述的氧化还原掩蔽法和配位掩蔽法消除 Mg^{2+} 的干扰。这时，可以在强碱性的条件下，使 Mg^{2+} 生成 $Mg(OH)_2$ 沉淀从而消除对 Ca^{2+} 的干扰。沉淀掩蔽法不是一种理想的方法，它存在以下缺点：

(1) 某些沉淀反应进行的不完全，掩蔽效率不高。

(2) 发生沉淀反应时，通常伴随共沉淀现象，影响滴定的准确度。当沉淀能吸附金属离子指示剂时，还会影响终点观察。

(3) 某些沉淀颜色很深或体积庞大，妨碍终点观察。

在进行配位滴定时，采取沉淀掩蔽法的实例如表 5-5 所示。

表 5-5　沉淀掩蔽法实例

掩蔽剂	被掩蔽离子	被滴定离子	pH	指示剂
硫酸盐	Ba^{2+}、Sr^{2+}	Ca^{2+}、Mg^{2+}	10	铬黑 T
NH_4F	Ba^{2+}、Sr^{2+}、Ca^{2+}、Mg^{2+}、Al^{3+}	Hg^{2+}、Cd^{2+}、Zn^{2+}	10	铬黑 T
H_2SO_4	Pb^{2+}	Bi^{3+}	1	二甲酚橙
硫化物或铜试剂	Cu^{2+}、Pb^{2+}、Bi^{3+}、Hg^{2+}、Cd^{2+}	Ca^{2+}、Mg^{2+}	10	铬黑 T
KI	Cu^{2+}	Zn^{2+}	5～6	PAN
NaOH	Mg^{2+}	Ca^{2+}	12	钙指示剂

5.6.3　解蔽作用

将干扰离子掩蔽以滴定被测离子后，再加入一种试剂，使已被掩蔽剂掩蔽的干扰离子重新释放出来，这种作用称为解蔽作用(demasking role)，所用试剂称为解蔽剂。

例如，欲测定溶液中 Pb^{2+}、Zn^{2+} 的含量。这两种离子的 EDTA 配合物的稳定常数相近，无法控制酸度分步滴定。可在 pH＝10 的氨性缓冲溶液中加入 KCN 与 Zn^{2+} 形成配合物 $[Zn(CN)_4]^{2-}$ 而掩蔽 Zn^{2+}，在用铬黑 T 作指示剂的条件下，用 EDTA 单独滴定 Pb^{2+}。然后在滴定过的溶液中加入甲醛，破坏 $[Zn(CN)_4]^{2-}$，使 Zn^{2+} 重新释放出来，此过程称为解蔽作用，其反应如下：

$$4HCHO + [Zn(CN)_4]^{2-} + 4H_2O \rightleftharpoons Zn^{2+} + 4OH^- + 4HOCH_2CN$$

释放出来的 Zn^{2+}，可用 EDTA 继续滴定。

5.7　配位滴定的应用

5.7.1　配位滴定方式

1. 直接滴定

直接滴定法是配位滴定中的基本方法，这种方法是将试样处理成溶液后，调节至所需要的酸度，加入必要的其他试剂和指示剂，直接用 EDTA 滴定。采用直接滴定法时，必须符合下列条件：

(1) 被测离子的浓度 $c(M)$ 及其与 EDTA 配合物的条件稳定常数 $K^{\ominus'}_{f(MY)}$ 应满足 $\lg[c(M)K^{\ominus'}_{f(MY)}] \geqslant 6$ 的要求。

(2) 配位反应速率很快。

(3) 应有变色敏锐的指示剂，且没有封闭现象。

(4) 在选用的滴定条件下，被测离子不发生水解和沉淀反应。

2. 返滴定法

加入过量 EDTA 标准溶液，用另一种金属盐类的标准溶液滴定过量的 EDTA，根据两种标准溶液的浓度和用量即可求得被测物质的含量。

返滴定剂所生成的配合物应有足够的稳定性，但不宜超过被测离子配合物稳定性太多，否则在滴定过程中，返滴定剂会置换出被测离子，引起误差，而且终点不敏锐。

返滴定法主要用于下列情况：

(1) 采用直接滴定时，缺乏符合要求的指示剂或者被测离子对指示剂有封闭作用。

(2) 被测离子与 EDTA 的配位速度很慢。

(3) 被测离子发生水解等副反应，影响测定。

3. 置换滴定

利用置换反应置换出等物质的量的另一种金属离子，或者置换出 EDTA，然后滴定，这就是置换滴定法(replacement titration)。置换滴定法的方式灵活多样。

1) 置换出金属离子

被测离子 M 与 EDTA 反应不完全或所形成的配合物不稳定，可让 M 置换出另一配合物中等物质的量的 N，再用 EDTA 滴定 N，即可求出 M 的含量。

例如，Ag^+ 与 EDTA 形成的配合物稳定性较小，$\lg[c(M)K^{\ominus'}_{f(MY)}] \leqslant 6$，不能用 EDTA 直接

滴定，可将 Ag^+ 加入到 $[Ni(CN)_4]^{2-}$ 溶液中，则发生下列反应

$$2Ag^+ + Ni(CN)_2 \rightleftharpoons 2AgCN + Ni^{2+}$$

这一反应进行得比较彻底（$K=10^{10.9}$），在 pH＝10 的氨性缓冲溶液中，以紫脲酸铵作指示剂，用 EDTA 滴定置换出来的 Ni^{2+}，即可求得 Ag^+ 的含量。

2）置换出 EDTA

将被测离子 M 与干扰离子全部用 EDTA 配位，加入选择性高的配位剂 L 以夺取 M，并释放出 EDTA

$$MY + L \rightleftharpoons ML + Y$$

反应后，释放出与 M 等物质的量的 EDTA，用金属盐类标准溶液滴定释放出来的 EDTA，即可测得 M 的含量。

例如，测定锡合金中的 Sn 时，可于试液中加入过量的 EDTA，将可能存在的 Pb^{2+}、Zn^{2+}、Cd^{2+}、Bi^{3+} 等与 Sn(Ⅳ)一起配位。用 Zn^{2+} 标准溶液滴定过量的 EDTA。加入 NH_4F，选择性地将 SnY 中的 EDTA 释放出来，再用 Zn^{2+} 标准溶液滴定释放出来的 EDTA，即可求得Sn(Ⅳ)的含量。

置换滴定法是提高配位滴定选择性的途径之一。

此外利用置换滴定法的原理，可以改善指示剂指示滴定终点的敏锐性。例如，铬黑 T 与 Mg^{2+} 显色很灵敏，但与 Ca^{2+} 显色的灵敏度较差，为此，在 pH＝10 的溶液中用 EDTA 滴定 Ca^{2+} 时，常于溶液中先加入少量 MgY，此时发生下列置换反应

$$MgY + Ca^{2+} \rightleftharpoons Mg^{2+} + CaY$$

置换出来的 Mg^{2+} 与铬黑 T 显很深的红色。滴定时，EDTA 先与 Ca^{2+} 配位，当达到滴定终点时，EDTA 夺取 Mg-铬黑 T 配合物中的 Mg^{2+}，形成 MgY，游离出指示剂，显蓝色，颜色变化很明显。在这里，滴定前加入的 MgY 和最后生成的 MgY 的物质的量是相等的，故加入的 MgY 不影响滴定结果。

用 CuY-PAN 作指示剂时，也是利用转换滴定法的原理。

4. 间接滴定

一些金属离子与 EDTA 不能形成配合物或形成的配合物不够稳定，可以利用间接滴定法对其进行检测。例如，测定 Na^+ 时，使之沉淀为乙酸铀酰锌钠 $NaAcZn(Ac)_2UO_2(Ac)_2 \cdot 9H_2O$，分离出沉淀，洗净并将它溶解，然后用 EDTA 滴定 Zn^{2+}，从而求得试样中 Na^+ 的含量。

间接滴定法过程繁琐，误差较大，故不是一种理想的方法。

5.7.2 EDTA 标准溶液的配制和标定

1. 标准溶液的配制

常用 EDTA 标准溶液的浓度是 0.01～0.05 $mol \cdot L^{-1}$，一般采用 EDTA 二钠盐（$Na_2H_2Y \cdot 2H_2O$）配制。试剂中常含 0.3%吸附水，若要直接配制标准溶液，必须将试剂在 80 ℃干燥过夜，或在 120 ℃下烘干至恒量，然后准确称量配制。由于蒸馏水中常含有一些金属离子，所以 EDTA 标准溶液常采用标定法配制。

2. EDTA 溶液的标定

可以用来标定 EDTA 的基准物质很多，如金属铜、锌、镍、ZnO、$CaCO_3$ 和 $ZnSO_4 \cdot 7H_2O$

等。其中，金属锌的纯度高且稳定，Zn^{2+} 及 ZnY 均无色，既可以在 pH=5～6 时以二甲酚橙为指示剂来标定，又可以在 pH=9～10 的氨性缓冲溶液中以铬黑 T 为指示剂来标定。需要注意的是，在选用锌作为标定的基准物质时，应注意金属表面氧化膜的存在会带来标定误差，应将表面的氧化膜用细砂纸或稀盐酸除去，再用蒸馏水、丙酮清洗 1～2 次，沥干后于 110 ℃烘 5 min备用。

另外，标定的条件应该尽可能与测定条件一致，用待测元素的纯金属或化合物作基准物质，可减小系统误差。

标定好的 EDTA 应当保存在聚乙烯容器中，如果保存在普通玻璃瓶中，则玻璃瓶中的 Ca^{2+} 可以与 EDTA 发生配位反应生成 CaY，从而不断降低 EDTA 的浓度。经长时间保存后的 EDTA 在使用前应该重新进行标定。

5.7.3　水的硬度的测定

水的硬度取决于水中 Ca^{2+}、Mg^{2+} 的含量。通常称 Ca^{2+}、Mg^{2+} 在水中各种存在形式的总含量为总硬度，而分别把 Ca^{2+} 和 Mg^{2+} 的含量称为钙、镁硬度。水的总硬度的测定就是测定出水中 Ca^{2+}、Mg^{2+} 的量，再换算为相应的硬度单位，我国规定每升水中含 10 mg CaO 为 1 度。

测定水的硬度时，通常在两个等份试样中进行，一份测定 Ca^{2+}、Mg^{2+} 的总量，另一份测定 Ca^{2+} 的含量，两者的差值为 Mg^{2+} 的含量。测定 Ca^{2+}、Mg^{2+} 时，在 pH=10 的氨性缓冲溶液中以铬黑 T 为指示剂，用 EDTA 滴定至溶液由酒红色变为纯蓝色；测定 Ca^{2+} 时，调节溶液pH=12，使 Mg^{2+} 形成 $Mg(OH)_2$ 沉淀，用钙指示剂指示终点，用 EDTA 滴定至红色变为纯蓝色。

思考题

1. EDTA 与金属离子的配合物有哪些特点？
2. 能够用于配位滴定的配位反应必须具备的条件是什么？
3. 配合物的稳定常数与条件稳定常数有何不同？为什么要引入条件稳定常数？
4. 在配位滴定中控制适当的酸度有什么重要意义？实际应用时应如何全面考虑选择滴定时的 pH？
5. 两种金属离子 M 和 N 共存时，什么条件下才可用控制酸度的方法进行分别滴定？
6. 金属离子指示剂的作用原理如何？它应该具备哪些条件？

习　题

1. 计算用 EDTA 滴定 Mn^{2+} 时所允许的最高酸度。

2. 计算 pH=5.0 时，EDTA 的酸效应系数 $\alpha_{Y(H)}$。若此时 EDTA 各种存在形式的总浓度为 0.020 00 mol·L^{-1}，则 $c_e(Y)$为多少？

3. 计算 pH=10.0 时，用 0.010 mol·L^{-1} EDTA 滴定 20.00 mL 同浓度的 Ca^{2+} 时，滴定百分数为 50%、100%、200% 时的 pCa。

4. 用配位滴定法测定氯化锌的含量。称取 0.2502 g 试样，溶于水后，调节 pH=5～6 时，用二甲酚橙作指示剂，用 0.010 32 mol·L^{-1} EDTA 标准溶液滴定，用去 20.56 mL，试计算试样中氯化锌的质量分数。

5. 称取含磷试样 0.1000 g，处理成试液并把磷沉淀为 $MgNH_4PO_4$，将沉淀过滤洗涤后，再溶解并调节溶液的 pH=10，以铬黑 T 为指示剂，用 0.010 00 mol·L^{-1} EDTA 标准溶液滴定 Mg^{2+}，用去 20.00 mL，求试样中 P 的含量。

6. 分析含铜锌镁合金时，称取 0.5000 g 试样，溶解后用容量瓶配成 100.0 mL 试液。吸取 25.00 mL，调至 pH=6，用 PAN 作指示剂，用 0.050 00 mol·L^{-1} EDTA 标准溶液滴定铜和锌，用去 37.30 mL。另吸取

25.00 mL 试液，调至 pH=10，加 KCN 掩蔽铜和锌，用同浓度的 EDTA 标准溶液滴定镁，用去 4.10 mL。然后再滴加甲醛以解蔽锌，又用 EDTA 标准溶液滴定，用去 13.40 mL。计算试样中铜、锌、镁的质量分数。

7. 计算 pH=5.0 时，Zn^{2+} 与 EDTA 配合物的条件稳定常数是多少。此时能否用 EDTA 滴定 Zn^{2+}？（设 EDTA 和 Zn^{2+} 的浓度均为 0.010 $mol \cdot L^{-1}$ 且不考虑 Zn^{2+} 的副反应）

8. 计算 pH=6.0 时，Ca^{2+} 与 EDTA 配合物的条件稳定常数，并说明此时能否用 EDTA 标准溶液准确滴定 0.010 $mol \cdot L^{-1}$ 的 Ca^{2+}。求出滴定 Ca^{2+} 的最低 pH。

9. pH=3.0 时，能否用 EDTA 标准溶液准确滴定 0.010 $mol \cdot L^{-1}$ 的 Cu^{2+}？pH=5.0 时又怎样？计算滴定 Cu^{2+} 的最低和最高 pH。[已知 $K^{\ominus}_{sp,Cu(OH)_2}=2.20\times10^{-20}$]

10. 称取 Bi、Pb、Cd 的合金试样 2.4200 g，用 HNO_3 溶解并定容至 250.00 mL，移取 50.00 mL 试液于 250 mL锥形瓶中，调节 pH=1，以二甲酚橙为指示剂，用 0.024 79 $mol \cdot L^{-1}$ EDTA 滴定，消耗 25.67 mL，然后用六亚甲基四胺缓冲溶液将 pH 调到 5，再以上述 EDTA 溶液滴定，消耗 24.67 mL；加入邻二氮菲，置换出 EDTA 配合物中的 Cd^{2+}，用 0.021 74 $mol \cdot L^{-1}$ 的 $Pb(NO_3)_2$ 标准溶液滴定游离的 EDTA，消耗 6.76 mL。计算此合金试样中 Bi、Pb、Cd 的质量分数。

11. 铝盐中含有铜盐和锌盐的杂质，溶解后，加入过量的 EDTA，在 pH=5～6 时，用二甲酚橙作指示剂，用 0.1000 $mol \cdot L^{-1}$ $ZnCl_2$ 标准溶液滴定过量的 EDTA 至终点，再加入 NH_4F，继续用 0.1000 $mol \cdot L^{-1}$ $ZnCl_2$ 标准溶液滴定至终点，用去 22.30 mL，试样质量为 0.4000 g。求铝盐中 Al 的含量。

第 6 章　氧化还原滴定法

基本要求

• 了解氧化还原反应方向、反应程度、反应速率及其影响因素，在实验和生产过程中能根据需要正确选择适当的反应条件，使氧化还原反应趋向完全。

• 理解氧化还原反应的实质和条件电位，初步掌握条件电位在实际生产生活中的应用。

• 掌握氧化还原滴定过程中电极电势和离子浓度的变化规律，以及滴定过程中计量点电位和突跃范围电位的计算，正确选择指示剂指示滴定终点。

• 熟悉几种常用的氧化还原分析方法：高锰酸钾法、碘量法等分析方法的原理、特点及其应用。

氧化还原滴定法是以氧化还原反应为基础的滴定分析方法，它在工农业生产和日常生活中的应用非常广泛，可以直接测定某些具有氧化性的物质(如废水中的 Cr^{6+} 等)和还原性的物质(如土壤中的有机质等)；还可以用间接方法测定一些氧化性和还原性很弱的物质(如 Ba^{2+} 等)。

由于氧化还原反应是基于电子转移的反应，机理比较复杂，反应往往是分步进行的，反应速率一般较慢；有些氧化还原反应除主反应外，还常伴有各种副反应发生，使反应物之间没有确定的计量关系；有些氧化还原反应因介质不同而生成的产物不同。因此，在讨论和应用氧化还原滴定法时，除了从氧化还原反应的平衡常数来判断反应的可行性之外，还应根据实际应用的需要，利用反应速率、反应程度和反应热等知识采取改变反应条件(如加热、添加催化剂、掩蔽干扰离子等手段)来达到滴定测量要求。

6.1　氧化还原平衡

6.1.1　条件电位

无机化学中氧化还原反应基本原理表明**氧化剂**(oxidizing agent)和**还原剂**(reducing agent)的强弱可以用比较两个电对的电极电势来衡量。电对的电极电势值越大，其氧化态的氧化能力越强，是强的氧化剂；电对的电极电势值越小，其还原态的还原能力越强，是强的还原剂。例如，Fe^{3+}/Fe^{2+} 电对的标准电极电势[$\varphi^{\ominus}(Fe^{3+}/Fe^{2+})=0.77\ V$]比 Sn^{4+}/Sn^{2+} 电对的标准电极电势[$\varphi^{\ominus}(Sn^{4+}/Sn^{2+})=0.15\ V$]大，对氧化态 Fe^{3+} 和 Sn^{4+} 来说，Fe^{3+} 是更强的氧化剂；对还原态 Fe^{2+} 和 Sn^{2+} 来说，Sn^{2+} 是更强的还原剂，其反应如下：

$$2Fe^{3+}+Sn^{2+}\rightleftharpoons 2Fe^{3+}+Sn^{4+}$$

因此，根据有关电对的电极电势值可以判断氧化还原反应的方向和反应进行的完全程度。

对一个可逆反应来说，若以 Ox 表示某一电对的氧化态，Red 表示其还原态，n 为电子转移数，该电对的氧化还原半反应为

$$Ox + ne^- \rightleftharpoons Red$$

其能斯特(Nernst)方程式为

$$\varphi(Ox/Red) = \varphi^{\ominus}(Ox/Red) + \frac{RT}{nF}\ln\frac{a(Ox)}{a(Red)} \tag{6-1}$$

式中,$\varphi(Ox/Red)$为电对的实际电极电势;$\varphi^{\ominus}(Ox/Red)$为电对的标准电极电势(standard-state potential);$a(Ox)$和$a(Red)$分别为氧化态和还原态的活度(activity);R为摩尔气体常量($8.314\ J \cdot K^{-1} \cdot mol^{-1}$);$T$为热力学温度;$F$为法拉第常量($96\ 487\ C \cdot mol^{-1}$);$n$为电极反应中得失电子数。

在298 K时式(6-1)可写成

$$\varphi(Ox/Red) = \varphi^{\ominus}(Ox/Red) + \frac{0.0592}{n}\lg\frac{a(Ox)}{a(Red)} \tag{6-2}$$

若$a(Ox) = a(Red) = 1$时,则

$$\varphi(Ox/Red) = \varphi^{\ominus}(Ox/Red)$$

标准电极电势$\varphi^{\ominus}(Ox/Red)$是在298 K,有关离子活度为$1\ mol \cdot L^{-1}$或气体压力为$1.013 \times 10^5$ Pa时所测得的电极电势。

在氧化还原反应中,氧化还原电对通常可分为**可逆电对**(reversible redox electrode)与**不可逆电对**(irreversible redox electrode)两大类。可逆电对是指反应中氧化态和还原态能很快建立平衡的电对,其电极电势严格遵从能斯特方程,可准确计算。例如,Fe^{3+}/Fe^{2+}、Ce^{4+}/Ce^{3+}、I_2/I^-等都是可逆氧化还原电对。不可逆电对是指反应中不能真正建立起按氧化还原反应式中所示的氧化还原平衡的电对。例如,MnO_4^-/Mn^{2+}、$Cr_2O_7^{2-}/Cr^{3+}$、$S_4O_6^{2-}/S_2O_3^{2-}$、$CO_2/C_2O_4^{2-}$、H_2O_2/H_2O和SO_4^{2-}/SO_3^{2-}等都是不可逆氧化还原电对。这类电对的实际电极电势与理论计算值相差较大,但其计算结果对反应的初步判断和估计,仍具有一定的实际意义。

在实际工作中,氧化还原电对的电极电势常用浓度代替活度进行计算,这实际上忽略了溶液中离子强度和其他副反应的影响。而在定量分析工作中这种影响往往是不可忽略的,即使是可逆氧化还原电对,结果计算的电极电势值与实际电极电势也有一定的误差。因此,实际工作中必须考虑溶液中离子强度的影响,从而引出条件电位$\varphi^{\ominus\prime}(Ox/Red)$(conditional potential)的概念。

例如,计算HCl溶液中Fe^{3+}/Fe^{2+}体系的电极电势时,若不考虑溶剂的影响,由能斯特公式得

$$\begin{aligned}\varphi(Fe^{3+}/Fe^{2+}) &= \varphi^{\ominus}(Fe^{3+}/Fe^{2+}) + 0.0592\lg\frac{a(Fe^{3+})}{a(Fe^{2+})}\\ &= \varphi^{\ominus}(Fe^{3+}/Fe^{2+}) + 0.0592\lg\frac{\gamma(Fe^{3+})c_e(Fe^{3+})}{\gamma(Fe^{2+})c_e(Fe^{2+})}\end{aligned} \tag{6-3}$$

但是,在HCl溶液中由于铁离子与溶剂和易于配位的阴离子Cl^-存在下述平衡

$$Fe^{3+} + H_2O \rightleftharpoons Fe(OH)^{2+} + H^+$$

$$Fe^{3+} + Cl^- \rightleftharpoons FeCl^{2+}$$

因此上述溶液中,除Fe^{3+}和Fe^{2+}外,还存在有$Fe(OH)^{2+}$、$Fe(OH)_2^+$、$Fe(OH)^+$、$Fe(OH)_2$、$FeCl^{2+}$、$FeCl_2^+$、$FeCl^+$、$FeCl_2$、…。若用$c(Fe^{3+})$、$c(Fe^{2+})$表示溶液中Fe^{3+}及Fe^{2+}的分析浓度(初始浓度),$\alpha(Fe^{3+})$、$\alpha(Fe^{2+})$分别表示Fe^{3+}和Fe^{2+}的副反应系数,则可得反应的平衡浓度c_e。则

$$c_e(Fe^{3+})=\frac{c(Fe^{3+})}{\alpha(Fe^{3+})} \tag{6-4}$$

$$c_e(Fe^{2+})=\frac{c(Fe^{2+})}{\alpha(Fe^{2+})} \tag{6-5}$$

将式(6-4)和式(6-5)代入式(6-3)得

$$\varphi(Fe^{3+}/Fe^{2+})=\varphi^{\ominus}(Fe^{3+}/Fe^{2+})+0.0592\ \lg\frac{\gamma(Fe^{3+})\alpha(Fe^{2+})c(Fe^{3+})}{\gamma(Fe^{2+})\alpha(Fe^{3+})c(Fe^{2+})} \tag{6-6}$$

式(6-6)是考虑了上述两个因素后的能斯特方程的表达式。但是当溶液的离子强度很大时，γ 值不易求得；当副反应很多时，求得 α 值也很困难。因此可将式(6-6)改写为

$$\varphi(Fe^{3+}/Fe^{2+})=\varphi^{\ominus}(Fe^{3+}/Fe^{2+})+0.0592\ \lg\frac{\gamma(Fe^{3+})\alpha(Fe^{2+})}{\gamma(Fe^{2+})\alpha(Fe^{3+})}+0.0592\ \lg\frac{c(Fe^{3+})}{c(Fe^{2+})} \tag{6-7}$$

当 $c(Fe^{3+})=c(Fe^{2+})=1\ mol\cdot L^{-1}$时，可得

$$\varphi(Fe^{3+}/Fe^{2+})=\varphi^{\ominus}(Fe^{3+}/Fe^{2+})+0.0592\ \lg\frac{\gamma(Fe^{3+})\alpha(Fe^{2+})}{\gamma(Fe^{2+})\alpha(Fe^{3+})}=\varphi^{\ominus\prime}(Fe^{3+}/Fe^{2+}) \tag{6-8}$$

式中，$\varphi^{\ominus\prime}(Fe^{3+}/Fe^{2+})$为条件电位。它是在特定条件下，氧化态与还原态的分析浓度均为 $1\ mol\cdot L^{-1}$时，校正了各种外界影响因素后的实际电极电势，条件一定（分析浓度均为 $1\ mol\cdot L^{-1}$）时为一常数，此时式(6-7)可写作

$$\varphi(Fe^{3+}/Fe^{2+})=\varphi^{\ominus\prime}(Fe^{3+}/Fe^{2+})+0.0592\ \lg\frac{c(Fe^{3+})}{c(Fe^{2+})} \tag{6-9}$$

推广到一般情况，如果该电对是可逆的，其电极电势可通过下式求得

$$\varphi(Ox/Red)=\varphi^{\ominus\prime}(Ox/Red)+\frac{0.0592}{n}\lg\frac{c(Ox)}{c(Red)} \tag{6-10}$$

$$\varphi^{\ominus\prime}(Ox/Red)=\varphi^{\ominus}(Ox/Red)+\frac{0.0592}{n}\lg\frac{\gamma(Ox)\alpha(Red)}{\gamma(Red)\alpha(Ox)} \tag{6-11}$$

由条件电位的定义式(6-11)可以看出，条件电位的大小不仅与标准电极电势有关，还与活度系数和副反应系数有关，因而除受温度的影响外，还要受到溶液离子强度、酸度和配位剂浓度等其他因素的影响，只有在条件一定时才是常数，条件电位也因此而得名。

条件电位 $\varphi^{\ominus\prime}$与标准电极电势 $\varphi^{\ominus}$ 的关系和配位平衡中的稳定常数 $K^{\ominus}$ 与条件稳定常数 $K^{\ominus\prime}$的关系相类似。显然，在引入条件电位后，处理实际问题就比较简单，也更符合实际情况。但由于条件电位的数据目前还较少，如果在计算中查不到相应的条件电位，可以采用条件相近的 $\varphi^{\ominus\prime}$值来代替；如仍没有，则可用标准电极电势 $\varphi^{\ominus}$ 来代替条件电位作近似计算。一些物质的标准电极电势和条件电位见附录 6、7。

例 6-1　计算 1 mol·L^{-1} HCl 溶液中 $c(Ce^{4+})=1.00\times10^{-2}\ mol\cdot L^{-1}$，$c(Ce^{3+})=1.00\times10^{-3}\ mol\cdot L^{-1}$时 Ce^{4+}/Ce^{3+} 电对的电极电势。

解　查附录 7，半反应 $Ce^{4+}+e^{-}\rightleftharpoons Ce^{3+}$ 在 1 mol·L^{-1} HCl 介质中的 $\varphi^{\ominus\prime}=1.28\ V$，则

$$\varphi=\varphi^{\ominus\prime}(Ce^{4+}/Ce^{3+})+0.0592\ \lg\frac{c(Ce^{4+})}{c(Ce^{3+})}$$

$$=1.28+0.0592\ \lg\frac{1.00\times10^{-2}}{1.00\times10^{-3}}=1.34(V)$$

例 6-2 计算 1 mol · L^{-1} HCl 溶液中 $\varphi^{\ominus\prime}(Cr_2O_7^{2-}/Cr^{3+})=1.00$ V，用固体亚铁盐将 0.100 mol · L^{-1} $K_2Cr_2O_7$ 溶液还原一半时的电极电势。

解 0.100 mol · L^{-1} $K_2Cr_2O_7$ 还原一半时，$c(Cr_2O_7^{2-})=0.0500$ mol · L^{-1}，$c(Cr^{3+})=2\times[0.100-c(Cr_2O_7^{2-})]=0.100$ mol · L^{-1}。

$$\varphi(Cr_2O_7^{2-}/Cr^{3+})=\varphi^{\ominus\prime}(Cr_2O_7^{2-}/Cr^{3+})+\frac{0.0592}{6}\lg\frac{c(Cr_2O_7^{2-})}{c^2(Cr^{3+})}$$

$$=1.00+\frac{0.0592}{6}\lg\frac{0.0500}{(0.100)^2}=1.01(V)$$

6.1.2 氧化还原反应的方向

在标准状态下，氧化还原反应可根据反应中两个电对的标准电极电势（或条件电位）的大小，或通过有关氧化还原电对的电极电势计算来判断反应的方向；在非标准状态下，由于外界条件（如温度、浓度、酸度等）发生变化时，氧化还原电对的电极电势也将随之改变，故氧化还原的方向也可能发生变化。

1. 浓度对氧化还原反应方向的影响

由能斯特方程式可知，改变氧化态或还原态的浓度，溶液的电极电势也发生改变。因而在一些氧化还原反应中，当氧化态和还原态两个电对的标准电极电势 $\varphi^{\ominus}$（或条件电位 $\varphi^{\ominus\prime}$）相差较小时，可以通过改变氧化态和还原态的浓度来改变氧化还原反应的方向。浓度的改变可通过生成沉淀或形成配合物来实现，从而达到改变电极电势大小和氧化还原反应方向的目的。

例如，生成沉淀改变反应方向，用碘量法测定 Cu^{2+} 时，可利用下列反应进行

$$2Cu^{2+}+4I^-=\!=\!=2CuI\downarrow+I_2$$

已知 $\varphi^{\ominus}(Cu^{2+}/Cu^+)=0.159$ V，$\varphi^{\ominus}(I_2/I^-)=0.54$ V。从两电对的标准电极电势看，似乎应当是 I_2 氧化 Cu^+，而事实上却是 Cu^{2+} 氧化 I^-。其原因是 Cu^+ 与 I^- 能生成溶解度很小的 CuI 沉淀，降低了溶液中 Cu^+ 浓度，从而使铜电对的电位升高。此时 Cu^{2+}/Cu^+ 电对的电极电势为

$$\varphi(Cu^{2+}/Cu^+)=\varphi^{\ominus}(Cu^{2+}/Cu^+)+0.0592\lg\frac{c(Cu^{2+})}{c(Cu^+)}$$

$$=\varphi^{\ominus}(Cu^{2+}/Cu^+)+0.0592\lg\frac{c(Cu^{2+})c(I^-)}{K_{sp}^{\ominus}}$$

设 $c(Cu^{2+})=c(I^-)=1.0$ mol · L^-，则

$$\varphi(Cu^{2+}/Cu^+)=0.159+0.0592\lg\frac{1.0\times1.0}{1.1\times10^{-12}}=0.865(V)$$

可见，由于 CuI 沉淀的生成，铜电对的电极电势由 0.159 V 升高到 0.865 V，氧化能力大大增强。

在实际工作中，如果有 Fe^{3+} 存在也会使 I^- 被氧化为 I_2，从而干扰 Cu^{2+} 测定。此时，可加入 NaF（或 NH_4F）使 Fe^{3+} 生成$[FeF_6]^{3-}$配合物而被掩蔽，降低 Fe^{3+} 的浓度，从而降低 Fe^{3+}/Fe^{2+} 电对的电极电势和 Fe^{3+} 的氧化能力，防止 Fe^{3+} 的干扰。

2. 酸度对氧化还原反应方向的影响

在氧化还原反应中，有 H^+ 或 OH^- 参与反应时，而且两电对的电极电势相差不大时，溶液的酸度改变，就有可能改变氧化还原反应的方向。

例 6-3　碘离子与砷酸的反应为

$$H_3AsO_4 + 2I^- + 2H^+ \rightleftharpoons H_3AsO_3 + I_2 + H_2O$$

请判断标准态时与 pH=8 时反应自发进行的方向。

解　查附录 6，在标准状态下，$\varphi^\ominus(I_2/I^-) = 0.545\ V$，$\varphi^\ominus(H_3AsO_4/H_3AsO_3) = 0.559\ V$。显然，$\varphi^\ominus(H_3AsO_4/H_3AsO_3) > \varphi^\ominus(I_2/I^-)$，$H_3AsO_4$ 是相对较强的氧化剂，I^- 是较强的还原剂，故上述反应向右是自发进行的。若 pH=8(非标准状态)，$c(H^+) = 10^{-8}\ mol \cdot L^-$，$c(H_3AsO_4) = c(H_3AsO_3)$时，根据能斯特方程式

$$\begin{aligned}\varphi(H_3AsO_4/H_3AsO_3) &= \varphi^\ominus(H_3AsO_4/H_3AsO_3) + \frac{0.0592}{2}\lg\frac{c(H_3AsO_4)c^2(H^+)}{c(H_3AsO_3)} \\ &= 0.559 + \frac{0.0592}{2}\lg c^2(H^+) \\ &= 0.559 + \frac{0.0592}{2}\lg(10^{-8})^2 = 0.087(V)\end{aligned}$$

此时改变了溶液的酸度，使 $\varphi(H_3AsO_4/H_3AsO_3)$的电极电势显著降低，而 $\varphi^\ominus(I_2/I^-)$不受酸度的影响，结果 I_2 能将 H_3AsO_3 氧化为 H_3AsO_4，使反应从右向左进行，改变了反应方向。

在实际情况下，往往是几种作用(如酸效应、配位效应、沉淀作用等)同时存在于一个体系中，此时应考虑各种因素对氧化还原反应方向的影响，才符合实际情况。

6.1.3　氧化还原反应进行的程度

滴定分析要求化学反应必须定量进行，并尽可能进行完全。氧化还原反应进行的完全程度可以通过计算一个反应达到平衡时的平衡常数 $K^\ominus$ 或条件平衡常数 $K^{\ominus\prime}$(conditional equilibrium constant)的大小来衡量，而氧化还原反应的平衡常数可以根据能斯特方程由两个电对的标准电极电势($\varphi^\ominus$)或条件电位($\varphi^{\ominus\prime}$)来求得。

例如，下列氧化还原反应

$$n_2Ox_1 + n_1Red_2 \rightleftharpoons n_2Red_1 + n_1Ox_2 \tag{6-12}$$

平衡时的平衡常数为

$$K^\ominus = \frac{c_e^{n_2}(Red_1)c_e^{n_1}(Ox_2)}{c_e^{n_2}(Ox_1)c_e^{n_1}(Red_2)} \tag{6-13}$$

其电极反应为

$$Ox_1 + n_1e^- \rightleftharpoons Red_1 \qquad \varphi_1 = \varphi_1^\ominus + \frac{0.0592}{n_1}\lg\frac{c_e(Ox_1)}{c_e(Red_1)}$$

$$Ox_2 + n_2e^- \rightleftharpoons Red_2 \qquad \varphi_2 = \varphi_2^\ominus + \frac{0.0592}{n_2}\lg\frac{c_e(Ox_2)}{c_e(Red_2)}$$

反应达到平衡时，两电对的电极电势相等($\varphi_1 = \varphi_2$)。于是

$$\varphi_1^\ominus + \frac{0.0592}{n_1}\lg\frac{c_e(Ox_1)}{c_e(Red_1)} = \varphi_2^\ominus + \frac{0.0592}{n_2}\lg\frac{c_e(Ox_2)}{c_e(Red_2)}$$

整理，得

$$\lg\frac{c_e^{n_2}(Red_1)c_e^{n_1}(Ox_2)}{c_e^{n_2}(Ox_1)c_e^{n_1}(Red_2)} = \frac{n(\varphi_1^\ominus - \varphi_2^\ominus)}{0.0592} = \lg K^\ominus \tag{6-14}$$

式中，n 为氧化剂和还原剂得失电子数的最小公倍数。

若用条件电位 $\varphi^{\ominus\prime}$代替式(6-14)中的标准电极电势 $\varphi^\ominus$，可得相应的条件平衡常数 $K^{\ominus\prime}$。即

$$\lg K^{\ominus\prime}=\frac{n(\varphi_1^{\ominus\prime}-\varphi_2^{\ominus\prime})}{0.0592} \tag{6-15}$$

由式(6-14)或式(6-15)可见，氧化还原反应的平衡常数 $K^{\ominus}$(或 $K^{\ominus\prime}$)值的大小与氧化剂和还原剂两个电对的标准电极电势 $\varphi^{\ominus}$(或条件电位 $\varphi^{\ominus\prime}$)之差有关。两电对的电极电势相差越大，氧化还原反应的平衡常数越大，反应进行得越完全。那么，平衡常数 $K^{\ominus}$(或 $K^{\ominus\prime}$)值达到多大时，才认为反应进行的完全呢？现以式(6-12)为例来说明。

由于滴定分析中一般要求反应的完全程度达 99.9%以上，允许误差在 0.1%以内；即对于氧化还原反应 $n_2Ox_1+n_1Red_2 \rightleftharpoons n_2Red_1+n_1Ox_2$ 有

$$c_e(Ox_2)\geqslant 99.9\%c(Red_2) \qquad c_e(Red_1)\geqslant 99.9\%c(Ox_1)$$

$$c_e(Red_2)\leqslant 0.1\%c(Red_2) \qquad c_e(Ox_1)\leqslant 0.1\%c(Ox_1)$$

将上式代入式(6-13)中得

$$K^{\ominus}\geqslant\frac{[99.9\%c(Ox_1)]^{n_2}[99.9\%c(Red_2)]^{n_1}}{[0.1\%c(Ox_1)]^{n_2}[0.1\%c(Red_2)]^{n_1}}\approx 10^{3(n_1+n_2)} \tag{6-16}$$

将式(6-16)代入式(6-14)，整理得

$$\varphi_1^{\ominus}-\varphi_2^{\ominus}\geqslant 0.177\,\frac{n_1+n_2}{n_1n_2} \tag{6-17}$$

由此可见，只要参加氧化还原反应的两个电对的标准电极电势之差满足式(6-17)，就可认为该反应能定量完成。例如，当两电对的电子转移数 $n_1=n_2=1$ 时，平衡常数 $K^{\ominus}\geqslant 10^6$，此时，$\varphi_1^{\ominus}-\varphi_2^{\ominus}\geqslant 0.177\times\frac{1+1}{1\times 1}=0.354(V)$，反应便能定量完成。当两电对的电子转移数 $n_1=1, n_2=2$ 时，则 $\varphi_1^{\ominus}-\varphi_2^{\ominus}\geqslant 0.177\times\frac{1+2}{1\times 2}=0.266(V)$，反应便能定量完成。所以，一般认为 $\varphi_1^{\ominus}-\varphi_2^{\ominus}\geqslant 0.4$ V(或 $\varphi_1^{\ominus\prime}-\varphi_2^{\ominus\prime}\geqslant 0.4$ V)的氧化还原反应便可用于滴定分析。若副反应严重，不能用此标准判断。

6.1.4 影响氧化还原反应速率的因素

上述讨论了根据氧化还原反应两电对的标准电极电势(或条件电位)，可以判断氧化还原反应进行的方向、次序和完全程度，但这只能说明反应进行的可能性，并不能说明反应的速率。实际上不同的氧化还原反应，其反应速率会有很大的差别，有的反应速率较快，有的则较慢；有的反应虽然从理论上看是可以进行的，但由于反应速率太慢可认为它们之间几乎没有发生反应。所以对氧化还原反应，不能单从平衡的观点来考虑反应的可能性，还应从它们的反应速率(动力学)来考虑反应的现实性。氧化还原反应速率的大小，除与参加反应的氧化还原电对本身的性质有关外，还与下列因素有关。

1. 浓度

由于氧化还原反应的机理比较复杂，所以不能简单地从总的反应式来定量判断反应物的浓度对反应速率的影响程度。一般来说，反应物的浓度越大，分子之间的有效碰撞概率越大，反应速率也越快。

例如，用 $K_2Cr_2O_7$ 标定 $Na_2S_2O_3$ 溶液时，一定量的 $K_2Cr_2O_7$ 和 KI 反应

$$Cr_2O_7^{2-}+6I^-+14H^+ \rightleftharpoons 2Cr^{3+}+3I_2+7H_2O$$

此反应的速率不是很快，而增大 I^- 的浓度或提高溶液的酸度都可使反应速率加快。

2. 温度

对大多数反应来说，升高温度可以加快分子之间的有效碰撞，从而提高反应速率。通常温度每升高 10 ℃，反应速率增大 2～3 倍。

例如，在酸性溶液中，用 $KMnO_4$ 滴定 $H_2C_2O_4$

$$2MnO_4^- + 5C_2O_4^{2-} + 16H^+ \rightleftharpoons 2Mn^{2+} + 10CO_2\uparrow + 8H_2O$$

在室温下，该反应速率较慢，如果将溶液加热到 75～85 ℃，反应速率明显加快。

3. 催化剂

催化剂对反应速率的影响很大，而且催化反应的机理比较复杂。反应过程中由于催化剂的存在，可能产生一些中间价态的离子、游离基或活泼的中间配合物，从而改变原来的反应历程，使反应速率发生变化。

例如，Mn^{2+} 对 MnO_4^- 与 $C_2O_4^{2-}$ 的反应有催化作用。加入适量的 Mn^{2+} 能使反应速率加快。即使不加入 Mn^{2+}，而利用 MnO_4^- 与 $C_2O_4^{2-}$ 反应后生成的微量 Mn^{2+} 作催化剂，也可以加快反应速率。这种生成物本身起催化作用的反应称为自身催化反应。

4. 诱导反应

在氧化还原反应中，有些氧化还原反应进行的极慢或根本不发生反应，但当有另一个反应进行时，会促使这一反应加速进行，这一现象称为**诱导效应**(induced effects)。例如，$KMnO_4$ 氧化 Cl^- 的速率很慢，但是，当溶液中同时存在 Fe^{2+} 时，$KMnO_4$ 与 Fe^{2+} 的反应可以加速 $KMnO_4$ 与 Cl^- 的反应

$$MnO_4^- + 5Fe^{2+} + 8H^+ \rightleftharpoons Mn^{2+} + 5Fe^{3+} + 4H_2O \qquad (诱导反应)$$

$$2MnO_4^- + 10Cl^- + 16H^+ \rightleftharpoons 2Mn^{2+} + 5Cl_2\uparrow + 8H_2O \qquad (受诱反应)$$

其中，MnO_4^- 称为作用体，Fe^{2+} 称为诱导体，Cl^- 称为受诱体。

诱导反应和催化反应是不同的。在催化反应中，催化剂参加反应后，又回到原来的组成；而诱导反应中，诱导体参加反应后，变为其他物质。诱导反应与副反应也不相同，副反应的反应速率不受主反应的影响，而诱导反应则能促使主反应的加速进行。

诱导反应在定量分析中往往是有害的，它增加了作用体的消耗量，从而引进了误差。例如，在含 Cl^- 的介质中用 $KMnO_4$ 滴定 Fe^{2+} 时，由于诱导反应，增加了 $KMnO_4$ 的用量，使测定结果偏高。因此在定量分析中尽可能地避免诱导反应的发生。但是，也可利用一些诱导反应来进行选择性的分离和鉴定。例如，Pb^{2+} 被 Na_2SnO_2 还原为金属 Pb 的反应速率很慢，但只要有很少量的 Bi^{3+} 存在，Pb^{2+} 将迅速被还原，可立即观察到明显的黑色沉淀。利用这一诱导反应来鉴定 Bi^{3+}，比直接用 Na_2SnO_2 还原法鉴定 Bi^{3+} 要灵敏 250 倍。

6.2　氧化还原滴定

6.2.1　氧化还原滴定曲线

在氧化还原滴定中，随着滴定剂的加入和反应的进行，物质的氧化态和还原态的浓度逐渐变化，有关电对的电极电势也随之不断改变，这种变化可用氧化还原滴定曲线(redox titration curve)来表示。滴定曲线可以通过实验测得的数据进行绘制，对于比较简单的可逆体系，也可

根据能斯特方程通过理论计算绘制。

现在以 1 mol·L^{-1} H_2SO_4 介质中，用 0.1000 mol·L^{-1} $Ce(SO_4)_2$ 标准溶液滴定20.00 mL 0.1000 mol·L^{-1} $FeSO_4$ 溶液为例，计算溶液中的电极电势变化情况。其滴定反应为

$$Ce^{4+} + Fe^{2+} \rightleftharpoons Ce^{3+} + Fe^{3+}$$

已知两可逆电对的电极反应和条件电位是

$$Ce^{4+} + e^- \rightleftharpoons Ce^{3+} \qquad \varphi^{\ominus\prime}(Ce^{4+}/Ce^{3+}) = 1.44\ V$$

$$Fe^{3+} + e^- \rightleftharpoons Fe^{2+} \qquad \varphi^{\ominus\prime}(Fe^{3+}/Fe^{2+}) = 0.68\ V$$

滴定过程中，溶液的电极电势变化可按下列方法进行计算。

1. 滴定前

体系为 0.1000 mol·L^{-1} Fe^{2+} 溶液，由于空气中氧的氧化作用，溶液中必有极少量的 Fe^{3+} 存在，组成 Fe^{3+}/Fe^{2+} 电对，但由于 Fe^{3+} 的浓度无法确定，故无法计算体系初始瞬间的电极电势。

2. 滴定开始至化学计量点前

在化学计量点前，溶液中同时存在着 Fe^{3+}/Fe^{2+}、Ce^{4+}/Ce^{3+} 两个电对。在滴定过程中的任何一点，达到平衡时，两电对的电极电势都是相等的，即

$$\varphi = \varphi^{\ominus\prime}(Fe^{3+}/Fe^{2+}) + 0.0592\ \lg\frac{c(Fe^{3+})}{c(Fe^{2+})}$$

$$= \varphi^{\ominus\prime}(Ce^{4+}/Ce^{3+}) + 0.0592\ \lg\frac{c(Ce^{4+})}{c(Ce^{3+})}$$

由于化学计量点前体系中 Fe^{2+} 过量，滴加的 Ce^{4+} 几乎全部被还原为 Ce^{3+}，Ce^{4+} 的浓度极小，不易求得，而 Fe^{3+}、Fe^{2+} 的浓度却容易确定，因此可采用 Fe^{3+}/Fe^{2+} 电极电势的公式来计算 φ 值。

例如，当加入 Ce^{4+} 溶液 19.98 mL 时，即有 99.9%的 Fe^{2+} 被氧化成 Fe^{3+}，还有 0.1%的 Fe^{2+} 未被氧化，溶液的总体积为 39.98 mL。此时

$$\varphi = \varphi^{\ominus\prime}(Fe^{3+}/Fe^{2+}) + 0.0592\ \lg\frac{c(Fe^{3+})}{c(Fe^{2+})}$$

$$= 0.68 + 0.059\ \lg\frac{0.1000\times19.98/(20.00+19.98)}{0.1000\times(20.00-19.98)/(20.00+19.98)}$$

$$= 0.86(V)$$

3. 化学计量点时

当滴入 Ce^{4+} 溶液 20.00 mL 时，反应到达了计量点，此时 Ce^{4+} 和 Fe^{2+} 均已定量反应完成，它们的浓度极小不易求得，这时单独采用任一电对都无法求得 φ 值，但可利用平衡时两电对的电极电势相等关系进行求算。即

$$\varphi = \varphi^{\ominus\prime}(Fe^{3+}/Fe^{2+}) + 0.0592\ \lg\frac{c(Fe^{3+})}{c(Fe^{2+})}$$

$$\varphi = \varphi^{\ominus\prime}(Ce^{4+}/Ce^{3+}) + 0.0592\ \lg\frac{c(Ce^{4+})}{c(Ce^{3+})}$$

将两式相加，并整理得

$$2\varphi=\varphi^{\ominus\prime}(Fe^{3+}/Fe^{2+})+\varphi^{\ominus\prime}(Ce^{4+}/Ce^{3+})+0.0592\lg\frac{c(Ce^{4+})c(Fe^{3+})}{c(Ce^{3+})c(Fe^{2+})}$$

化学计量点时，溶液中 $c(Ce^{4+})=c(Fe^{2+})$，$c(Ce^{3+})=c(Fe^{3+})$。将此浓度关系代入上式得

$$\varphi=\frac{\varphi^{\ominus\prime}(Fe^{3+}/Fe^{2+})+\varphi^{\ominus\prime}(Ce^{4+}/Ce^{3+})}{2}$$

$$=\frac{0.68+1.44}{2}=1.06(V)$$

对于反应前后计量系数相等的氧化还原反应，其化学计量点时的电极电势可按式(6-18)进行计算[①]

$$\varphi=\frac{n_1\varphi_1^{\ominus\prime}+n_2\varphi_2^{\ominus\prime}}{n_1+n_2}\tag{6-18}$$

4. 化学计量点后

此时加入过量的 Ce^{4+}，溶液中的 Fe^{2+} 几乎全部被氧化为 Fe^{3+}，$c(Fe^{2+})$ 极小，不易直接求得，这时可采用 Ce^{4+}/Ce^{3+} 电对的公式来计算 φ 值。

例如，当滴入 20.02 mL Ce^{4+} 溶液时，即 Ce^{4+} 过量了 0.1%，溶液的总体积为 40.02 mL。则

$$\varphi=\varphi^{\ominus\prime}(Ce^{4+}/Ce^{3+})+0.0592\lg\frac{c(Ce^{4+})}{c(Ce^{3+})}$$

$$=1.44+0.0592\lg\frac{0.1000\times(20.02-20.00)/(20.02+20.00)}{0.1000\times20.00/(20.02+20.00)}$$

$$=1.26(V)$$

其他各点的电极电势均可按上述方法计算得。计算结果列于表 6-1。

表 6-1　在 1 mol · L^{-1} H_2SO_4 介质中用 0.1000 mol · L^{-1} Ce^{4+} 溶液滴定 20.00 mL 0.1000 mol · L^{-1} Fe^{2+} 溶液的电极电势变化

加入 Ce^{4+} 溶液的体积 V/mL	滴定分数 T	体系的电极电势 φ/V	
1.00	0.050	0.60	
10.00	0.500	0.68	
18.00	0.900	0.74	
19.80	0.990	0.80	
19.98	0.999	0.86	突跃范围
20.00	1.000	1.06	
20.02	1.001	1.26	

① 对反应前后计量系数不等的氧化还原反应，且有 H^+ 参加反应时，其化学计量点的电极电势不能按照式(6-18)计算。例如，在酸性介质中，$K_2Cr_2O_7$ 溶液滴定 Fe^{2+} 的反应 $Cr_2O_7^{2-}+6Fe^{2+}+14H^+\rightleftharpoons 6Fe^{3+}+2Cr^{3+}+7H_2O$，其计量点的电极电势为

$$\varphi=\frac{6\varphi^{\ominus}(Cr_2O_7^{2-}/Cr^{3+})+\varphi^{\ominus}(Fe^{3+}/Fe^{2+})}{6+1}+\frac{0.0592}{6+1}\lg\frac{c^{14}(H^+)}{2c(Cr^{3+})}$$

如用条件电位表示

$$\varphi=\frac{6\varphi^{\ominus\prime}(Cr_2O_7^{2-}/Cr^{3+})+\varphi^{\ominus\prime}(Fe^{3+}/Fe^{2+})}{6+1}+\frac{0.0592}{6+1}\lg\frac{1}{2c(Cr^{3+})}$$

续表

加入 Ce^{4+} 溶液的体积 V/mL	滴定分数 T	体系的电极电势 φ/V
20.20	1.010	1.32
22.00	1.100	1.38
30.00	1.500	1.42
40.00	2.000	1.44

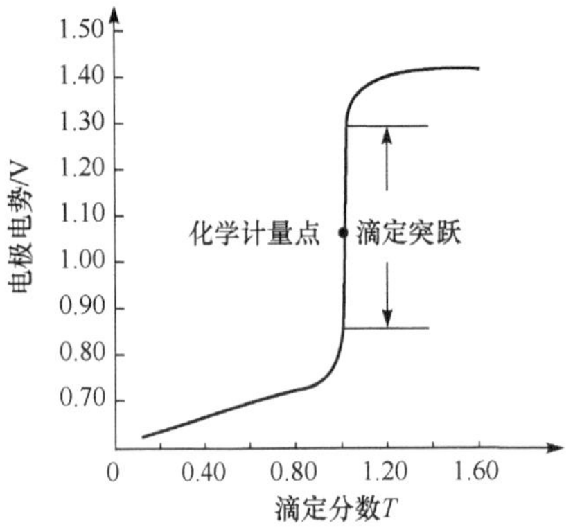

图 6-1　在 1 mol·L^{-1} H_2SO_4 介质中用 0.1000 mol·L^{-1} Ce^{4+} 溶液滴定 20.00 mL 0.1000 mol·L^{-1} Fe^{2+} 溶液的滴定曲线

根据表 6-1 的数据可绘出如图 6-1 所示的氧化还原滴定曲线。

从氧化还原滴定曲线可以看出，由于在滴定过程中有关电对的氧化态和还原态的浓度比发生了变化，特别是在化学计量点附近（少加 0.1% 的 Ce^{4+} 溶液到多加 0.1% Ce^{4+} 溶液），溶液的电极电势发生了急剧变化，产生明显的电极电势突跃（0.86 → 1.26 V），电极电势值增加了 0.40 V。其电极电势增加的范围称为氧化还原滴定突跃范围（jump-range of redox titration）。滴定突跃范围的大小是氧化还原滴定能否准确进行的判断依据，也是选择氧化还原指示剂的依据。

6.2.2　影响氧化还原滴定突跃的因素

化学计量点附近突跃范围电位的大小与氧化剂和还原剂两电对的条件电位（或标准电极电势）差值的大小有关，电极电势相差越大，滴定突跃越大，反之则反。例如，在相同的条件下，利用$KMnO_4$、$K_2Cr_2O_7$、$Ce(SO_4)_2$ 不同的氧化剂滴定 Fe^{2+} 时，得到滴定突跃范围电位分别是 0.86～1.46 V，0.86～1.06 V，0.86～1.26 V。由滴定突跃范围可以看出，突跃范围的下限相同，主要是由同一电对 Fe^{3+}/Fe^{2+} 的电极电势决定；而上限的电极电势则随氧化剂不同而不同。不同氧化剂对 Fe^{2+} 的滴定曲线如图 6-2 所示。

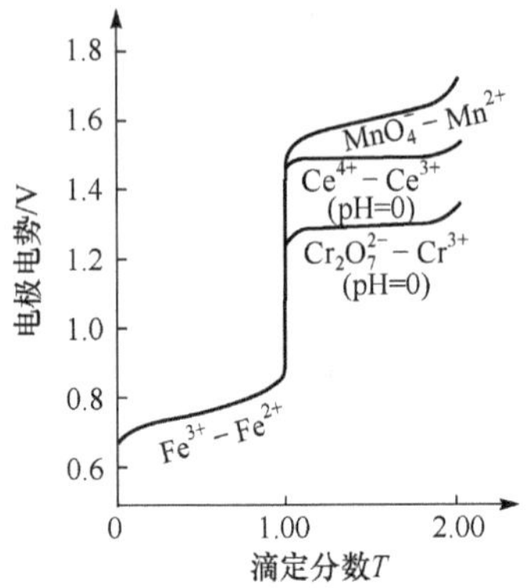

图 6-2　不同氧化剂对 Fe^{2+} 的滴定曲线

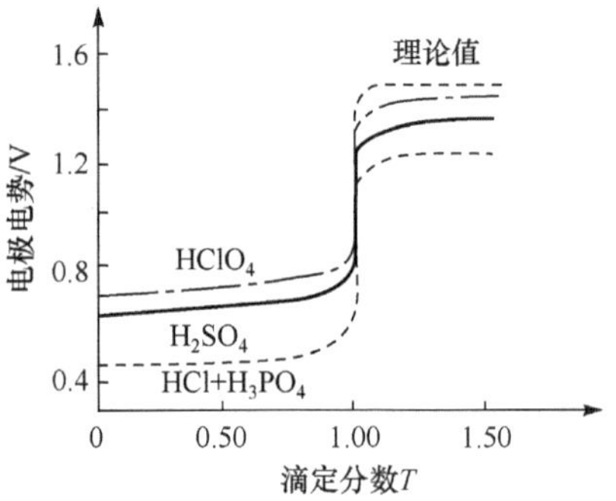

图 6-3　$KMnO_4$ 在不同介质中滴定 Fe^{2+} 的滴定曲线

从图 6-2 可以看到：

(1) 氧化剂越强，滴定曲线突跃越大，越容易准确滴定。

(2) 曲线的形状与氧化剂或还原剂得失电子数有关，如得失电子数相等，计量点曲线两端对称；若得失电子数不相等，计量点两端不对称。而且是得失电子数少曲线要陡些（如 Fe^{3+}/Fe^{2+} 和 Ce^{4+}/Ce^{3+} 电对），得失电子数多，曲线比较平坦（如 MnO_4^-/Mn^{2+} 和 $Cr_2O_7^{2-}/Cr^{3+}$ 电对）。

(3) 滴定突跃的上限由氧化剂电对的电极电势决定，下限由还原剂电对的电极电势决定。例如，在同一介质中用 $KMnO_4$ 分别滴定 $H_2C_2O_4$、H_2O_2 和 Fe^{2+} 时，其条件电位差分别为：$1.49-(-0.49)=1.98$ V，$1.49-0.61=0.88$ V，$1.49-0.68=0.81$ V。滴定曲线突跃最大的是 $H_2C_2O_4$，突跃最小的是 Fe^{2+}。此时滴定突跃的上限由同一电对 MnO_4^-/Mn^{2+} 决定，而下限则随待测物（还原剂）的不同而不同。

通常情况下，氧化剂和还原剂两个电对的条件电位（或标准电极电势）差值大于 0.2 V 时，滴定突跃才明显，才有可能进行准确滴定。实际工作中两电极电势差在 0.2～0.4 V 时，多采用电极电势法确定终点；电极电势差大于 0.4 V，常选用氧化还原指示剂确定终点。

另外，在不同介质的条件下，氧化还原电对的条件电位不同，滴定曲线的突跃范围大小和曲线的位置不同。例如，在不同的介质中 $KMnO_4$ 滴定 Fe^{2+} 的滴定曲线如图 6-3 所示。从图 6-3 可以看出，化学计量点以前溶液的电极电势由 $\varphi^{\ominus'}(Fe^{3+}/Fe^{2+})$ 决定，因 Fe^{3+} 与阴离子的配位不同而影响该电极电势的大小。介质 PO_4^{3-} 能与 Fe^{3+} 形成稳定的 $[Fe(HPO_4)]^+$ 使 $\varphi^{\ominus'}(Fe^{3+}/Fe^{2+})$ 降低，ClO_4^- 不与 Fe^{3+} 配位，$\varphi^{\ominus'}(Fe^{3+}/Fe^{2+})$ 较高，而 $HCl+H_3PO_4$ 介质中滴定 Fe^{2+} 的曲线位置最低，突跃最大，终点颜色变化最明显。计量点后，溶液的电极电势取决于过量的 $KMnO_4$ 电对电极电势，一些阴离子可以与溶液中 Mn^{2+} 形成配离子，对滴定曲线的位置也有一定的影响。MnO_4^-/Mn^{2+} 是不可逆电对，计算得到的滴定曲线（理论值）与实验测得值有一定的差异。

6.2.3 氧化还原滴定法的计算

氧化还原滴定的计算，可根据"化学计量数比规则"或"等物质的量规则"进行。

例 6-4 某实验室标定高锰酸钾标准溶液时，准确称取 0.1500 g 基准物 $Na_2C_2O_4$，溶解后酸化，用 $KMnO_4$ 标准液 25.00 mL 滴定至终点。计算此高锰酸钾标准溶液的浓度 $c(KMnO_4)$。

解

$$2MnO_4^- + 5C_2O_4^{2-} + 6H^+ \rightleftharpoons 2Mn^{2+} + 10CO_2\uparrow + 8H_2O$$

$$n(KMnO_4) : n(Na_2C_2O_4) = 2 : 5$$

所以

$$n(KMnO_4) = \frac{2}{5}n(Na_2C_2O_4)$$

$$c(KMnO_4) = \frac{2m(Na_2C_2O_4)}{5M(Na_2C_2O_4)V(KMnO_4)}$$

$$= \frac{2}{5}\times\frac{0.1500}{134.0\times0.02500} = 0.01791(mol\cdot L^{-1})$$

例 6-5 用 $K_2Cr_2O_7$ 标准溶液滴定 0.4000 g 褐铁矿，若所用 $K_2Cr_2O_7$ 溶液的体积(mL)与试样中 Fe_2O_3 质量分数相等，求 $K_2Cr_2O_7$ 对铁的滴定度 $T(Fe/K_2Cr_2O_7)$。

解 滴定反应为

$$Cr_2O_7^{2-} + 6Fe^{2+} + 14H^+ \rightleftharpoons 2Cr^{3+} + 6Fe^{3+} + 7H_2O$$

$$n(Cr_2O_7^{2-}) : n(Fe^{2+}) = 1 : 6$$

所以

$$n(Fe^{2+})=6n(Cr_2O_7^{2-})$$

$$n(Fe_2O_3)=3n(K_2Cr_2O_7)$$

根据反应的“等物质的量规则”有

$$\frac{0.4000\ w(Fe_2O_3)}{159.69}=3c(K_2Cr_2O_7)V(K_2Cr_2O_7)\times10^{-3}$$

由题意可知，$K_2Cr_2O_7$ 的体积 V(mL)与试样中 Fe_2O_3 的质量分数 $m(Fe_2O_3)$在数值上相等，故

$$c(K_2Cr_2O_7)=0.8349\ mol\cdot L^{-1}$$

根据滴定度的定义，有

$$T(Fe/K_2Cr_2O_7)=6c(K_2Cr_2O_7)M(Fe)\times10^{-3}=0.2798(g\cdot mL^{-1})$$

例 6-6 测定某铜矿中铜含量时，称取 0.5218 g 试样，用 HNO_3 溶解，除去 HNO_3 及氮的氧化物后，加入 1.5 g KI，析出的 I_2 用 $c(Na_2S_2O_3)=0.1974\ mol\cdot L^{-1}$ 的硫代硫酸钠标准溶液滴定至淀粉的蓝色褪去，消耗标准溶液 21.01 mL。计算样品中铜的百分含量。

解

$$2Cu^{2+}+4I^-\rightleftharpoons 2CuI\downarrow+I_2$$

$$I_2+2S_2O_3^{2-}\rightleftharpoons 2I^-+S_4O_6^{2-}$$

根据反应的“等物质的量规则”有

$$n(Cu)=n(Cu^{2+})=n(Na_2S_2O_3)$$

所以

$$w(Cu)=\frac{c(Na_2S_2O_3)V(Na_2S_2O_3)M(Cu)}{m(s)}=\frac{0.1974\times0.021\ 01\times63.54}{0.5218}=50.50\%$$

例 6-7 称取含有 As_2O_3 和 As_2O_5 的试样 1.5000 g，处理为含有 AsO_3^{3-} 和 AsO_4^{3-} 的溶液。将溶液调节为弱碱性，以淀粉为指示剂，以 0.050 00 $mol\cdot L^{-1}$ I_3^- 溶液滴定至终点，消耗 30.00 mL。将此溶液用盐酸调节至酸性并加入过量的 KI 溶液，释放出的 I_2 仍以淀粉为指示剂，再用 0.3000 $mol\cdot L^{-1}$ $Na_2S_2O_3$ 标准溶液滴定至终点，消耗 30.00 mL。计算试样中 As_2O_3 和 As_2O_5 的百分含量。[$M_r(As_2O_3)=197.8$；$M_r(As_2O_5)=229.84$]

解 在弱碱性溶液中，滴定的是三价砷，其反应为

$$H_3AsO_3+I_3^-+H_2O\rightleftharpoons H_3AsO_4+3I^-+2H^+$$

根据反应的“等物质的量规则”有

$$n(As_2O_3)=\frac{1}{2}n(I_3^-)$$

$$w(As_2O_3)=\frac{\frac{1}{2}\times0.050\ 00\times30.00\times10^{-3}\times197.8}{1.5000}=9.89\%$$

在酸性溶液中反应为

$$H_3AsO_4+3I^-+2H^+\rightleftharpoons H_3AsO_3+I_3^-+H_2O$$

根据反应的“等物质的量规则”有

$$As_2O_5\sim2AsO_4^{3-}\sim4I^-\sim4Na_2S_2O_3$$

故

$$n(As_2O_5)=\frac{1}{4}n(Na_2S_2O_3)$$

$$w(As_2O_5)=\frac{\frac{1}{4}\times(0.3000\times30.00-2\times0.05000\times30.00)\times10^{-3}\times229.84}{1.5000}$$
$$=22.98\%$$

6.3　氧化还原滴定中的指示剂

在氧化还原滴定法中，除用电位法确定终点外，还可以根据选择不同的指示剂来确定滴定的终点。常用的指示剂有以下几种类型：

6.3.1　自身指示剂

在氧化还原滴定法中，有些标准溶液或被滴定的物质本身具有颜色，而滴定产物为无色或颜色很浅，滴定时无需另加指示剂，溶液本身颜色的变化就起着指示剂的作用，这种称为**自身指示剂**(self-indicator)。例如，用 $KMnO_4$ 作滴定剂时，MnO_4^- 本身显紫红色，在酸性溶液中被还原为无色的 Mn^{2+}，所以当滴定到计量点时，只要 MnO_4^- 稍微过量就可使溶液显粉红色(此时 MnO_4^- 的浓度约为 2×10^{-6} mol·L^{-1})指示终点的到达。

6.3.2　专属指示剂

专属指示剂(specific-indicator)本身并不具有氧化还原性，但它能与氧化剂或还原剂产生特殊的颜色，从而指示滴定终点。例如，可溶性淀粉溶液，能与 I_2 生成深蓝色的吸附化合物，当 I_2 被还原为 I^- 时，蓝色立即消失，反应极为灵敏。当 I_2 溶液的浓度为 1×10^{-5} mol·L^{-1} 时，可看到蓝色出现。因此在碘量法中常用淀粉为指示剂，根据蓝色的出现或消失指示终点。

6.3.3　氧化还原反应指示剂

氧化还原指示剂(redox-indicator)是指在滴定过程中本身发生氧化还原反应的指示剂。指示剂的氧化态和还原态具有不同的颜色，在滴定过程中，指示剂由氧化态变为还原态，或由还原态变为氧化态，根据颜色的突变来指示滴定终点。若以 In(Ox)和 In(Red)分别表示指示剂的氧化态和还原态，其氧化还原半反应和能斯特方程为

$$\underset{\text{(氧化态色)}}{In(Ox)}+ne^-\rightleftharpoons\underset{\text{(还原态色)}}{In(Red)}$$

$$\varphi=\varphi^{\ominus\prime}[In(Ox)/In(red)]+\frac{0.0592}{n}\lg\frac{c[In(Ox)]}{c[In(Red)]}$$

(1) 当 $c[In(Ox)]/c[In(Red)]=1$ 时，溶液呈中间色，溶液的电极电势 $\varphi=\varphi^{\ominus\prime}(In)$，此时为氧化还原指示剂的理论变色点。

(2) 当 $c[In(Ox)]/c[In(Red)]\geqslant10$ 时，溶液呈现氧化态 In(Ox)的颜色，此时溶液的电极电势为

$$\varphi\geqslant\varphi^{\ominus\prime}(In)+\frac{0.0592}{n}\lg10=\varphi^{\ominus\prime}(In)+\frac{0.0592}{n}$$

(3) 当 $c[In(Ox)]/c[In(Red)]\leqslant\frac{1}{10}$ 时，溶液呈现还原态 In(Red)的颜色，此时溶液的电极

电势为

$$\varphi \leqslant \varphi^{\ominus\prime}(\mathrm{In}) + \frac{0.0592}{n}\lg\frac{1}{10} = \varphi^{\ominus\prime}(\mathrm{In}) - \frac{0.0592}{n}$$

结论:氧化还原指示剂的变色范围是

$$\varphi = \varphi^{\ominus\prime}(\mathrm{In}) \pm \frac{0.0592}{n}$$

不同的指示剂标准电极电势(或条件电位)不同。在选择氧化还原指示剂时,应尽量选择指示剂的标准电极电势(或条件电位)落在滴定突跃范围电位内,并且与滴定的计量点电位越接近越好。常用的氧化还原指示剂如表 6-2 所示。

表 6-2 几种常见的氧化还原指示剂

指示剂	$\varphi^{\ominus\prime}(\mathrm{In})$/V $c(\mathrm{H^+})=1$ mol L^{-1}	颜色变化		指示剂溶液
		氧化态	还原态	
次甲基蓝	0.36	蓝色	无色	0.05%的水溶液
甲基蓝	0.53	蓝紫色	无色	0.05%的水溶液
二苯胺	0.76	紫色	无色	0.1%浓 H_2SO_4 溶液
二苯胺磺酸钠	0.85	紫红色	无色	0.05%的水溶液
邻二氮菲-Fe(Ⅱ)	1.06	浅蓝色	红色	0.025 mol · L^{-1}水溶液
邻苯氨基苯甲酸	1.08	紫外色	无色	0.1% Na_2CO_3 溶液
硝基邻二氮菲亚铁	1.25	浅蓝色	紫红色	0.025 mol · L^{-1}水溶液

下面介绍几种常用的氧化还原指示剂颜色变化机理。

1. 二苯胺磺酸钠

二苯胺磺酸钠是二苯胺磺酸的钠盐,易溶于水,常配制成 0.05%水溶液使用。在氧化还原滴定中常用于 Ce^{4+} 滴定 Fe^{2+} 的指示剂,其条件电位为 0.85 V。在酸性溶液中,主要是以二苯胺磺酸的形式存在,当二苯胺磺酸遇到氧化剂 Ce^{4+}(或其他氧化剂)时,首先被氧化为无色的二苯联苯胺磺酸(不可逆反应),再进一步被氧化为紫色的二苯联苯胺磺酸紫(可逆反应),显示出颜色的变化。其反应过程如下:

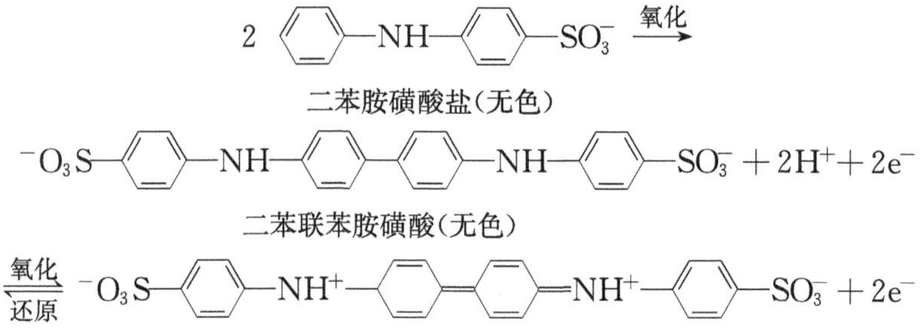

二苯胺磺酸盐(无色)

二苯联苯胺磺酸(无色)

二苯联苯胺磺酸紫(紫色)

由反应式可以看出,因得失电子数为 2,故指示剂变色的电极电势范围为

$$\varphi(\mathrm{In}) = 0.85 \pm \frac{0.059}{2} = 0.85 \pm 0.03(\mathrm{V})$$

即二苯胺磺酸钠变色时的电极电势范围为 0.82～0.88 V。

但是，在用 Ce^{4+} 标准溶液滴定 Fe^{2+} 时，计量点附近的突跃范围电位在 0.86～1.26 V。如果用二苯胺磺酸钠作指示剂，指示剂变色的电极电势范围在 0.82～0.88 V，显然，指示剂变色的电极电势范围很少部分落在滴定突跃范围内，此时滴定会产生较大的误差。为了减少误差，可在被滴定的溶液中，先加入适量的 H_3PO_4 或 NaF 与 Fe^{3+} 形成无色稳定的 $[Fe(HPO_4)_2]^-$ 或 $[FeF_6]^{3-}$ 等配离子，以降低 Fe^{3+}/Fe^{2+} 电对的电极电势，加大滴定的突跃范围，使指示剂的变色电位范围全部或大部分落在滴定的突跃范围电位内，从而正确指示滴定终点。同时，也可消除 Fe^{3+} 颜色对滴定终点观察的影响，使滴定终点颜色变化更加敏锐。例如，在 2 mol · L^{-1} H_3PO_4 介质中，$\varphi^{\ominus\prime}(Fe^{3+}/Fe^{2+})=0.46$ V，此时滴定的突跃范围电位下限为

$$
\begin{aligned}
\varphi_{\text{下限}} &= \varphi^{\ominus\prime}(Fe^{3+}/Fe^{2+}) + 0.0592\lg\frac{c(Fe^{3+})}{c(Fe^{2+})} \\
&= 0.46 + 0.0592\lg\frac{99.9}{0.1} \\
&= 0.64(\text{V})
\end{aligned}
$$

故滴定的突跃范围电位变为 0.64～1.26 V，这时，二苯胺磺酸钠的变色电极电势范围完全落在滴定突跃范围之内，因而可正确指示滴定终点。

2. 邻二氮菲-Fe(Ⅱ)

邻二氮菲-Fe(Ⅱ)也是一种常用的氧化还原指示剂。邻二氮菲也称为邻菲罗啉，其分子式为 $C_{12}H_8N_2$，易溶于亚铁盐溶液形成红色的 $[Fe(C_{12}H_8N_2)_3]^{2+}$，遇到氧化剂时发生颜色变化。其反应如下：

$$\underset{\text{(浅蓝色)}}{[Fe(C_{12}H_8N_2)_3]^{3+}} + e^- \rightleftharpoons \underset{\text{(红色)}}{[Fe(C_{12}H_8N_2)_3]^{2+}}$$

在 1 mol L^{-1} H_2SO_4 溶液中，它的条件电位 $\varphi^{\ominus\prime}(In)=1.06$ V。因此在以 Ce^{4+} 滴定 Fe^{2+} 时，用邻二氮菲-Fe(Ⅱ)作指示剂更为合适，终点时溶液由红色变为浅蓝色十分明显。也可用 Fe^{2+} 滴定 Ce^{4+}，终点时溶液由浅蓝色变为红色。

6.4　常用的氧化还原滴定法

氧化还原滴定法一般是根据所采用的滴定剂来进行分类的，常用的方法有高锰酸钾法、重铬酸钾法、碘量法等，每种方法各有其特点和应用范围。下面针对几种常用的方法进行介绍。

6.4.1　高锰酸钾法及应用示例

1. 概述

原理：$KMnO_4$ 是一种强氧化剂，其氧化能力与溶液的酸度有关。在强酸性溶液中与还原剂作用，MnO_4^- 被还原为 Mn^{2+}，其反应如下：

MnO_4^-(紫红色) $+ 8H^+ + 5e^- \rightleftharpoons Mn^{2+}$(无色) $+ 4H_2O$　　$\varphi^{\ominus}(MnO_4^-/Mn^{2+})=1.51$ V

在微酸性、中性或弱碱性溶液中，MnO_4^- 被还原为 MnO_2，其反应如下：

$MnO_4^- + 2H_2O + 3e^- \rightleftharpoons MnO_2$(褐色)$\downarrow + 4OH^-$　　$\varphi^{\ominus}(MnO_4^-/MnO_2)=0.59$ V

在强碱性溶液中，MnO_4^- 能被还原为 MnO_4^{2-}，其反应如下：

$$MnO_4^- + e^- \rightleftharpoons MnO_4^{2-}\text{(绿色)} \qquad \varphi^{\ominus}(MnO_4^-/MnO_4^{2-}) = 0.564\ V$$

根据 $KMnO_4$ 在溶液中的电极电势可知，在强酸性溶液中，它是较强的氧化剂，而本身被还原为无色的 Mn^{2+}，有利于终点的观察，此时 MnO_4^- 为自身指示剂。因此，用高锰酸钾作为氧化剂一般都在强酸性条件下进行。常用 H_2SO_4 来控制溶液的酸度，而不用 HNO_3 或 HCl 来控制酸度。这是因为 HNO_3 具有氧化性，它可能氧化某些被滴定的还原性物质；HCl 具有还原性，能与 MnO_4^- 作用或发生诱导反应而干扰滴定，HAc 酸性太弱也不宜用来控制溶液的酸度。

高锰酸钾法的应用非常广泛，它可以直接滴定 Fe^{2+}、As^{3+}、Sb^{3+}、H_2O_2、$C_2O_4^{2-}$、NO_2^- 以及其他具有还原性的物质(包括许多有机化合物)；也可以利用间接法测定能与 $C_2O_4^{2-}$ 定量沉淀为草酸盐的金属离子(如 Ca^{2+}、Ba^{2+}、Pb^{2+} 以及稀土离子等)；还可以利用返滴定法测定一些不能直接滴定的氧化性和还原性物质(如 MnO_2、PbO_2、SO_3^{2-} 和 HCHO 等)。

高锰酸钾法的优点是氧化能力强，滴定时无需另加指示剂。因采用了不同的滴定方式，应用范围广泛。它的主要缺点是试剂含有少量杂质，标准溶液不够稳定，浓度需标定后才可使用，而且反应历程复杂，并常伴有副反应发生。滴定时要严格控制条件，使用后的 $KMnO_4$ 标准溶液放置一段时间后应重新标定。

2. 高锰酸钾标准溶液的配制和标定

市售 $KMnO_4$ 试剂的纯度为 99.0%～99.5%。其中含有少量的 MnO_2 及其他杂质。同时由于 $KMnO_4$ 的强氧化性，容易在生产、储存和配制溶液时与蒸馏水中含有的还原性物质作用，生成 $MnO(OH)_2$ 沉淀。而 MnO_2 和 $MnO(OH)_2$ 又能进一步促进 $KMnO_4$ 溶液的分解。因此 $KMnO_4$ 标准溶液不能采取直接配制法，常采用标定法配制标准溶液。例如，配制时，称取稍多于理论的 $KMnO_4$ 固体，溶解在规定体积的蒸馏水中，并加热煮沸约 1 h，放置7～10 d 后，用微孔玻璃砂芯漏斗过滤，除去析出的沉淀。将过滤后的 $KMnO_4$ 溶液储存于棕色瓶中，放置暗处，以待标定。

标定 $KMnO_4$ 的基准物质很多，有 $H_2C_2O_4 \cdot 2H_2O$、$Na_2C_2O_4$、$(NH_4)_2Fe(SO_4)_2 \cdot 6H_2O$、$As_2O_3$ 和纯铁丝等。其中最常用的是 $Na_2C_2O_4$，因为它易提纯、稳定、不含结晶水，在 105～110 ℃烘干 2 h，放入干燥器中冷却后即可使用。下面以在 H_2SO_4 介质中，MnO_4^- 与 $C_2O_4^{2-}$ 的反应为例

$$2MnO_4^- + 5C_2O_4^{2-} + 16H^+ \rightleftharpoons 2Mn^{2+} + 10CO_2\uparrow + 8H_2O$$

为了使上述反应能快速定量地进行，应注意以下条件：

(1) 温度。在室温下，上述反应速率缓慢，因此常需将溶液加热至 75～85 ℃时进行滴定。滴定完毕时溶液的温度也不应低于 60 ℃。而且滴定时溶液的温度也不宜太高，因为超过 90 ℃时部分 $H_2C_2O_4$ 会发生分解

$$H_2C_2O_4 \longrightarrow CO_2\uparrow + CO\uparrow + H_2O$$

(2) 酸度。溶液应保持足够的酸度。酸度过低，$KMnO_4$ 易分解为 MnO_2；酸度过高，会促使 $H_2C_2O_4$ 的分解，一般在开始滴定时，溶液的酸度 $c(H^+)$ 为 0.5～1.0 $mol \cdot L^{-1}$，滴定结束时，$c(H^+)$ 为 0.2～0.5 $mol \cdot L^{-1}$。

(3) 滴定速度。由于上述反应是一个自动催化反应，随着 Mn^{2+} 的产生，反应速率逐渐加快。特别是滴定开始时，加入第一滴 $KMnO_4$ 时，溶液褪色很慢(溶液中仅存在极少量的 Mn^{2+})，所以开始滴定时，应逐滴缓慢加入，在 $KMnO_4$ 红色没有褪去之前，不急加入第二滴。

待几滴 $KMnO_4$ 溶液加入，反应速率加快之后，滴定速度就可以稍快些。如果开始滴定就快，加入的 $KMnO_4$ 溶液来不及与 $C_2O_4^{2-}$ 反应，就会在热的酸性溶液中发生分解

$$4MnO_4^- + 12H^+ \rightleftharpoons 4Mn^{2+} + 5O_2\uparrow + 6H_2O$$

导致标定结果偏低。若滴定前加入少量的 $MnSO_4$ 作催化剂，则滴定一开始，反应就能迅速进行。在接近终点时，滴定速度要慢，可缓慢逐滴加入，以防过量。

(4) 滴定终点。用 $KMnO_4$ 溶液滴定至终点后，溶液中出现的粉红色不能持久。空气中的还原性物质和灰尘等能与 MnO_4^- 缓慢作用，使 MnO_4^- 被还原，故溶液的粉红色逐渐褪去。所以，滴定至溶液出现粉红色且半分钟内不褪色，即可认为达到了滴定终点。

用 $Na_2C_2O_4$ 作基准物质标定 $KMnO_4$ 溶液时，$KMnO_4$ 的浓度可由下式计算

$$c(KMnO_4) = \frac{\frac{2}{5}m(Na_2C_2O_4)}{M(Na_2C_2O_4)V(KMnO_4)}$$

3. 高锰酸钾法的应用示例

1) H_2O_2 含量的测定

H_2O_2 是一种常用的消毒剂，在医药和日常生活中使用较为广泛。在酸性条件下，可用 $KMnO_4$ 标准溶液直接测定 H_2O_2，其反应如下：

$$2MnO_4^- + 5H_2O_2 + 6H^+ \rightleftharpoons 2Mn^{2+} + 5O_2\uparrow + 8H_2O$$

此反应可在室温下进行。开始时反应速率较慢，随着 Mn^{2+} 的产生反应速率会逐渐加快。但滴定时的速度仍不能太快。因为 H_2O_2 不稳定，反应不能加热。测定时，移取一定体积 H_2O_2 的稀释液，用 $KMnO_4$ 标准溶液滴定至终点，根据 $KMnO_4$ 溶液的浓度和所消耗的体积，计算 H_2O_2 的含量。计算公式可按下式进行

$$\rho(H_2O_2) = \frac{\frac{5}{2}c(KMnO_4)V(KMnO_4)M(H_2O_2)}{V(H_2O_2)}$$

2) 钙盐中钙的测定(间接测定法)

钙是构成植物细胞壁和动物骨骼、牙齿的重要成分，又是维持人体正常血液凝固的重要因素。因此对钙的测定具有十分重要的意义。钙的测定可采用 $KMnO_4$ 法间接进行。首先将样品处理成 Ca^{2+} 溶液，再将 Ca^{2+} 与 $C_2O_4^{2-}$ 反应生成 CaC_2O_4 沉淀，并将其过滤洗涤，溶于热的稀 H_2SO_4 中，加热至 75～85 ℃时，用 $KMnO_4$ 标准溶液滴定至终点。根据滴定终点时 $C_2O_4^{2-}$ 所消耗 $KMnO_4$ 的量，间接求算出样品中的钙含量。测定过程反应如下：

$$Ca^{2+} + C_2O_4^{2-} \rightleftharpoons CaC_2O_4(\text{白色})\downarrow$$

$$CaC_2O_4 + 2H^+ \rightleftharpoons H_2C_2O_4 + Ca^{2+}$$

$$2MnO_4^- + 5H_2C_2O_4 + 6H^+ \rightleftharpoons 2Mn^{2+} + 10CO_2\uparrow + 8H_2O$$

在 CaC_2O_4 沉淀时，为了获得易于过滤、洗涤的粗晶形沉淀，可事先在含 Ca^{2+} 溶液中加 HCl 酸化，然后再在酸性溶液中加入过量的 $(NH_4)_2C_2O_4$ 沉淀剂，待溶液中 CaC_2O_4 沉淀析出。用稀氨水慢慢中和试液中的 H^+，使酸性下的 $HC_2O_4^-$ 逐渐转变为 $C_2O_4^{2-}$，溶液中的 $C_2O_4^{2-}$ 缓慢增加，CaC_2O_4 沉淀缓慢形成，最后控制溶液的 pH 在 3.5～4.5，并继续保温约 30 min使沉淀陈化，即可得到粗晶形沉淀。这样，既沉淀完全，又可防止 $Ca(OH)_2$ 或 $Ca_2(OH)_2C_2O_4$生成。样品中的 Ca 含量可按下式计算

$$w(Ca)=\frac{\frac{5}{2}c(KMnO_4)V(KMnO_4)M(Ca)}{m(s)}$$

6.4.2 重铬酸钾法及应用示例

1. 概述

原理：重铬酸钾($K_2Cr_2O_7$)在酸性溶液中具有较强的氧化性，与还原剂作用时，$K_2Cr_2O_7$得到6个电子而被还原成Cr^{3+}，其半反应和标准电极电势为

$$Cr_2O_7^{2-}+14H^++6e^-\rightleftharpoons 2Cr^{3+}+7H_2O \qquad \varphi^\ominus(Cr_2O_7^{2-}/Cr^{3+})=1.33\ V$$

可见$K_2Cr_2O_7$的氧化能力比$KMnO_4$稍弱些，但它仍是一种较强的氧化剂，能测定许多具有还原性的无机物和有机物，应用较为广泛。其重要的应用之一就是铁含量的测定。通过$Cr_2O_7^{2-}$与Fe^{2+}的反应，还可以测定其他氧化性和还原性的物质。此法还可应用于土壤中有机质的测定和土壤中还原性物质总量的测定等。

$K_2Cr_2O_7$法与$KMnO_4$法相比，$K_2Cr_2O_7$法具有以下特点：

(1) $K_2Cr_2O_7$易提纯(99.99%)，在140～150 ℃干燥后，可作为基准物质直接准确称量配制标准溶液。

(2) $K_2Cr_2O_7$标准溶液非常稳定，在密闭容器中可长期保存，浓度基本不变。

(3) $K_2Cr_2O_7$氧化性较$KMnO_4$弱，但选择性比较高。

(4) $K_2Cr_2O_7$可以在HCl溶液中滴定Fe^{2+}，因为在$c(HCl)=1\ mol\cdot L^{-1}$溶液中，$\varphi^{\ominus\prime}(Cr_2O_7^{2-}/Cr^{3+})=1.00\ V$，而$\varphi^{\ominus\prime}(Cl_2/Cl^-)=1.36\ V$，故在室温下$Cr_2O_7^{2-}$不能氧化$Cl^-$。但应当注意的是如果HCl的浓度较高或将溶液煮沸时，$K_2Cr_2O_7$也能部分地被Cl^-还原。

在$K_2Cr_2O_7$滴定法中，虽然橙黄色的$Cr_2O_7^{2-}$还原后转变为绿色的Cr^{3+}，但是$K_2Cr_2O_7$的颜色较浅，不能根据它本身的颜色变化来指示终点，所以需使用氧化还原指示剂来确定滴定终点。常用的指示剂是二苯胺磺酸钠。

2. 重铬酸钾标准溶液的配制

实验室里重铬酸钾标准溶液可直接配制，将$K_2Cr_2O_7$(99.99%)的分析纯在140～150 ℃下烘干1～2 h，放入干燥器中冷却后，准确称取一定的量，加水溶解后定量转入一定体积的容量瓶中稀释至刻度，摇匀。然后根据称取$K_2Cr_2O_7$的质量和定容的体积，即可计算$K_2Cr_2O_7$标准溶液的浓度。计算公式按下式进行

$$c(K_2Cr_2O_7)=\frac{m(K_2Cr_2O_7)}{M(K_2Cr_2O_7)V(K_2Cr_2O_7)}$$

3. 重铬酸钾法的应用实例

1) 铁矿石中全铁含量的测定

试样用浓盐酸加热溶解，趁热用$SnCl_2$溶液将Fe^{3+}全部还原为Fe^{2+}。过量的$SnCl_2$可用$HgCl_2$氧化，此时溶液中析出Hg_2Cl_2白色丝状沉淀，用水稀释，加入1～2 $mol\cdot L^{-1}$ H_2SO_4-H_3PO_4混合酸和二苯胺磺酸钠指示剂，立即用$K_2Cr_2O_7$标准溶液滴定至溶液由浅绿色(Cr^{3+}的颜色)变为紫红色，即为终点。其滴定反应为

$$Cr_2O_7^{2-}+6Fe^{2+}+14H^+\rightleftharpoons 2Cr^{3+}+6Fe^{3+}+7H_2O$$

根据反应可计算出样品中铁的含量。计算公式为

$$w(\mathrm{Fe})=\frac{\frac{1}{6}c(\mathrm{K_2Cr_2O_7})V(\mathrm{K_2Cr_2O_7})M(\mathrm{Fe})}{m(\mathrm{s})}$$

此法中加入 H_3PO_4 的目的：一是降低 Fe^{3+}/Fe^{2+} 电对的电极电势，增大滴定的突跃范围，使二苯胺磺酸钠电极电势的变色范围落在滴定的突跃范围电位内，可正确指示滴定终点；二是生成无色的 $[Fe(HPO_4)]^+$，消除了 Fe^{3+} 的黄色干扰，有利于终点的观察和确定。

2）土壤中有机质的测定

土壤有机质是土壤中结构复杂的有机物质。土壤中有机质含量的高低是判断土壤肥力的重要指标，同时还影响土壤的物理性质和耕作性能等。所以测定土壤有机质含量，对农业生产有着重要的意义。

土壤中有机质含量是通过测定土壤中碳的含量来换算的。即在浓 H_2SO_4 与少量 Ag_2SO_4 催化剂的存在下，加入过量的 $K_2Cr_2O_7$ 溶液，并在 170～180 ℃下，使土壤中的碳被 $K_2Cr_2O_7$ 氧化成 CO_2，剩余的 $K_2Cr_2O_7$ 中加入 85% H_3PO_4 和二苯胺磺酸钠指示剂，用 $FeSO_4$ 标准溶液滴定至溶液由紫色变为亮绿色即为终点。记录 $FeSO_4$ 标准溶液所消耗的体积 V。其反应如下：

$$\underset{(过量)}{2K_2Cr_2O_7}+8H_2SO_4+3C \longrightarrow 2K_2SO_4+2Cr_2(SO_4)_3+3CO_2\uparrow+8H_2O$$

$$\underset{(剩余量)}{K_2Cr_2O_7}+6FeSO_4+7H_2SO_4 \longrightarrow Cr_2(SO_4)_3+K_2SO_4+3Fe_2(SO_4)_3+7H_2O$$

在做试样测定的同时，应做空白实验，可设同样量的 $K_2Cr_2O_7$ 溶液（不加待测试样）所消耗 $FeSO_4$ 溶液的总体积为 V_0。

由 $K_2Cr_2O_7$ 氧化 C 的反应可知，2 mol $K_2Cr_2O_7$ 与 3 mol C 反应，其物质的量之比为 2∶3；$K_2Cr_2O_7$ 与 $FeSO_4$ 反应的物质的量之比为 1∶6，而碳的物质的量 $n(\mathrm{C})=\frac{3}{2}\times\frac{1}{6}n(\mathrm{FeSO_4})=\frac{1}{4}n(\mathrm{FeSO_4})$。所以，土壤中有机质含量的计算式为

$$w(有机质)=\frac{\frac{1}{4}c(\mathrm{FeSO_4})[V_0(\mathrm{FeSO_4})-V(\mathrm{FeSO_4})]M(\mathrm{C})\times 1.724\times 1.08}{m(风干土)}$$

式中，1.724 为 C 转换为有机质的换算系数，即有机质中碳的含量为 58%，58 g 碳就相当于 100 g 有机质，1 g 碳相当于 100÷58=1.724 g 有机质；1.08 为氧化校正系数，在 Ag_2SO_4 催化条件下，$K_2Cr_2O_7$ 只能氧化 92.6% 的有机质，所以式中应乘以氧化校正系数 100÷92.6=1.08。

6.4.3 碘量法及应用示例

1. 概述

碘量法也是常用的氧化还原滴定法之一，它是利用 I_2 的氧化性和 I^- 的还原性进行滴定的分析方法。固体 I_2 水溶性比较差，为了增加其溶解度，通常将 I_2 溶解在 KI 溶液中，此时 I_2 以 I_3^- 形式存在（为了简化起见，I_3^- 一般仍简写为 I_2）。其电极反应是

$$I_2+2e^- \rightleftharpoons 2I^- \qquad \varphi^\ominus(I_2/I^-)=0.545\ \mathrm{V}$$

由 $\varphi^\ominus(I_2/I^-)$可知，I_2 是一种较弱的氧化剂，能与较强的还原剂作用；而 I^- 则是中等强度的还原剂，能与许多氧化剂作用。碘量法又分为直接碘量法（又称为碘滴定法）和间接碘量法（又称为滴定碘法）两种。

1）直接碘量法

比 $\varphi^\ominus(I_2/I^-)$低的还原性物质，可以用 I_2 的标准溶液直接滴定，但可被 I_2 直接滴定的物质并不多，一般只限于较强的还原剂，如 S^{2-}、SO_3^{2-}、$S_2O_3^{2-}$、Sn^{2+}、AsO_3^{3-}、SbO_3^{3-}、抗坏血酸和还原糖等。同时 I_2 在碱性溶液中易生成 I^- 及 IO^-，而 IO^- 不稳定，很快转化为 IO_3^-。其反应为

$$I_2+2OH^- \rightleftharpoons IO^- + I^- + H_2O$$

$$3IO^- \rightleftharpoons 2I^- + IO_3^-$$

这种情况会给测定带来误差，使碘量法的应用范围受到限制。因此，直接碘量法的应用不太广泛。

2）间接碘量法

比 $\varphi^\ominus(I_2/I^-)$高的氧化性物质，在一定条件下，与 I^- 作用，使 I^- 氧化而析出 I_2，再用 $Na_2S_2O_3$ 标准溶液滴定析出的 I_2。这种方法称为间接碘量法。例如，$KMnO_4$ 在酸性溶液中与过量的 KI 作用，析出的 I_2 用 $Na_2S_2O_3$ 标准溶液滴定。其反应如下：

$$2MnO_4^- + 10I^- + 16H^+ \rightleftharpoons 2Mn^{2+} + 5I_2 + 8H_2O$$

$$2S_2O_3^{2-} + I_2 \rightleftharpoons 2I^- + S_4O_6^{2-}$$

根据 $Na_2S_2O_3$ 的用量可求算出 $KMnO_4$ 的含量。利用这种方法可以测定许多氧化性的物质，如 Cu^{2+}、H_2O_2、$Cr_2O_7^{2-}$、CrO_4^{2-}、ClO_3^-、ClO^-、BrO_3^-、IO_3^-、AsO_4^{3-} 等，还能测定与 CrO_4^{2-} 生成沉淀的阳离子，如 Pb^{2+}、Ba^{2+} 等，所以间接碘量法的应用非常广泛。

碘量法常用淀粉作指示剂。淀粉与 I_2 作用形成蓝色的吸附化合物，灵敏度很高。在室温和 I^- 存在下，即使在 $5\times10^{-6}\ mol \cdot L^{-1}$ I_2 溶液中变色也很明显。实践证明，直链淀粉遇 I_2 变色必须有 I^-（或 I_3^-）存在，而且 I^-（或 I_3^-）的浓度越高，则显色的灵敏度也越高。同时，该显色反应还受温度、酸度、溶剂和电解质等因素的影响，使用时应加注意。淀粉指示剂使用时须现配现用，因为放置时间过长的淀粉液会腐败分解，不能正确指示滴定终点。淀粉指示剂应在滴定快到终点时加入，否则，I_2 和淀粉形成大量的蓝色化合物或乳状物，妨碍 $Na_2S_2O_3$ 对 I_2 的还原作用，使溶液的蓝色很难褪去，从而增加滴定误差。

碘量法误差的主要来源有两个方面：①I_2 具有挥发性，易挥发而损失；②在酸性溶液中 I^- 易被空气中的氧所氧化。因此，碘量法的反应条件和滴定条件非常重要，现分别阐述如下：

(1) 控制溶液的酸度。$Na_2S_2O_3$ 与 I_2 的反应必须在中性或弱酸性溶液中进行，酸度一般以 $0.2\sim0.4\ mol \cdot L^{-1}$为宜。例如，在碱性溶液中，$Na_2S_2O_3$ 与 I_2 将会发生副反应，I_2 也会发生歧化反应，即

$$S_2O_3^{2-} + 4I_2 + 10OH^- \rightleftharpoons 2SO_4^{2-} + 8I^- + 5H_2O$$

$$3I_2 + 6OH^- \rightleftharpoons IO_3^- + 5I^- + 3H_2O$$

如在强酸性溶液中，$Na_2S_2O_3$ 会发生分解，而 I^- 容易被空气中的氧所氧化。其反应为

$$S_2O_3^{2-} + 2H^+ \rightleftharpoons SO_2 + S\downarrow + H_2O$$

$$4I^- + 4H^+ + O_2 \rightleftharpoons 2I_2 + 2H_2O$$

(2) 加入过量的碘化钾。在滴定溶液中加入 KI 必须过量，一般比理论值大 2～3 倍，这样即可增大 I_2 的溶解度，又可降低 I_2 的挥发，还可提高淀粉指示剂的灵敏度，加快反应速率和提高反应程度。

(3) 控制溶液的温度。在碘量法滴定过程中，溶液的温度不宜太高，一般在室温下进行即可。因温度升高将增大 I_2 的挥发性，降低淀粉指示剂的灵敏度。在保存 $Na_2S_2O_3$ 溶液时，室温升高会增大细菌的活性，加速 $Na_2S_2O_3$ 的分解。

(4) 防止光照。光能催化 I^- 被空气中的氧所氧化，增大 $Na_2S_2O_3$ 溶液中的细菌活性，促使 $Na_2S_2O_3$ 的分解。

(5) 控制滴定前的放置时间。当氧化性物质与 KI 作用时，一般在暗处放置 5 min 待反应完全后，立即用 $Na_2S_2O_3$ 进行滴定。如放置时间过长，I_2 过多挥发，会增大滴定误差。

为了减少 I_2 的挥发和 I^- 被空气中的氧所氧化而造成的误差，滴定时的速度须快些，滴定最好在碘量瓶中进行，溶液不需剧烈摇动。

2. 标准溶液的配制和标定

1) $Na_2S_2O_3$ 溶液的配制和标定

市售 $Na_2S_2O_3 \cdot 5H_2O$ (俗称海波)，一般含有少量的杂质，如 S、SO_3^{2-}、SO_4^{2-}、CO_3^{2-}、Cl^- 等，所以不能直接称量来配制标准溶液，需用基准物质标定。$Na_2S_2O_3$ 溶液不稳定，易与水中的 H_2CO_3 和空气中的 O_2 作用，并能被细菌所分解，使其浓度发生变化。

$$S_2O_3^{2-} + CO_2 + H_2O \rightleftharpoons HSO_3^- + HCO_3^- + S\downarrow$$

$$2S_2O_3^{2-} + O_2 \rightleftharpoons 2SO_4^{2-} + 2S\downarrow$$

$$S_2O_3^{2-} \xrightleftharpoons{\text{细菌}} SO_3^{2-} + S\downarrow$$

水中微量的 Cu^{2+} 或 Fe^{2+} 可以促进 $Na_2S_2O_3$ 溶液的分解

$$Cu^{2+} + 2S_2O_3^{2-} \rightleftharpoons 2Cu^+ + S_4O_6^{2-}$$

$$2Cu^+ + \frac{1}{2}O_2 + H_2O \rightleftharpoons 2Cu^{2+} + 2OH^-$$

因此，配制 $Na_2S_2O_3$ 溶液时，需要用新煮沸并冷却的蒸馏水，以除去 CO_2、O_2 和杀死细菌。并加入少量的纯净 Na_2CO_3，使溶液呈弱碱性，以抑制细菌的生长，防止 $Na_2S_2O_3$ 分解。光照也会促使 $Na_2S_2O_3$ 分解，因此，配制好的 $Na_2S_2O_3$ 溶液应储存于棕色试剂瓶中，放置暗处大约一周后进行标定。标定过的 $Na_2S_2O_3$ 溶液也不宜长期保存，使用一段时间后要重新标定。

标定 $Na_2S_2O_3$ 溶液的基准物质有 $KBrO_3$、$K_2Cr_2O_7$、Cu^{2+} 等。标定操作采用滴定碘法，即在弱酸性溶液中，氧化剂与 I^- 作用析出 I_2

$$BrO_3^- + 6I^- + 6H^+ \rightleftharpoons 3I_2 + Br^- + 3H_2O$$

$$Cr_2O_7^{2-} + 6I^- + 4H^+ \rightleftharpoons 2Cr^{3+} + 3I_2 + 7H_2O$$

$$Cu^{2+} + 4I^- \rightleftharpoons 2CuI + I_2\uparrow$$

析出的 I_2 用 $Na_2S_2O_3$ 溶液滴定

$$I_2 + 2S_2O_3^{2-} \rightleftharpoons 2I^- + S_4O_6^{2-}$$

根据“等物质的量规则”进行计算即可得 $Na_2S_2O_3$ 标准溶液的浓度。

例如，以 $KBrO_3$ 作为基准物质标定，则 $Na_2S_2O_3$ 标准溶液的浓度可按下式算出

$$c(Na_2S_2O_3) = \frac{6m(KBrO_3)}{M(KBrO_3)V(Na_2S_2O_3)}$$

2) I_2 溶液的配制和标定

用升华法制得的纯 I_2，可以用直接法配制成 I_2 的标准溶液。但是，由于 I_2 易挥发，难以准

确称取，所以一般仍采用间接法配制。I_2 在水中的溶解度很小（20 ℃为 1.33×10^{-3} $mol\cdot L^{-1}$），先将一定量的 I_2 溶于过量的 KI 溶液中，稀释至一定的体积。溶液储存于棕色试剂瓶中，放置暗处保存。I_2 溶液具有腐蚀性和杀菌性，储存和使用碘液时，应避免与橡皮塞和橡皮管接触。

I_2 溶液的标准浓度常用 As_2O_3 基准物质标定，也可用已标定好的 $Na_2S_2O_3$ 溶液标定。As_2O_3（俗称砒霜，剧毒，操作时需十分小心）难溶于水，易溶于碱性溶液中，生成亚砷酸盐，其反应为

$$As_2O_3+6OH^- \rightleftharpoons 2AsO_3^{3-}+3H_2O$$

以 $NaHCO_3$ 调节溶液 pH=8，再用 I_2 溶液滴定 AsO_3^{3-}，其反应为

$$AsO_3^{3-}+I_2+H_2O \rightleftharpoons AsO_4^{3-}+2I^-+2H^+$$

此反应是可逆的，在中性或微碱性溶液中，反应能定量地向右进行；在酸性溶液中，AsO_4^{3-} 氧化 I^- 而析出 I_2。

根据反应可按下式计算 I_2 溶液的浓度

$$c(I_2)=\frac{2m(As_2O_3)}{M(As_2O_3)V(I_2)}$$

3. 碘量法应用示例

1）胆矾中铜含量的测定

胆矾（$CuSO_4\cdot5H_2O$）是农药波尔多液的主要成分，也是补充肥料和饲料中铜微量元素的添加剂。胆矾中铜的含量常用滴定碘法进行测定。

一定量的胆矾试样经溶解后，加入过量的 KI，使 Cu^{2+} 与 I^- 作用生成难溶性 CuI 沉淀，并析出等物质的量的 I_2，然后再用 $Na_2S_2O_3$ 标准溶液滴定析出的 I_2。其反应为

$$2Cu^{2+}+4I^- \rightleftharpoons 2CuI\downarrow+I_2$$

$$I_2+2S_2O_3^{2-} \rightleftharpoons 2I^-+S_4O_6^{2-}$$

CuI 沉淀表面吸附 I_2，会使测定结果偏低。为了减少 CuI 对 I_2 的吸附，因此，在滴定快到终点时加入 KSCN，CuI 沉淀（$K_{sp}^{\ominus}=1.1\times10^{-12}$）转化为溶解度更小的颗粒更大的CuSCN 沉淀（$K_{sp}^{\ominus}=4.8\times10^{-15}$），即

$$CuI+SCN^- \rightleftharpoons CuSCN\downarrow+I^-$$

生成的 CuSCN 沉淀吸附 I_2 的倾向大大减小，使反应终点变得更加明显，提高了分析结果的准确度。但是 KSCN 不宜较早加入，否则 SCN^- 可直接还原 Cu^{2+}，使测定结果偏低。

溶液中如果含有 Fe^{3+} 对测定结果也有一定的影响，因 Fe^{3+} 能将 I^- 氧化为 I_2。

$$2Fe^{3+}+2I^- \rightleftharpoons 2Fe^{2+}+I_2$$

从而使测定结果偏高。为了消除这一干扰，可先用氨水将 Fe^{3+} 沉淀分离或加入 NH_4F 或 NaF 与 Fe^{3+} 形成$[FeF_6]^{3-}$而被掩蔽。

为了防止 Cu^{2+} 的水解及 I_2 的歧化，反应必须在 pH=3.5～4.0 的弱酸性溶液中进行。酸度过低，反应速率慢，滴定终点拖长，使测定结果产生误差；酸度过高，Cu^{2+} 对 I^- 被空气氧化为 I_2 的反应有催化作用，而使测定结果偏高。由于 Cu^{2+} 易与 Cl^- 形成配离子，因此酸化时常用 H_2SO_4 或 HAc，不能用 HCl 和 HNO_3。

根据反应可按下式计算溶液中铜的含量

$$w(Cu)=\frac{c(Na_2S_2O_3)V(Na_2S_2O_3)M(Cu)}{m(s)}$$

2) 漂白粉中有效氯的测定

漂白粉在工农业和日常生活中可用于消毒、杀菌和漂白剂，漂白粉的主要成分是 $Ca(ClO)_2$、$CaCl_2$、$Ca(OH)_2 \cdot H_2O$ 和 CaO 的混合物，常用化学式 Ca(ClO)Cl 表示。

漂白粉的有效成分是次氯酸盐，在酸的作用下可放出氯气。其反应为

$$Ca(ClO)Cl+2H^+ \rightleftharpoons Ca^{2+}+Cl_2\uparrow+H_2O$$

加酸后所放出的氯气称为有效氯，具有漂白作用，以此来表示漂白粉的纯度。一般漂白粉中有效氯为 30%～35%；漂白精为纯度较高的次氯酸钙，它的有效氯可达 90%以上。

漂白粉中的有效氯含量常用滴定碘法进行测定，即在一定量的漂白粉中加入过量的 KI，加 H_2SO_4 酸化，有效氯与 I^- 作用析出等量的 I_2，析出的 I_2 立即用 $Na_2S_2O_3$ 标准溶液滴定，在接近终点时加入淀粉指示剂，继续用 $Na_2S_2O_3$ 标准溶液滴定至终点。有关反应为

$$ClO^-+Cl^-+2H^+ \rightleftharpoons Cl_2+H_2O$$

$$Cl_2+2I^- \rightleftharpoons I_2+2Cl^-$$

$$I_2+2S_2O_3^{2-} \rightleftharpoons 2I^-+S_4O_6^{2-}$$

根据反应可按下式计算溶液中有效氯的含量

$$w(Cl)=\frac{c(NaS_2O_3)V(NaS_2O_3)M(Cl)}{m(s)}$$

3) 葡萄糖含量的测定

I_2 在碱性溶液中可生成 IO^-，葡萄糖分子中的醛基能被过量的 IO^- 定量地氧化为葡萄糖酸，剩余的 IO^- 在碱性溶液中发生歧化反应，生成 IO_3^- 和 I^-，溶液酸化后，析出的 I_2 用 $Na_2S_2O_3$ 标准溶液回滴至终点。其反应为

$$I_2+2OH \rightleftharpoons IO^-+I^-+H_2O$$

$$C_6H_{12}O_6+IO^-+OH^- \rightleftharpoons C_6H_{12}O_7+I^-+H_2O$$

$$3IO^- \rightleftharpoons IO_3^-+2I^-$$

$$IO_3^-+5I^-+6H^+ \rightleftharpoons 3I_2+3H_2O$$

$$I_2+2S_2O_3^{2-} \rightleftharpoons 2I^-+S_4O_6^{2-}$$

根据反应可按下式计算溶液中葡萄糖的含量

$$w(C_6H_{12}O_6)=\frac{\left[c(I_2)V(I_2)-\frac{1}{2}c(Na_2S_2O_3)V(Na_2S_2O_3)\right]M(C_6H_{12}O_6)}{m(s)}$$

本法可用于测定医用葡萄糖注射液的浓度以及甲醛、丙酮和硫脲等还原性有机物的含量。

4) 水中溶解氧的测定

水体与大气交换或经化学、生物化学反应后溶解在水中的氧称为溶解氧(也俗称水中含氧量)，常用 DO(dissolved oxygen)表示。溶解氧是水质好坏的重要指标之一，也是鱼类和其他水生物生存的必要条件。水中溶解氧的溶解度随水温的升高及水中含盐量的增加而降低。水体受污染时其溶解氧量逐渐减少。比较清洁的河流湖泊中的溶解氧量在 7.5 $mg \cdot L^{-1}$以上，如果溶解氧量低于 2 $mg \cdot L^{-1}$时，水质严重污染，水体因厌氧菌繁殖而发臭，鱼类等水生物因缺氧而难以生存。因此，水中溶解氧量是衡量水是否污染的重要指标，保护水资源和测定水中溶解氧量具有十分重要的意义。水中的溶解氧测定常用碘量法进行。其原理如下：

在碱性介质中溶解氧能将 Mn^{2+} 氧化生成 Mn^{4+} 的氢氧化物棕色沉淀，在酸性介质中 Mn^{4+} 又可氧化 I^- 而析出与溶解氧等量的 I_2，用 $Na_2S_2O_3$ 标准溶液滴定析出的 I_2，即可计算出溶解氧的含量。其反应为

$$MnSO_4 + 2NaOH \rightleftharpoons Mn(OH)_2(\text{白色})\downarrow + Na_2SO_4$$

$$2Mn(OH)_2 + O_2 \rightleftharpoons 2MnO(OH)_2(\text{棕色})\downarrow$$

$$MnO(OH)_2 + 2H_2SO_4 \rightleftharpoons Mn(SO_4)_2 + 3H_2O$$

$$Mn(SO_4)_2 + 2KI \rightleftharpoons MnSO_4 + K_2SO_4 + I_2$$

$$I_2 + 2Na_2S_2O_3 \rightleftharpoons Na_2S_4O_6 + 2NaI$$

根据上述反应可计算出溶解氧的含量

$$w(O_2) = \frac{\frac{1}{4}c(Na_2S_2O_3)V(Na_2S_2O_3)M(O_2)}{V(s)}$$

6.4.4 其他氧化还原滴定法

(1) 溴酸钾法。溴酸钾法是以溴酸钾为标准溶液，在酸性介质中直接滴定还原性物质的方法。其半反应如下：

$$BrO_3^- + 6H^+ + 6e^- \rightleftharpoons Br^- + 3H_2O \qquad \varphi^{\ominus}(BrO_3^-/Br^-) = 1.44\ V$$

(2) 亚硝酸钠和亚砷酸钠法。亚硝酸钠法是以亚硝酸钠为标准溶液的氧化还原滴定法。

$$HNO_2 + H^+ + e^- \rightleftharpoons NO\ (g) + H_2O \qquad \varphi^{\ominus}(HNO_2/NO) = 0.99\ V$$

$$HAsO_2 + 3H^+ + 3e^- \rightleftharpoons As\ (s) + 2H_2O \qquad \varphi^{\ominus}(HAsO_2/As) = 0.24\ V$$

6.5 氧化还原滴定法中样品的预处理

用氧化还原法分析试样时，往往需要进行预先处理，使试样中的组分处于一定的价态。如将待测试样中的组分氧化为高价态后，可用还原剂测定；或者待测组分被还原为低价态后，可用氧化剂测定。测定前，将待测组分转变为一定价态的步骤称为预先氧化或预先还原处理。预先进行氧化还原处理要符合下列要求：

(1) 能定量地将被测组分氧化或还原。

(2) 与被处理组分的反应要完全，速率快。

(3) 反应具有一定的选择性。

(4) 过量的氧化剂或还原剂易于除去。

预处理时常用的氧化剂有 $(NH_4)_2S_2O_8$、$KMnO_4$、H_2O_2、KIO_4、$HClO_4$ 等；还原剂有 $SnCl_2$、SO_2、$TiCl_3$、金属还原剂(锌、铝、铁)等。

例如，测定样品中 Mn^{2+} 时，由于无适宜的氧化性滴定剂，一般在 H_2SO_4 介质中及 Ag^+ 催化剂存在下，用 $(NH_4)_2S_2O_8$ 作为氧化剂使 Mn^{2+} 氧化为 MnO_4^-，过量的 $(NH_4)_2S_2O_8$ 可煮沸除去，然后用 $(NH_4)_2Fe(SO_4)_2$ 标准溶液滴定生成的 MnO_4^-。

又如，当样品中 Fe^{3+} 和 Fe^{2+} 共存时，可选用还原剂金属锌或 SO_2，将 Fe^{3+} 还原成 Fe^{2+}，除去还原剂后。用 $K_2Cr_2O_7$ 标准溶液滴定 Fe^{2+}，求得 Fe 总含量。样品预处理是否合理直接关系到测定结果的准确性和可靠性，这需要同学们在今后的实验和工作中不断学习和积累。

思考题

1. 氧化还原滴定法共分为几类？这些方法的基本反应是什么？

2. 应用于氧化还原滴定法的反应需要哪些条件？

3. 什么是条件电位？它与标准电极电势有什么样的关系？

4. 影响氧化还原反应速率的因素主要有哪些？

5. 怎样判断一个氧化还原反应是否进行完全？

6. 试比较酸碱滴定、氧化还原滴定的滴定曲线，说明它们具有哪些共性和特性。

7. 化学计量点在滴定曲线上的位置与氧化剂和还原剂的电子转移数有什么关系？

8. 氧化还原滴定中的指示剂分为几类？各自如何指示滴定终点？

9. 氧化还原指示剂的变色原理和选择与酸碱指示剂有何不同？

10. 碘量法的主要误差来源有哪些？为什么碘量法不适宜在强酸或强碱性介质中进行？

11. 在 Cl^-、Br^- 和 I^- 三种离子的混合液中，欲将 I^- 氧化为 I_2，而又不使 Br^- 和 Cl^- 被氧化，在常用的 $Fe_2(SO_4)_3$ 和 $KMnO_4$ 氧化剂中应选择哪一种？

12. 在 1 mol · L^{-1} H_2SO_4 介质中，用 Ce^{4+} 滴定 Fe^{2+} 时，使用二苯胺磺酸钠作指示剂，误差超过 0.1%，而加入 0.5 mol · L^{-1} H_3PO_4 后，滴定终点的误差小于 0.1%，试说明原因。

习　题

1. 计算在 H_2SO_4 介质中，用 20.00 mL $KMnO_4$ 溶液恰好能氧化 0.1500 g $Na_2C_2O_4$ 时的 $KMnO_4$ 溶液的物质的量浓度。

2. 计算在 1.000 mol · L^{-1} H_2SO_4 和 0.0100 mol · L^{-1} H_2SO_4 介质中，VO_2^+/VO^{2+} 电对的条件电位（忽略离子强度的影响）。

3. pH 为 1.0 的 0.1000 mol · L^{-1} $K_2Cr_2O_7$ 溶液中加入固体亚铁盐使 Cr^{6+} 还原至 Cr^{3+}，若此时的平衡电极电势为 1.17 V，求 $Cr_2O_7^{2-}$ 的转化率。[$\varphi^{\ominus}(Cr_2O_7^{2-}/Cr^{3+})=1.33$ V]

4. 计算 0.1 mol · L^{-1} HCl 溶液中，用 Fe^{3+} 滴定 Sn^{2+} 的化学计量点电位，并计算滴定到 99.9% 和 100.1%时的电极电势。[已知 $\varphi^{\ominus\prime}(Fe^{3+}/Fe^{2+})=0.77$ V，$\varphi^{\ominus\prime}(Sn^{4+}/Sn^{2+})=0.14$ V]

5. 计算在 1.0 mol · L^{-1} HCl 介质中 Fe^{3+} 与 Sn^{2+} 反应的平衡常数及化学计量点时反应进行的程度。[$\varphi^{\ominus\prime}(Fe^{3+}/Fe^{2+})=0.68$ V；$\varphi^{\ominus\prime}(Sn^{4+}/Sn^{2+})=0.14$ V]

6. 以 $K_2Cr_2O_7$ 标准溶液滴定 Fe^{2+}，计算 25 ℃时反应的平衡常数；若在计量点时，$c(Fe^{3+})=0.050\ 00$ mol · L^{-1}，要使反应定量进行，此时所需 H^+ 的最低浓度为多少？[$\varphi^{\ominus\prime}(Fe^{3+}/Fe^{2+})=0.68$ V；$\varphi^{\ominus\prime}(Cr_2O_7^{2-}/Cr^{3+})=1.00$ V]

7. 称取纯 As_2O_3 0.2473 g，用 NaOH 溶液溶解后，再用 H_2SO_4 将此溶液酸化，以待标定的 $KMnO_4$ 溶液滴定至终点时，消耗 $KMnO_4$ 溶液 25.00 mL，计算 $KMnO_4$ 溶液的浓度。[$M_r(As_2O_3)=197.8$]

8. PbO_2 试样 1.234 g，用 20.00 mL 0.2500 mol · L^{-1} $H_2C_2O_4$ 溶液处理，此时 Pb^{4+} 被还原为 Pb^{2+}，将溶液中和，使 Pb^{2+} 定量沉淀为 PbC_2O_4，过滤，将滤液酸化，以 0.040 00 mol · L^{-1} $KMnO_4$ 溶液滴定，用去 10.00 mL。沉淀以酸溶解，用相同浓度的 $KMnO_4$ 滴定，消耗 30.00 mL，计算试样中 PbO 及 PbO_2 的含量。[$M_r(PbO)=223.2$；$M_r(PbO_2)=239.0$]

9. 已知 $KMnO_4$ 溶液在酸性溶液中对 Fe^{2+} 的滴定度 $T(Fe/KMnO_4)=0.027\ 92$ g · mL^{-1}，而 1.00 mL $KH(HC_2O_4)_2$ 溶液在酸性溶液中恰好与 0.80 mL 上述 $KMnO_4$ 溶液完全反应。则上述 $KH(HC_2O_4)_2$ 溶液作为酸与 0.1000 mol · L^{-1} NaOH 溶液反应时，1.00 mL 可中和多少 NaOH 溶液？

10. 取 KIO_3 0.3567 g 溶于水并稀释至 100.0 mL，移取该溶液 25.00 mL，加入 H_2SO_4 和 KI 溶液，以淀粉为指示剂，用 $Na_2S_2O_3$ 溶液滴定析出的 I_2，终点时，消耗 $Na_2S_2O_3$ 溶液 24.98 mL，求 $Na_2S_2O_3$ 溶液的浓度。

11. 今有不纯的 KI 试样 0.5180 g，用 0.1940 g $K_2Cr_2O_7$（过量的）处理后；将溶液加热煮沸，除去析出的碘；然后再用过量的 KI 处理，使之与剩余的 $K_2Cr_2O_7$ 作用，这时析出的碘用 0.1000 mol · L^{-1} $Na_2S_2O_3$ 滴定至终点，用去 10.00 mL，求试样中 KI 的质量分数。

12. 吸取 20.00 mL HCOOH 和 HAc 的混合溶液，以 0.1000 mol · L^{-1} NaOH 滴定至终点消耗 25.00 mL，另取上述溶液 20.00 mL，准确加入 0.025 00 mol · L^{-1} $KMnO_4$ 的强碱性溶液 50.00 mL，反应完全后，酸化溶液，以 0.2000 mol · L^{-1} Fe^{2+} 标准溶液滴定至终点，耗去 25.00 mL，计算试液中 HCOOH 及 HAc 的浓度。

第 7 章　重量法和沉淀滴定法

基本要求

- 了解重量法的一般程序及重量法对沉淀形式和称量形式的要求。
- 掌握溶度积规则，能熟练进行溶度积和溶解度的相互换算及分析沉淀溶解平衡的有关问题。
- 理解同离子效应、溶液酸度等因素对沉淀溶解平衡的影响。
- 掌握分步沉淀和沉淀转化的原理，了解它们在有关方面的应用，掌握有关计算。
- 掌握莫尔法、福尔哈德法和法扬斯法的滴定条件、适用范围及应用。

重量法是最古老、准确度最高的常量分析方法，在工农业生产和日常生活中应用较广。本章重点介绍重量法中的沉淀法。而沉淀滴定法的应用范围较窄，在生产上具有实用价值的沉淀滴定法为银量法。

7.1　重量法概述

7.1.1　重量法分类

通过称量物质的质量确定被测组分含量的分析方法称为重量分析法(gravimetric methods of analysis)，或者说在一定的条件下，采用适当的方法，使被测组分与试样中的其他组分分离之后，经过称量得到被测组分的质量，以计算被测组分的百分含量的分析方法。

根据分离方法的不同，重量分析法可分为四大类。

(1) 沉淀法。沉淀法(precipitation gravimetry)是重量分析法中的重要方法，这种方法是将被测组分以微溶化合物的形式沉淀出来，再将沉淀过滤、洗涤、烘干或灼烧，最后称量计算其含量。

(2) 气化法(挥发法)。挥发法(volatilization gravimetry)是利用物质的挥发性，通过加热或者其他方法使待测组分从试样中挥发逸出，利用其质量的减轻值来确定待测组分的含量；或者选择适当的吸收剂，将逸出的待测组分完全吸收，根据吸收剂质量的增加值来计算待测组分的含量。挥发法只适用于可挥发性物质的测定。农业样品中水分、灰分的测定均采用挥发法。

(3) 萃取法(提取法)。萃取法(extraction method)是利用被测组分与其他组分在互不混溶的两种溶剂中分配比不同，加入某种提取剂使被测组分从原来的溶剂中定量转移至提取剂中而与其他组分分离，除去提取剂，通过称量干燥提取物的质量来计算被测组分含量。

(4) 电解法。电解法(electrolysis)是利用电解反应使待测组分以纯金属或金属氧化物的形式在电极上析出，根据电极增加的质量计算待测组分的含量。

上述四种重量分析的方法直接用分析天平称量而获得分析结果，不需要称标准试样或基准物质进行比较。如果分析方法可靠，操作细心，而称量误差一般是很小的，所以对于常量组分的测定，通常能得到较为准确的结果，相对误差不大于 0.1%～0.2%。然而，重量法操作繁琐，耗时较长，也不适用于微量和痕量组分的测定，已逐渐被滴定分析法所取代。

不过，目前在含量不太低的硅、钨、镍、水分、灰分的精确分析中，仍使用重量法，而且在现实工作中校对其他分析方法的准确度时，也常用重量法的测定结果作为标准，因此重量法仍然是定量分析的基本内容和基本分析技术之一。

7.1.2　重量法对沉淀形式和称量形式的要求

沉淀重量法是利用沉淀反应，将被测组分转化成难溶物，以沉淀形式从溶液中分离出来，经过滤、洗涤、烘干或灼烧成"称量形式"称量，计算其含量的方法。

难溶物的化学组成称为沉淀形式。沉淀经处理后，供最后称量的化学组成称为称量形式。沉淀形式与称量形式可以相同，也可以不同。例如，用重量法测定 SO_4^{2-}，加 $BaCl_2$ 为沉淀剂，沉淀形式和称量形式都是 $BaSO_4$，两者相同；在 Ca^{2+} 的测定中，沉淀形式是 CaC_2O_4，灼烧后所得的称量形式是 CaO，两者不同。

为了保证测定有足够的准确度并便于操作，重量法对沉淀形式和称量形式有一定的要求。

1. 对沉淀形式的要求

(1) 沉淀的溶解度必须足够小，这样就不致因沉淀溶解的损失而影响沉淀的完全程度，一般要求沉淀的溶解损失不超过天平的称量误差，即溶解损失小于 0.1 mg。

(2) 沉淀应易于过滤和洗涤，为此尽量获得粗大的晶形沉淀；如果是无定形沉淀，应注意掌握好沉淀条件，改善沉淀的性质。

(3) 沉淀应力求纯净，尽量避免其他杂质的玷污。

2. 对称量形式的要求

(1) 称量形式必须有确定的化学组成，否则无法计算分析结果。

(2) 称量形式必须足够稳定，不受空气中水分、CO_2、O_2 等的影响，以保证结果的准确度。

(3) 称量形式的摩尔质量要大，被测组分在称量形式中的质量分数要小，这样可以提高分析的准确度。例如，重量法测定 Al^{3+} 时，可以用氨水沉淀为 $Al(OH)_3$ 后灼烧成 Al_2O_3 称量，也可以用 8-羟基喹啉沉淀为 8-羟基喹啉铝，但两类方法获得的分析结果准确度有差异。

例 7-1　以氨水、8-羟基喹啉分别获得 Al^{3+} 的两类沉淀物 $Al(OH_3)$、$Al(C_9H_6NO)_3$，烘干后称量，若在分析过程中沉淀的损失均为 1 mg，计算两类方法对 Al^{3+} 的分析误差。

解　(1) 以 Al_2O_3 为称量形式时 Al^{3+} 的损失量：

$$M_{Al_2O_3} : 2M_{Al} = 1 : x$$

$$x = \frac{2M_{Al} \times 1}{M_{Al_2O_3}} = \frac{2 \times 27 \times 1}{101.96} = 0.5(\text{mg})$$

(2) 以 8-羟基喹啉铝为称量形式时 Al^{3+} 的损失量：

$$M_{Al(C_9H_6NO)_3} : M_{Al} = 1 : x$$

$$x = \frac{27}{459.44} = 0.06(\text{mg})$$

显然，采用称量形式摩尔质量大的 8-羟基喹啉重量法测定 Al^{3+} 的准确度要比称量形式摩尔质量小的氨水法准确度高。

7.2　沉淀的溶解度及其影响因素

利用沉淀法进行重量分析时，沉淀的溶解度损失是误差的主要来源之一。人们总是希望待测组分沉淀得越完全越好，且要求沉淀在溶液中的残留量不超过分析天平的称量误差，即 0.1 mg；而能达到这一要求的沉淀却很少。因此，如何减少沉淀的溶解损失便成为保证重量分析结果准确性的主要问题。这里仅结合重量法，着重讨论沉淀的溶解度及其影响因素。

7.2.1　沉淀的溶解度

难溶化合物 MA 在溶液中达到沉淀溶解平衡时，其平衡关系可表达为

$$MA(s) \rightleftharpoons MA(w) \rightleftharpoons M^+ + A^-$$

即除 M^+、A^- 外，尚有溶解的分子状态（或离子对化合物状态）的 MA(w)，如 AgCl 在水中的沉淀溶解平衡过程

$$AgCl(s) \rightleftharpoons AgCl(w) \rightleftharpoons Ag^+ + Cl^-$$

根据难溶物 MA(s) 和解离的分子状态 MA(w) 之间的沉淀平衡得

$$\frac{a_{MA(w)}}{a_{MA(s)}} = s^0$$

纯固体物质的活度 $a_{MA(s)}=1$，故 $a_{MA(w)}=s^0$。溶液中分子状态难溶物的活度为一常数(s^0)。s^0 称为 MA 的固有溶解度，即 MA 在水溶液中以分子状态或离子对化合物状态存在的活度，该值在一定温度下恒定而不受溶液中其他平衡的影响，也称分子溶解度。各种难溶化合物的固有溶解度相差较大。例如，AgCl，不同研究者测得其固有溶解度在 $1.0\times10^{-7}\sim6.2\times10^{-7}\ mol\cdot L^{-1}$，而 8-羟基喹啉铁、丁二酮肟镍等金属螯合物的固有溶解度在 $10^{-6}\sim10^{-9}\ mol\cdot L^{-1}$。因此，除离子化溶解外，难溶化合物的溶解度($s$)计算也应考虑其固有溶解度，即

$$s = s^0 + [M^+] = s^0 + [A^-]$$

根据 MA 在水溶液中的平衡关系

$$\frac{a_{M^+}a_{A^-}}{a_{MA(w)}} = K_2$$

由 $a_{MA(w)}=s^0$ 得

$$a_{M^+}a_{A^-} = K_2 s^0 = K_{ap}$$

K_{ap} 为 MA 在水溶液中的离子活度积。

若 MA(w) 接近完全解离，则计算溶解度时，固有溶解度可以忽略不计，如 AgBr、AgI 和 AgSCN 的固有溶解度占总溶解度的 0.1%～1%，同时还有许多物质的固有溶解度很小，在这些情况下，一般可忽略固有溶解度的影响。

$$s = [M^+] = [A^-] = \sqrt{K_{sp}} = \sqrt{\frac{K_{ap}}{\gamma_M \gamma_{A^-}}}$$

K_{sp} 为溶度积常数(solubility product constant)，在分析化学中，由于微溶化合物的溶解度一般都很小，溶液中的离子强度不大，通常不考虑离子强度的影响，应用时一般活度积与溶度积不加区别。

当溶液电解质浓度大，离子强度大时，溶解度

$$s = \sqrt{K_{sp}} = \sqrt{K_{ap}}$$

当溶液中存在高浓度电解质溶液，离子强度较大时，二者需严格区分。

在纯水及稀溶液中，对于其他类型的沉淀，如 M_mA_n，则

$$M_mA_n \rightleftharpoons mM^+ + nA^-$$

$$s=\sqrt[m+n]{\frac{K_{sp}}{m^m n^n}}$$

7.2.2 影响沉淀溶解度的因素

影响沉淀溶解度的因素很多，如同离子效应、盐效应、酸效应、配位效应等，此外，温度、介质、晶体结构和颗粒大小，也对溶解度有影响。

1. 同离子效应

组成沉淀的离子称为构晶离子，当沉淀反应达到平衡后，如果向溶液中加入含有某一构晶离子的试剂或溶液，则沉淀的溶解度减小，这就是同离子效应(common ion effect)。

例 7-2 计算 25 ℃时，$BaSO_4$ 的溶度积(K_{sp})为 1.1×10^{-10}，则其在纯水及 0.10 mol · L^{-1} Ba^{2+} 溶液中的溶解度分别为多少？

解 (1) 纯水中，$BaSO_4$ 的溶解度为

$$s=[Ba^{2+}]=[SO_4^{2-}]=\sqrt{K_{sp}}=\sqrt{1.1\times10^{-10}}=1.05\times10^{-5}(\text{mol}\cdot\text{L}^{-1})$$

(2) 0.10 mol · L^{-1} Ba^{2+} 溶液中，$BaSO_4$ 的溶解度为

$$s=[SO_4^{2-}]=\frac{K_{sp}}{[Ba^{2+}]}=\frac{1.1\times10^{-10}}{0.10}=1.1\times10^{-9}(\text{mol}\cdot\text{L}^{-1})$$

溶液中 Ba^{2+} 的存在使 $BaSO_4$ 的溶解度由原来的 1.05×10^{-5} mol · L^{-1} 降至 1.1×10^{-9} mol · L^{-1}，减少近 4 个数量级。

实际工作中，常利用同离子效应(加大沉淀剂的用量)使被测组分沉淀完全。但也不能片面理解为沉淀剂加得越多越好，当沉淀剂加得太多时，将产生盐效应并有可能引起配位效应等副反应，使得沉淀的溶解度增大。一般情况下，沉淀剂过量 50%～100%是合适的。

2. 盐效应

实验结果表明，在 KNO_3、$NaNO_3$ 等强电解质存在的情况下，$PbSO_4$、AgCl 的溶解度比纯水中大，而且溶解度随这些强电解质的浓度的增加而增大，这种由于加入了强电解质而增大沉淀溶解度的现象称为**盐效应**(salt effect)。

沉淀平衡和其他平衡一样，严格应该用活度来处理平衡问题，前面已经讨论过溶度积与活度积的区别和联系。盐效应即为强电解质的加入，引起离子强度(I)增大、活度系数(γ)减小，而使沉淀的实际溶解度(s)增大。目前，对于高浓度电解质溶液中离子的活度系数尚无令人满意的定量计算公式。为使沉淀完全，应尽量避免其他强电解质的存在。

前述同离子效应，为使沉淀完全常加入过量沉淀剂(强电解质)，其过量部分又将引起盐效应而增大沉淀物的溶解。这两类相反的趋势可由表 7-1($PbSO_4$ 在 Na_2SO_4 溶液中的溶解度)所提供的实验数据清楚地看出。

表 7-1　$PbSO_4$ 在 Na_2SO_4 溶液中的溶解度

Na_2SO_4 浓度/$(mol \cdot L^{-1})$	$PbSO_4$ 溶解度/$(mol \cdot L^{-1})$
0.00	0.150
0.001	0.024
0.01	0.016
0.02	0.014
0.04	0.013
0.100	0.016
0.200	0.023

3. 酸效应

溶液酸度对沉淀溶解度的影响称为**酸效应**(acid effect)。酸度对沉淀溶解度的影响比较复杂。例如,对于沉淀 M_mA_n,降低酸度,可能使 M^{n+} 发生水解,生成相应的羟基配合物;提高酸度,则可能使 A^{m-} 与 H^+ 结合,生成相应的共轭酸。这两种情况的发生,都将导致沉淀的溶解度增大。以 CaC_2O_4 为例,见表 7-2。

$$M_mA_n \rightleftharpoons mM^{n+} + nA^{m-}$$

$$mM^{n+} \xrightleftharpoons{OH^-} M(OH)^{(n-1)+}$$

$$nA^{m-} \xrightleftharpoons{H^-} HA^{(m-1)-}$$

表 7-2　CaC_2O_4 在不同 pH 溶液中的溶解度

pH	2.0	3.0	4.0	5.0	6.0	7.0
CaC_2O_4 的溶解度/$(mol \cdot L^{-1})$	6.1×10^{-4}	1.9×10^{-4}	7.2×10^{-5}	4.8×10^{-5}	4.5×10^{-5}	4.5×10^{-5}

金属离子的水解,特别是高价金属离子的水解是非常复杂的,常有多核氢氧基配合物的生成,定量处理这样的问题比较困难。下面仅以弱酸根形成的沉淀为例,说明酸度对溶解度的影响(计算时不考虑阳离子水解的影响)。例如,二元弱酸 H_2A 形成的盐 MA 在溶液中有下列溶解平衡

$$MA(s) \rightleftharpoons M^{2+} + A^{2-}$$

$$A^{2-} \underset{K_{a2}}{\overset{H^+}{\rightleftharpoons}} HA^- \underset{K_{a1}}{\overset{H^+}{\rightleftharpoons}} H_2A$$

当溶液中的 H^+ 浓度增大时,平衡向右移动,生成 HA^-,$[H^+]$更大时,甚至生成 H_2A,破坏了 MA 的沉淀平衡,使 MA 进一步溶解。

设 MA 的溶解度为 s,则由溶度积公式可得

$$[M^{2+}][A^{2-}] = sc_{A^{2-}}a_{A^{2-}} = s^2 a_{A^{2-}} = K_{sp}$$

$$s = \sqrt{\frac{K_{sp}}{a_{A^{2-}}}} = \sqrt{K'_{sp}}$$

由一元弱酸 HA 形成的 MA、MA_2 和由二元弱酸形成的盐 M_2A 等，均可求得其相应的计算公式。

4. 配位效应

由于溶液中存在能与构晶离子形成可溶性配合物的配位剂，而使沉淀的溶解度增大，甚至不生成沉淀的反应称为配位效应(coordination effect)。

配位效应的大小主要取决于配位剂的浓度和所形成配合物的稳定性。配位剂的浓度越大，生成的配合物越稳定，配位效应的影响就越大，则沉淀的溶解度越大。例如，AgCl 沉淀在纯水中的溶解度为 1.3×10^{-5} mol · L^{-1}，在 0.01 mol · L^{-1} 氨水溶液中的溶解度为 4.2×10^{-4} mol · L^{-1}；氨水浓度为 0.1 mol · L^{-1} 时，其溶解度为 4.2×10^{-3} mol · L^{-1}；如果氨水的浓度足够大，则 AgCl 沉淀可完全溶解。

沉淀反应中，有时沉淀剂本身又是配位剂，当加入的沉淀剂适当过量时，主要表现为同离子效应，沉淀的溶解度降低；当沉淀剂过量太多时，由于配位效应的影响，沉淀的溶解度增大，因此必须避免沉淀剂过量太多。

5. 其他影响因素

1) 温度

溶解一般是吸热过程，绝大多数沉淀的溶解度是随温度的升高而增大的。对无定形沉淀如 $Fe_2O_3\cdot nH_2O$、$Al_2O_3\cdot nH_2O$ 等，由于它们溶解度很小，且易产生溶胶作用，因此一般都趁热过滤并采用热洗涤液洗涤。

2) 溶剂

大部分无机沉淀是离子晶体，它们的溶解度受溶剂极性影响：溶剂极性强，溶解度就大；改变溶剂极性可以改变沉淀的溶解度。对一些水中溶解度较大的沉淀，加入适量与水互溶的有机溶剂，可以降低极性，减小溶解度。例如，$PbSO_4$ 在 30% 乙醇溶液中，溶解度比在水中小约20 倍。

3) 颗粒大小与结构

晶体内部的分子或离子都处于静电平衡状态，彼此间内聚力大，而处于表面上的分子或离子，尤其是晶体的棱上或角上的分子或离子，受内部的吸引力小，表面能显著增大。同一沉淀在相同质量时，颗粒越小，表面积越大，也就具有更多的棱和角，所以小颗粒沉淀比大颗粒沉淀溶解度大。有些沉淀初生成时是一种亚稳态晶形，有较大的溶解度，需待转化成稳定结构，才有较小的溶解度。例如，CoS 沉淀初生成时为 α 型，$K_{sp}^{\ominus}=4\times10^{-20}$，放置转化为 β 型，$K_{sp}^{\ominus}=7.9\times10^{-24}$。

综上所述，在进行沉淀反应时，只有充分利用各种积极因素，消除或减少不利因素，才能降低沉淀溶解度，使沉淀完全。

7.3 沉淀的类型及沉淀的形成过程

了解沉淀的形成过程是为了选择适宜的沉淀条件，以获得完全、纯净的沉淀。讨论前有必要对沉淀的类型作一简单介绍。

7.3.1　沉淀的类型

根据沉淀的物理性质可粗略地将沉淀分为两类：一类是晶形沉淀，如 $BaSO_4$ 等；另一类是无定形沉淀，如 $Fe(OH)_3$ 等；而介于两者之间的是凝乳状沉淀，如 AgCl 等。它们之间的主要差别是颗粒大小不同。例如，晶形沉淀的颗粒直径为 0.1～1 μm，无定形沉淀颗粒其直径仅为 0.02 μm 以下，凝乳状沉淀的颗粒大小介于两者之间。

7.3.2　沉淀的形成过程

沉淀的形成是一个复杂的过程，有关这方面的理论大都是定性解释或经验公式的描述。这里只作简单的介绍。

沉淀形成过程可大致表示如下：

$$\text{构晶离子} \xrightarrow{\text{和核作用}} \text{晶核} \xrightarrow[\text{成长}]{\text{凝聚}} \text{无定形沉淀}$$

$$\text{构晶离子} \xrightarrow{\text{和核作用}} \text{晶核} \xrightarrow{\text{定向排列}} \text{晶形沉淀}$$

1. 晶核的生成过程

在形成晶核之前的过饱和溶液中，从宏观来看，溶质是均匀分布的；但从微观来看，由于溶质离子或分子的热运动，在溶液中的不同部分，可形成瞬时性的离子或分子聚集体，若该聚集体又瞬时分散为离子、分子，则溶液仍为均一液相。如果这种聚集体再进一步结合构晶离子，达到临界核大小便产生晶核而不再分解，此时便出现了固相。此过程称为**均相成核过程**(homogeneous nucleation process)。

临界核所含构晶离子的多少与物质的本性有关。例如，$BaSO_4$ 的晶核由 8 个构晶离子即 4 个离子对所组成。

形成晶核的条件是溶液必须过饱和，即溶液的浓度或局部浓度 Q 要大于溶解度 $s(Q>s)$，且达到一定程度后才能形成晶核。此外 $Q<0.001\ mol \cdot L^{-1}$，$Q$ 为与晶核处于平衡状态的饱和溶液的浓度。因为 s 是大颗粒的溶解度，它比晶核(小颗粒)的溶解度要小得多，即 Q/s 必须大到一定的值才能产生临界核。产生临界核时的 Q/s 称为**临界均相过饱和比**(ratio of the critical homogeneous supersaturation)。

常见的沉淀的 Q/s 值列于表 7-3。

表 7-3　几种沉淀的 Q/s 值与晶核的临界半径

沉淀物	Q/s	r/nm	沉淀物	Q/s	r/nm
$BaSO_4$	1000	0.43	$PbSO_4$	28	0.53
$CaC_2O_4 \cdot H_2O$	31	0.58	$PbCO_3$	106	0.45
AgCl	5.5	0.54	$SrCO_3$	30	0.50
$SrSO_4$	39	0.51	CaF_2	21	0.43

进行沉淀操作时，Q/s 越大，越易控制溶液的浓度不致超过临界均相过饱和比太多——以便形成晶核的数量少，而得到较大的沉淀颗粒。例如，$BaSO_4$ 的 $Q/s=1000$、AgCl 的 $Q/s=$

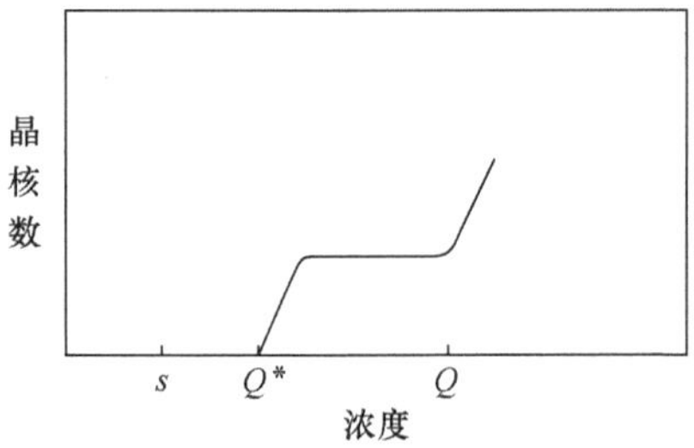

图 7-1　形成晶核的数目与溶液浓度的关系示意图

5.5，相比较而言 $BaSO_4$ 更易形成晶形沉淀；而 AgCl 的沉淀颗粒却很细小，具有明显的无定形沉淀特征。

如果溶液中存在外来固体微粒（实际工作中，试剂、水、器皿很难绝对纯净，外来固体微粒通常总是存在的），构晶离子聚集体便围绕着这种固体微粒而很快形成晶核，此过程称为异相成核。Q^*/s 称为临界异相过饱和比。Q^* 为异相成核所需的浓度。当往试液中缓慢加入沉淀剂时，产生晶核的数目与溶液浓度的关系可以用图 7-1 表示。

由图 7-1 可知，浓度和产生晶核的关系：

$c<s$	不饱和溶液	无晶核形成
$c=s$	饱和溶液（对于大颗粒）	无晶核形成
$s<c<Q^*$	过饱和溶液	无晶核形成
$Q^*<c<Q$	过饱和溶液	异相成核过程，晶核数量取决于外来固体微粒的多少
$c>Q$	过饱和溶液	均相成核开始，产生晶核的多少除外来固体微粒外，又增加均相所形成的晶核，增多的数量由 c 大于 Q 的程度而定

由上述情况可知，如果控制溶液浓度在 Q^* 和 Q 之间，并使用高纯试剂、洁净器皿，则仅发生异相成核过程且形成的晶核较少。一旦晶核形成之后，构晶离子便沉积于晶核之上而使晶体生长；溶液浓度迅速降至 s，得到大颗粒的晶体沉淀。如果溶液浓度超过 Q，则均相成核发生并产生大量晶核；此时，将形成小颗粒的无定形沉淀。因此，为了得到较大的沉淀颗粒，应控制溶液的浓度在 Q^* 和 Q 之间；显然沉淀的 Q/s 越大越容易控制。例如，$BaSO_4$ 沉淀的 $Q/s=1000$，AgCl 的 $Q/s=5.5$，虽然两者的溶解度几乎相等，而 $BaSO_4$ 容易得到晶形沉淀，AgCl 则通常为乳状沉淀。

2. 晶体的成长过程

晶核形成之后，溶液中的构晶离子不断向晶核表面扩散并聚集于上，逐渐形成大的晶体颗粒（沉淀颗粒），此过程称为晶体的成长。晶体成长的速率与沉淀物的本性、溶液的过饱和度、温度及晶核的大小形状等因素有关。

不同类型沉淀的颗粒大小不同，直径 0.1～1 μm 的颗粒为晶形沉淀，直径 0.02～0.1 μm 的为凝乳状沉淀，直径在 0.02 μm 以下的则为无定形沉淀。沉淀颗粒的大小与生成的晶核的多少有关，如果生成的晶核很多，则必然得到极多的细小结晶而成为无定形沉淀。

冯·韦曼（von Veimarn）根据实验结果提出，初始沉淀速率与溶液的相对过饱和度成正比

$$v=k\frac{Q-s}{s}$$

式中，v 为初始沉淀速率；k 为沉淀性质、温度、介质条件等决定的常数；Q 为加入沉淀剂的瞬间沉淀物质的浓度；s 为沉淀物的溶解度；$(Q-s)/s$ 为开始沉淀时溶液的相对过饱和度。$(Q-s)/s$ 越大，则沉淀速率越快，形成的晶核数目越多，沉淀颗粒小；反之则沉淀速率慢，形成

晶核数目少，沉淀颗粒大。相关沉淀的实验结果如表 7-4 所示。

表 7-4　沉淀类型与溶解度的关系

$(Q-s)/s$	产生沉淀的速率	沉淀的形状
175 000	立即生成	胶状沉淀
25 000	很快生成	块状沉淀
1 300	缓慢生成	细毛状沉淀
125	徐徐生成	细晶状沉淀
25	2～3 h 生成	大晶状沉淀

沉淀的不同类型与沉淀形成过程中聚集速率和定向速率的相对大小有关。聚集速率为沉淀的构晶离子先聚集为晶核，再进一步长大成沉淀颗粒的速率。聚集速率与溶液的相对过饱和度成正比，相对过饱和度越大，聚集速率越大。定向速率为构晶离子按一定的晶格排列与晶体上的速率。其大小取决于沉淀物质的性质，极性越强，定向速率越大。

当聚集速率小于定向速率时，易得到晶形沉淀。聚集速率大于定向速率，易得到无定形沉淀。$BaSO_4$ 的极性较强，易得到晶形沉淀；AgCl 的极性较弱，常为凝乳状沉淀；氢氧化物沉淀含有大量的水分子，极性弱，定向速率小，往往形成无定形沉淀。

实验中为得到大颗粒沉淀，常控制溶液浓度以降低过饱和度，减小聚集速率。

7.4　影响沉淀纯度的因素

重量分析要求获得纯净的沉淀。但是，当沉淀从溶液中析出时，总是会或多或少地夹杂一些其他组分，从而影响沉淀的纯度。因此要想获得合乎重量分析要求的沉淀，就必须了解影响沉淀纯度的各种因素，主要有共沉淀和后沉淀现象，现分别讨论如下。

7.4.1　共沉淀现象

在一定操作条件下，某些物质，本身并不能单独析出沉淀；当溶液中一种物质形成沉淀时，它便随同生成的沉淀一起析出的现象称为共沉淀现象。例如，沉淀 $BaSO_4$ 时，可溶盐 Na_2SO_4 或 $BaCl_2$ 随 $BaSO_4$ 沉淀夹带而出。发生共沉淀现象大致有以下几种原因：

1. 表面吸附

表面吸附(surface adsorption)是在沉淀物的表面吸附了杂质，产生这种现象的原因是由于晶体表面上离子电荷的不平衡所引起的。表面吸附分为两层：第一吸附层吸附的选择性是构晶离子首先被吸附，其次是与构晶离子大小相近，电荷相等的离子；第二吸附层吸附的选择性是被吸附离子的化合价越高越容易被吸附，与构晶离子形成难溶化合物或解离度小的化合物的离子易被吸附。

例如，在测定含有 Fe^{3+} 溶液中的 Ba^{2+} 时，加入沉淀剂稀 H_2SO_4，则生成 $BaSO_4$ 晶体沉淀，如图 7-2 所示。

由图 7-2 可以看出，晶体内部的每一个 Ba^{2+} 的上、下、左、右、前、后被 6 个 SO_4^{2-} 包围(与图面垂直的离子未画出)；而每一个 SO_4^{2-} 周围也有 6 个 Ba^{2+}，因此晶体内部处于静电平衡状态。在晶体表面上的离子却只为五个带相反电荷的离子所包围，因而其静电引力未平衡，特别

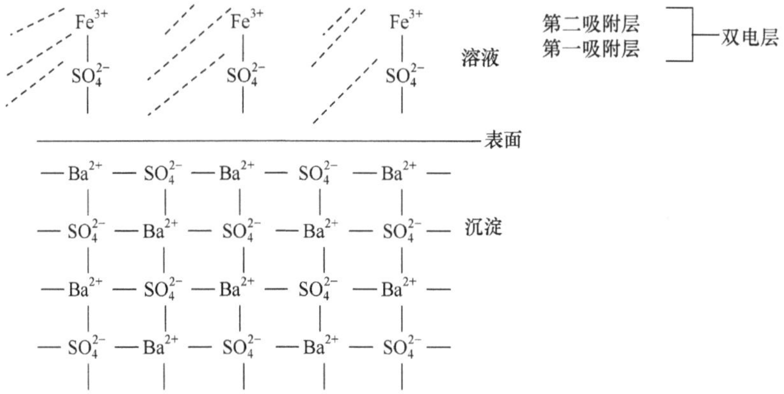

图 7-2　晶体的表面吸附作用示意图

是棱、角上的离子更为显著。于是晶体表面由于静电引力而吸收溶液中带相反电荷的离子。在过量沉淀剂稀 H_2SO_4 存在下，沉淀表面的 Ba^{2+} 吸附溶液中的 SO_4^{2-}（构晶离子），形成第一吸附层，而使 $BaSO_4$ 沉淀带负电荷。

在沉淀表面第一吸附层的 SO_4^{2-}，又吸附溶液中带正电荷的 Fe^{3+}（称为抗衡离子），形成第二吸附层也称抗衡离子层。第一、二吸附层共同构成双电层；双电层中的电荷是平衡的。这样，由于吸附作用使 $BaSO_4$ 沉淀的表面吸附了一层 $Fe_2(SO_4)_3$ 分子的共沉淀，使得沉淀不纯。第二吸附层的选择性是被吸附离子的价数越高，越容易被吸附。例如，Fe^{3+} 比 Fe^{2+} 易被吸附，与构晶离子生成难溶化合物或解离度较小的化合物的离子也容易被吸附。例如，在沉淀 $BaSO_4$ 时，溶液中除 Ba^{2+} 外，若含有 NO_3^-、Cl^-、Na^+。则当加入沉淀剂稀硫酸的量不足时，则 $BaSO_4$ 沉淀首先吸附 Ba^{2+}，带正电荷，然后吸附 NO_3^-，而不易吸附 Cl^-，因为 $Ba(NO_3)_2$ 的溶解度小于 $BaCl_2$。

吸附杂质量的多少与下列因素有关：①沉淀比表面越大，越易吸附杂质；②杂质离子的浓度越高，吸附杂质的量越多；③溶液的温度越高，吸附杂质的量越少（吸附通常为放热过程）。

2. 吸留

在沉淀过程中，如果沉淀生成太快，则表面吸附的杂质离子来不及离开沉淀表面就被后续沉积下来的构晶离子所覆盖，这样杂质就被包藏在沉淀内部，引起的共沉淀现象称为吸留（occlusion）。吸留造成的沉淀不纯是不能用洗涤等方法除去的。因此在进行沉淀时，应尽量避免此类现象的发生。

3. 生成混晶

当杂质离子与构晶离子的半径相近，电子层结构相同，且所形成的晶体结构也相同时，则可生成混合晶体，如 $BaSO_4$ 与 $PbSO_4$ 混晶等。

7.4.2　后沉淀现象

当沉淀和溶液一同放置时，溶液中的杂质离子慢慢沉淀到原沉淀物上的现象称为后沉淀。遇到此种情况，应在沉淀进行完毕之后立即过滤、洗涤。例如，在含有 Cu^{2+}、Zn^{2+} 等离子的酸性溶液中，通入 H_2S 时，最初得到的 CuS 沉淀中并不夹杂 ZnS；但若将沉淀与溶液长时间接触，由于 CuS 沉淀表面吸附了溶液中的 S^{2-}，而使沉淀表面 S^{2-} 浓度增大，致使 S^{2-} 浓度与 Zn^{2+} 浓度的乘积大于 ZnS 的溶度积，析出 ZnS 沉淀。

7.5　提高沉淀纯度的措施

如上所述，由于共沉淀及后沉淀等现象而使沉淀被沾污，为了提高沉淀的纯度，可采取下列措施：

(1) 选择适当的分析程序。在分析试液中被测组分含量较少，而杂质含量较多，则应使少量被测组分首先沉淀下来。若先分离杂质，则由于大量沉淀的生成，易使被测组分随之共沉淀，产生较大误差。

(2) 降低易被吸附杂质离子浓度。由于吸附作用具有选择性，因此在实际分析工作中，应尽量不使易被吸附的杂质离子存在或设法降低其浓度，以减少吸附共沉淀。例如，沉淀 $BaSO_4$ 时，如溶液中含有易被吸附的 Fe^{3+} 时，可将 Fe^{3+} 预先还原成不易被吸附的 Fe^{2+}。

(3) 选择适当的洗涤剂进行洗涤。由于吸附作用是一种可逆过程，因此可使沉淀上吸附的杂质进入洗涤液，从而达到提高沉淀纯净的目的。

(4) 进行再沉淀。沉淀过滤洗涤后将其重新溶解，使沉淀中残留的杂质进入溶液，随后进行二次沉淀，这种操作称为再沉淀。再沉淀对于除去吸留杂质非常有效。

(5) 选择适当的沉淀条件。沉淀的吸附作用与沉淀颗粒的大小、沉淀的类型、温度和陈化过程都有关系。因此要获得纯净的沉淀，则应根据具体情况选择适宜的沉淀条件。

7.6　沉淀条件的选择

为了获得纯净且易于过滤、洗涤的沉淀，对于不同类型的沉淀可采用下列不同的操作条件。

7.6.1　晶形沉淀的沉淀条件

对于晶形沉淀主要考虑如何获得易于过滤、洗涤的大颗粒沉淀。

(1) 沉淀应在适当稀的溶液中进行。这样沉淀过程中，溶液的相对过饱和度不大，均相成核作用不显著，容易得到大颗粒的晶形沉淀；但溶液不能太稀，以免沉淀不完全引起的损失超过允许误差范围。

(2) 条件允许时，沉淀过程可在热溶液中进行，以减少杂质吸附，并降低相对过饱和度。

(3) 缓慢加入沉淀剂，尽量避免出现较大的相对过饱和度。

(4) 沉淀剂加入时应快搅拌，避免局部浓度过大。

(5) 陈化。沉淀完全后，让初生的沉淀与母液一起放置一段时间，该过程称为“陈化”。陈化过程中小晶粒逐渐溶解，大晶粒进一步成长；这是因为在同样条件下，小晶粒的溶解度比大晶粒大。同时，这一过程还可改变初生沉淀的结构：由亚稳定晶形转变成稳定晶形从而降低溶解度。

加热、搅拌可以增加离子在溶液中的扩散速率，缩短陈化时间。有些沉淀需要在室温下陈化几小时或十几小时；而在加热、搅拌的条件下，可以缩短为 1～2 h。

7.6.2 无定形沉淀的沉淀条件

无定形沉淀如 $Fe_2O_3 \cdot nH_2O$、$Al_2O_3 \cdot nH_2O$ 等，溶解度一般很小。因此在生成沉淀过程中，其溶液的相对过饱和度[$(Q-s)/s$]较大，而难以通过减小溶液浓度等方式改变沉淀的物理性质。无定形沉淀颗粒微小，体积庞大；不仅吸附杂质多，而且难以过滤、洗涤，甚至可形成胶体溶液，无法有效沉降。因此对无定形沉淀来说，主要考虑的是加速沉淀微粒凝聚而获得紧密沉淀；减少杂质吸附、防止形成胶体溶液；至于沉淀的溶解损失，可以忽略不计。常采用的条件如下：

(1) 沉淀过程应在较高浓度的溶液中进行。快速加入高浓度沉淀剂，则由于离子的水合程度小，可获得较为紧密的沉淀；但此时沉淀吸附的杂质也较多。故在沉淀过程完成后，立刻加入大量热水，冲洗、搅拌，使被吸附的杂质转入溶液。

(2) 在热溶液中进行沉淀，防止形成胶体，并减少杂质吸附。

(3) 加入可挥发性电解质。防止胶体形成(胶体在强电解质作用下可凝聚)。

(4) 不必陈化。沉淀作用完毕后静置数分钟，使其沉降后立即过滤。这是由于这类沉淀一经放置，将会失去水分而聚集得十分紧密，不易洗涤除去所吸附的杂质。

(5) 必要时进行再沉淀。无定形沉淀一般含有杂质的量较多，若分析准确度要求较高可考虑进行再沉淀。

7.6.3 均匀沉淀法

沉淀所需沉淀剂通常是由外部加入试液的，尽管不断搅拌下并缓慢加入，但沉淀剂在溶液中的局部过浓现象仍难避免。为了克服这一困难，可采用均匀沉淀法。该方法中的沉淀剂是通过化学反应在溶液中均匀、缓慢产生的，从而可使沉淀在整个溶液中均匀、缓慢地析出，得到纯净的大颗粒沉淀物。

例如，在含 Ca^{2+} 的酸性试液中，加入草酸盐并不析出草酸钙沉淀。随后，加入尿素混合均匀并加热；随着尿素的水解，溶液酸度降低，便慢慢析出颗粒较大的 CaC_2O_4 沉淀。

$$CO(NH_2)_2 + H_2O \overset{\triangle}{\rightleftharpoons} CO_2\uparrow + 2NH_3$$

$$NH_3 + H_2O \rightleftharpoons NH_4^+ + OH^-$$

$$HC_2O_4^- + OH^- \rightleftharpoons C_2O_4^{2-} + H_2O$$

$$C_2O_4^{2-} + Ca^{2+} \rightleftharpoons CaC_2O_4\downarrow$$

此方法可以获得颗粒较大且较为纯净的晶体沉淀；但沉淀时间较长，一般需要 1～2 h 才能完成沉淀过程。

7.7 沉淀滴定法

沉淀滴定法(precipitation titration)又称容量沉淀法，是以沉淀反应为基础的一类滴定分析方法。沉淀反应很多，但能用于滴定分析的沉淀反应必须符合以下条件：①沉淀反应必须迅速，并按一定的化学计量关系进行；②生成的沉淀应具有恒定的组成，而且溶解度必须很小；③有适当方法获得滴定终点；④沉淀的吸附现象不影响滴定终点的确定。

由于上述条件的限制，能用于沉淀滴定法的反应并不多。目前应用较多的是生成难溶性

银盐的反应，如

$$Ag^+ + Cl^- \xlongequal{} AgCl\downarrow（白色）$$

$$Ag^+ + SCN^- \xlongequal{} AgSCN\downarrow（白色）$$

以这类反应为基础的沉淀滴定方法称为银量法(silver method)。银量法主要用于测定Cl^-、Br^-、I^-、Ag^+、CN^-、SCN^-等离子及含卤素的有机化合物。除银量法外，若采用电导等方式确定滴定终点，尚可实现其他沉淀滴定方法。本章主要讨论银量法。根据滴定方式及确定滴定终点所采用的指示剂不同，按创立者的名字命名，银量法分为莫尔法(Mohr method)、福尔哈德法(Volhard method)和法扬斯法(Fajans method)。

这里，首先以 0.1000 mol·L^{-1} $AgNO_3$ 标准溶液滴定 20.00 mL 0.1000 mol·L^{-1} NaCl 溶液为例，考查银量法滴定过程中溶液 Cl^- 浓度的变化，并作出其滴定曲线。滴定反应式为

$$Ag^+ + Cl^- \xlongequal{} AgCl\downarrow \quad K_{sp}=1.8\times10^{-10}$$

(1) 滴定分数达到 99.9%(加入 19.98 mL $AgNO_3$ 标准溶液)，溶液中 Cl^- 浓度

$$c(Cl^-)=\frac{(20.00-19.98)\times0.1000}{20.00+19.98}=5\times10^{-5}(mol\cdot L^{-1})$$

$$pCl=4.3$$

(2) 化学计量点时，滴定分数 100%(加入 20.00 mL $AgNO_3$ 标准溶液)，此时溶液中$[Cl^-]=[Ag^+]$。由溶度积规则 $K_{sp}=c(Cl^-)c(Ag^+)$，有

$$c(Cl^-)=\sqrt{K_{sp}}=\sqrt{1.8\times10^{-10}}=1.3\times10^{-5}(mol\cdot L^{-1})$$

$$pCl=4.9$$

(3) 滴定分数达到 100.1%(加入 20.02 mL $AgNO_3$ 标准溶液)，溶液中过量 Ag^+ 浓度

$$c(Ag^+)=\frac{(20.02-20.00)\times0.1000}{20.02+20.00}=5\times10^{-5}(mol\cdot L^{-1})$$

由溶度积规则 $K_{sp}=c(Cl^-)c(Ag^+)$，有

$$c(Cl^-)=\frac{K_{sp}}{c(Ag^+)}=\frac{1.8\times10^{-10}}{5\times10^{-5}}=3.6\times10^{-5}(mol\cdot L^{-1})$$

$$pCl=5.4$$

由上述计算可知，沉淀滴定突跃范围大小随沉淀物 K_{sp}减小、反应物浓度增大而增大。如上例中，其滴定突跃范围 pCl 为 4.3～5.4；计算所得沉淀滴定曲线如图 7-3 所示。

7.7.1 莫尔法——铬酸钾作指示剂法

莫尔法是以 K_2CrO_4 作指示剂，在中性或弱碱性介质中用 $AgNO_3$ 标准溶液测定 Cl^-、Br^- 含量的方法。

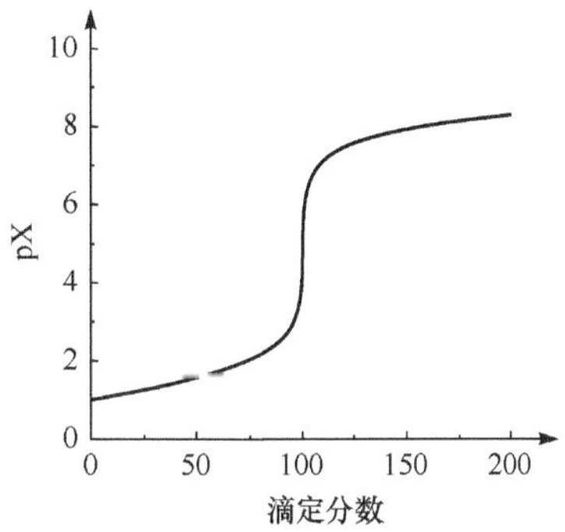

图 7-3 沉淀滴定曲线(0.1000 mol·L^{-1} $AgNO_3$ 滴定 0.1000 mol·L^{-1} NaCl)

1. 指示剂的工作原理

以测定溶液中 Cl^- 为例(K_2CrO_4 作指示剂)，用 $AgNO_3$ 标准溶液滴定，溶液中可能发生的反应为

$$Ag^+ + Cl^- \xlongequal{} AgCl\downarrow（白色）$$

$$2Ag^+ + CrO_4^{2-} \longrightarrow Ag_2CrO_4\downarrow\text{（砖红色）}$$

其终点指示原理为分步沉淀，即由于 AgCl 的溶解度较 Ag_2CrO_4 的溶解度小，在 $AgNO_3$ 标准溶液滴加过程中，待测液中首先析出 AgCl 沉淀；当待测 Cl^- 与 $AgNO_3$ 反应到达化学计量点附近，Cl^- 浓度足够低，而出现 Ag^+ 与 CrO_4^{2-} 反应析出的砖红色沉淀（Ag_2CrO_4），以此指示滴定终点的到达。

2. 滴定条件

1）指示剂作用量

上例中 $AgNO_3$ 标准溶液滴定 Cl^-，指示剂 K_2CrO_4 的用量对于终点指示有较大的影响，CrO_4^{2-} 浓度过高或过低，Ag_2CrO_4 沉淀的析出就会过早或过迟，即可能产生过大的终点误差。因此，要求 Ag_2CrO_4 沉淀应在滴定反应的化学计量点附近出现。化学计量点时，溶液中 Ag^+ 的平衡浓度

$$c(Ag^+) = c(Cl^-) = \sqrt{K_{sp}^{\ominus}(AgCl)} = \sqrt{1.8\times10^{-10}} = 1.3\times10^{-5}(mol\cdot L^{-1})$$

若此时恰有 Ag_2CrO_4 沉淀出现，则

$$c(C_rO_4^{2-}) = \frac{K_{sp}^{\ominus}(Ag_2CrO_4)}{c^2(Ag^+)} = 2.0\times10^{-12}/(1.3\times10^{-5})^2 = 1.2\times10^{-2}(mol\cdot L^{-1})$$

在滴定时，由于 K_2CrO_4 显黄色，当其浓度较高时颜色较深，不易判断砖红色的出现。为了能观察到明显的终点，指示剂的浓度以略低一些为好。实验证明，滴定溶液中 $c(K_2CrO_4)$ 为 $5.0\times10^{-3}\ mol\cdot L^{-1}$ 是确定滴定终点的适宜浓度。

显然，K_2CrO_4 浓度降低后，要使 Ag_2CrO_4 析出沉淀，必须加过量 $AgNO_3$ 标准溶液，这时滴定剂过量，终点将在化学计量点后出现，但由于产生的终点误差一般都小于 0.1%，不会影响分析结果的准确度。但是如果溶液较稀，如用 $0.010\,00\ mol\cdot L^{-1}$ $AgNO_3$ 标准溶液滴定 $0.010\,00\ mol\cdot L^{-1}$ Cl^- 溶液，滴定误差可达 0.6%，影响分析结果的准确度，应做指示剂空白实验进行校正。

2）滴定时的酸度

在酸性溶液中，CrO_4^{2-} 有以下反应

$$2CrO_4^{2-} + 2H^+ \longrightarrow 2HCrO_4^- \longrightarrow Cr_2O_7^{2-} + H_2O$$

因而降低了 CrO_4^{2-} 的浓度，使 Ag_2CrO_4 沉淀出现过迟，影响终点确定。

在强碱性溶液中，则会使滴入的 $AgNO_3$ 生成棕黑色 Ag_2O 沉淀

$$2Ag^+ + 2OH^- \longrightarrow Ag_2O\downarrow + H_2O$$

因此，莫尔法只能在中性或弱碱性（pH＝6.5～10.5）溶液中进行。若溶液酸性太强，可用 $Na_2B_4O_7\cdot10H_2O$ 或 $NaHCO_3$ 中和；若溶液碱性太强，可用稀 HNO_3 溶液中和；而在有 NH_4^+ 存在时，滴定的 pH 范围应控制在 6.5～7.2，以防 $[Ag(NH_3)_2]^+$ 的生成。

3）应用范围

莫尔法主要用于测定 Cl^-、Br^- 和 Ag^+，如氯化物、溴化物纯度的测定以及天然水中氯含量的检测。当试样中 Cl^- 和 Br^- 共存时，测得的结果是它们的总量。若测定 Ag^+，应采用返滴定法，即向 Ag^+ 的试液中加入过量且定量的 NaCl 标准溶液，随后用 $AgNO_3$ 标准溶液滴定剩余的 Cl^-（若直接滴定，先生成的 Ag_2CrO_4 转化为 AgCl 的速率缓慢，滴定终点难以确定）。莫尔法不宜测定 I^- 和 SCN^-，因为滴定生成的 AgI 和 AgSCN 沉淀表面会强烈吸附 I^- 和 SCN^-，

使滴定终点过早出现，造成较大的滴定误差。

莫尔法的选择性较差，凡能与 CrO_4^{2-} 或 Ag^+ 生成沉淀的阳、阴离子均干扰滴定。前者如 Ba^{2+}、Pb^{2+}、Hg^{2+} 等；后者如 SO_3^{2-}、PO_4^{3-}、AsO_4^{3-}、S^{2-}、$C_2O_4^{2-}$ 等。

7.7.2 福尔哈德法——铁铵矾作指示剂

福尔哈德法是在酸性介质中以铁铵矾$[NH_4Fe(SO_4)_2 \cdot 12H_2O]$作指示剂来确定滴定终点的一种银量法。根据滴定方式的不同，福尔哈德法分为直接滴定法和返滴定法两种。

1. 直接滴定法测定 Ag^+

在含有 Ag^+ 的稀 HNO_3 溶液中，以铁铵矾为指示剂用 NH_4SCN 标准溶液直接滴定。当滴定到化学计量点时，稍过量的 SCN^- 与 Fe^{3+} 结合生成红色的$[FeSCN]^{2+}$即为滴定终点。其终点反应为

$$Ag^+ + SCN^- \longrightarrow AgSCN\downarrow \text{(白色)} \qquad K_{sp}^{\ominus}(AgSCN) = 2.0\times10^{-12}$$

$$Fe^{3+} + SCN^- \longrightarrow [FeSCN]^{2+} \text{(红色)} \qquad K = 200$$

由于指示剂中的 Fe^{3+} 在中性或碱性溶液中将形成$[Fe(OH)_2]^+$、$[Fe(OH)]^{2+}$等深色配合物，甚至 $Fe(OH)_3$ 沉淀，因此滴定应在酸性(0.3～1 $mol \cdot L^{-1}$ HNO_3)溶液中进行。

用 NH_4SCN 溶液滴定 Ag^+ 溶液时，生成 AgSCN 沉淀能吸附溶液中的 Ag^+，使 Ag^+ 浓度降低，以致红色的出现略早于化学计量点。因此在滴定过程中需剧烈摇动以减少 Ag^+ 的吸附量。

此法的优点在于可用来直接测定 Ag^+，并可在酸性溶液中进行滴定。

2. 返滴定法测定卤素离子

福尔哈德法测定卤素离子(如 Cl^-、Br^-、I^- 和 SCN^-)时应采用返滴定法。即在酸性(HNO_3 介质)待测溶液中，先加入已知过量的 $AgNO_3$ 标准溶液，再用铁铵矾作指示剂，以 NH_4SCN 标准溶液回滴剩余的 Ag^+。其滴定过程反应如下：

$$\underset{\text{(过量)}}{Ag^+} + Cl^- \longrightarrow AgCl\text{(白色)}\downarrow$$

$$\underset{\text{(剩余)}}{Ag^+} + SCN^- \longrightarrow AgSCN\text{(白色)}\downarrow$$

终点指示反应

$$Fe^{3+} + SCN^- \longrightarrow [FeSCN]^{2+}\text{(红色)}$$

返滴定法测定 Cl^-，滴定到终点附近时，经摇动后形成的红色会褪去。这是因为 AgSCN 的溶解度小于 AgCl 的溶解度，加入 NH_4SCN 形成的$[FeSCN]^{2+}$将与 AgCl 发生反应而转化为 AgSCN 沉淀

$$AgCl + [FeSCN]^{2+}\text{(红色)} \longrightarrow AgSCN\downarrow + Cl^-\text{(无色)}$$

由于沉淀的转化速率较慢，滴加 NH_4SCN 后形成的红色将随着溶液的摇动而消失。这种转化作用将进行到 Cl^- 与 SCN^- 浓度之间建立一定的平衡关系，才会出现持久的红色。这样，滴定将过多消耗 NH_4SCN 标准滴定溶液而影响终点的准确。为了避免上述现象的发生，通常

采用以下措施：

(1) Cl^-待测液中加入已知过量的 $AgNO_3$ 标准溶液后，将溶液煮沸，使 AgCl 沉淀凝聚，以减少 AgCl 沉淀对 Ag^+ 的吸附。过滤并用稀 HNO_3 充分洗涤沉淀，收集滤液，以 NH_4SCN 标准溶液滴定滤液中的过量 Ag^+。

(2) 若不经分离，可在加入 $AgNO_3$ 标准溶液形成 AgCl 沉淀后，向待测液中添加有机溶剂硝基苯、邻苯二甲酸二丁酯、1,2-二氯乙烷；用力摇动后，添加的有机溶剂将 AgCl 沉淀包裹，使 AgCl 沉淀与外部溶液隔离，阻止 AgCl 沉淀与 NH_4SCN 发生转化反应。此法操作简便，但硝基苯等试剂有毒。

(3) 提高 Fe^{3+} 的浓度以减小终点显色所需 SCN^- 浓度，从而减小上述转化导致的误差[实验证明，一般溶液中 $c(Fe^{3+})=0.2\ mol \cdot L^{-1}$ 时，终点误差将小于 0.1%]。

(4) 滴定应尽量在低温下进行。温度过高会促进 Fe^{3+} 的水解，加速转化并使$[FeSCN]^{2+}$配合物褪色。

福尔哈德法在测定 Br^-、I^- 和 SCN^- 时，滴定终点十分明显，不会发生沉淀转化，因此不必采取上述措施。但是在测定碘化物时，必须加入过量 $AgNO_3$ 溶液之后再加入铁铵矾指示剂，以免 I^- 对 Fe^{3+} 的还原作用而造成误差。

$$2Fe^{3+} + 2I^- = 2Fe^{2+} + I_2$$

强氧化剂、氮的低价态氧化物以及铜盐、汞盐都与 SCN^- 作用，因而干扰测定，必须预先除去。

7.7.3 法扬斯法——吸附指示剂法

用吸附指示剂确定滴定终点的银量法称为法扬斯法。

1. 吸附指示剂的测定原理

吸附指示剂是一类有机染料，其阴离子在溶液中易被带正电荷的胶状沉淀吸附并改变结构，从而引起颜色的变化，以此指示滴定终点的到达。以 $AgNO_3$ 标准溶液滴定 Cl^- 为例，说明吸附指示剂荧光黄的作用原理。

荧光黄是一种有机弱酸，用 HFIn 表示，在水溶液中可解离为荧光黄阴离子 FIn^-，呈黄绿色

$$HFIn = FIn^- + H^+$$

化学计量点前，生成的 AgCl 沉淀在过量的 Cl^- 溶液中，AgCl 沉淀吸附 Cl^- 而带负电荷，形成的$(AgCl)\cdot Cl^-$不吸附荧光黄阴离子 FIn^-，溶液呈黄绿色。到达化学计量点后，稍过量的 $AgNO_3$ 可使 AgCl 沉淀吸附 Ag^+ 形成$(AgCl)\cdot Ag^+$而带正电荷，此带正电荷的$(AgCl)\cdot Ag^+$颗粒将吸附荧光黄阴离子 FIn^-，使其结构发生变化呈现粉红色；因此，当整个溶液由黄绿色变成粉红色，即指示终点的到达。

$$\underset{\text{(黄绿色)}}{(AgCl)\cdot Ag^+ + FIn^-} \xrightarrow{\text{吸附}} \underset{\text{(粉红色)}}{(AgCl)\cdot Ag\cdot FIn}$$

2. 使用吸附指示剂的注意事项

为了使终点变色敏锐，应用吸附指示剂时需要注意以下几点：

(1) 保持沉淀呈胶体状态。由于吸附指示剂的颜色变化发生在沉淀微粒表面，因此应尽可能使卤化银沉淀呈胶体状态而具有大的比表面积。为此，可在滴定前将溶液稀释并加入糊精、淀粉等高分子化合物作为保护剂，以防止卤化银沉淀凝聚。

(2) 控制溶液酸度。常用的吸附指示剂大多为有机弱酸，而起指示剂作用的为其阴离子。酸度大时，H^+与指示剂阴离子结合成不被吸附的中性分子，无法指示终点。酸度的大小与指示剂的解离常数有关，解离常数大，酸度可以大些。例如，荧光黄 $pK_a \approx 7$，适用于 pH=7～10 的条件下进行滴定，若 pH<7，荧光黄主要以 HFIn 形式存在，不被吸附；曙红的 $pK_a \approx 2$，则其适用的 pH 范围可达 2～10。

(3) 避免强光照射。卤化银沉淀对光敏感，易分解析出银使沉淀变为灰黑色，影响滴定终点的观察，因此在滴定过程中应避免强光照射。

(4) 吸附指示剂的选择。沉淀胶体微粒对指示剂离子的吸附能力应略小于对待测离子的吸附能力，否则指示剂将在化学计量点前变色；但也不能太小，否则终点将出现过迟。卤化银对卤化物和几种吸附指示剂的吸附能力的次序如下：

$$I^- > SCN^- > Br^- > \text{曙红} > Cl^- > \text{荧光黄}$$

因此，滴定 Cl^- 不能选曙红，而应选荧光黄。表 7-5 中列出了几种常用的吸附指示剂及其应用范围。

表 7-5　常用吸附指示剂

指示剂	被测离子	滴定剂	滴定条件	终点颜色变化
荧光黄	Cl^-	Ag^+	pH 7～10	黄绿→粉红
二氯荧光黄	Cl^-	Ag^+	pH 4～10	黄绿→红
曙红	Br^-、SCN^-、I^-	Ag^+	pH 2～10	橙黄→红紫
溴酚蓝	生物碱盐类	Ag^+	弱酸性	黄绿→灰紫
甲基紫	Ag^+	Cl^-	酸性溶液	黄红→红紫

3. 应用范围

法扬斯法可用于测定 Cl^-、Br^-、I^-、SCN^- 及生物碱盐类（如盐酸麻黄碱）等。测定 Cl^- 常用荧光黄或二氯荧光黄作指示剂，而测定 Br^-、I^- 和 SCN^- 常用曙红作指示剂。此法终点明显，方法简便，但反应条件要求严格，应注意滴定反应液的酸度、浓度及胶体保护等。

思考题

1. 重量法对沉淀形式和称量形式的要求各是什么？
2. 影响沉淀溶解度的因素有哪些？
3. 晶形沉淀与无定形沉淀的形成条件有哪些不同？为什么？
4. 要获得纯净且易于过滤、洗涤的沉淀必须采取哪些措施？为什么？
5. 什么是均匀沉淀法？均匀沉淀法与一般沉淀法相比有哪些优点？
6. 在含有等浓度的 Cl^- 和 I^- 的溶液中，逐滴加入 $AgNO_3$ 溶液，哪一种离子先沉淀？第二种离子开始沉淀时，Cl^- 和 I^- 的浓度比为多少？
7. 在下列各种情况下，分析结果是准确的，还是偏低或偏高？为什么？

(1) pH=4 时用莫尔法滴定 Cl^-。

(2) 若试液中含有铵盐，在 pH=10 时，用莫尔法滴定 Cl^-。

(3) 用法扬斯法滴定 Cl^- 时，用曙红作指示剂。

(4) 用福尔哈德法测定 Cl^- 时，未将沉淀过滤也未加 1,2-二氯乙烷。

(5) 用福尔哈德法测定 I^- 时，先加入铁铵矾指示剂，再加入过量的 $AgNO_3$。

习　题

1. NaCl 试液 20.00 mL，用 0.1023 mol · L^{-1} $AgNO_3$ 标准溶液滴定至终点，消耗了 27.00 mL。求 NaCl 溶液中 NaCl 的含量。

2. 称取 0.3675 g $BaCl_2 \cdot 2H_2O$ 试样，将 Ba^{2+} 沉淀为 $BaSO_4$，需 50%的 0.50 mol · L^{-1} H_2SO_4 溶液多少毫升？

3. 有纯 CaO 和 BaO 的混合物 2.212 g，转化为混合硫酸盐后其质量为 5.023 g，计算原混合物中 CaO 和 BaO 的质量分数。

4. 称取银合金试样 0.3000 g，溶解后制成溶液，加铁铵矾指示剂，用 0.1000 mol · L^{-1} NH_4SCN 标准溶液滴定，用去 23.80 mL，计算合金中银的质量分数。

5. 称取可溶性氯化物 0.2266 g，加入 0.1120 mol · L^{-1} $AgNO_3$ 标准溶液 30.00 mL，过量的 $AgNO_3$ 用 0.1158 mol · L^{-1} NH_4SCN 标准溶液滴定，用去 6.50 mL，计算试样中氯的质量分数。

6. 称取纯度未知水溶性溴化物 0.2522 g，加入 0.1051 mol · L^{-1} $AgNO_3$ 标准溶液 25.00 mL，以 0.1226 mol · L^{-1} NH_4SCN 标准溶液回滴，消耗 9.45 mL。求该溴化物中 Br^- 的质量分数。

7. 将纯 KCl 和 KBr 的混合物 0.3000 g 溶于水后，用 0.1002 mol · L^{-1} $AgNO_3$ 溶液 30.85 mL 滴定至终点，计算混合物中 KCl 和 KBr 的含量。

8. 法扬斯法测定某试样中碘化钾含量时，称样 1.6520 g，溶于水后，用 $c(AgNO_3)$=0.050 00 mol · L^{-1} $AgNO_3$ 标准溶液滴定，消耗 20.00 mL。试计算试样中 KI 的质量分数。

9. 称取含砷矿试样 1.000 g，溶解并氧化成 AsO_4^{3-}，然后沉淀为 Ag_3AsO_4。将沉淀过滤、洗涤，溶于 HNO_3 中，用 0.1100 mol · L^{-1} NH_4SCN 溶液 25.00 mL 滴定至终点，计算矿样中砷的质量分数。

10. 溶解 0.5000 g 不纯的 $SrCl_2$，其中除 Cl^- 外不含其他能与 Ag^+ 产生沉淀的物质。溶解后，加入纯的 $AgNO_3$ 固体 1.7840 g，过量的 $AgNO_3$ 用 0.2800 mol · L^{-1} 的 KSCN 标准溶液滴定，耗去 25.00 mL，求试样中 $SrCl_2$ 的质量分数。

第 8 章　吸光光度法

基本要求

- 了解吸光光度法的特点。
- 掌握光吸收定律的基本内容。
- 理解显色反应的特点及显色条件的选择。
- 熟悉吸光光度法的误差来源及消除方法。
- 掌握吸光光度法定量测定的原理及应用。

光学性质是物质的一大属性，而基于物质的光学性质进行测试，则诞生了分析化学中的光学分析法。**吸光光度法**(absorptiometry)就是建立在物质对光的选择性吸收基础上的一类分析测试方法，包括比色法、紫外-可见分光光度法、红外分光光度法等。本章将介绍最为常用的可见分光光度法的基本原理及其应用。

8.1　吸光光度法的基本原理

8.1.1　光的基本性质

光具有波粒二象性(wave-particle duality)，电磁波理论认为光是一种电磁辐射(electromagnetic radiation)。根据波长或频率的排列，人们将电磁波按表 8-1 分类。

表 8-1　电磁波谱及相关分析方法

波谱名称	波长范围	跃迁类型	辐射源	分析方法
X 射线	0.1～10 nm	内层电子	X 射线管	X 射线光谱法
远紫外	10～200 nm	中层电子	氢、氘、氙灯	真空紫外光度法
近紫外	200～400 nm	价电子	氢、氘、氙灯	紫外光度法
可见光	400～760 nm	价电子	钨灯	比色及可见光度法
近红外	0.76～2.5 μm	分子振动	碳化硅热棒	近红外光度法
中红外	2.5～5.0 μm	分子振动	碳化硅热棒	中红外光度法
远红外	5.0～1000 μm	分子振动和转动	碳化硅热棒	远红外光度法
微波	0.1～100 cm	分子转动	电磁波发生器	微波光谱法
无线电波	1～1000 m			核磁共振光谱法

8.1.2　物质对光的选择性吸收

光的性质及其与物质间相互作用的规律，现在认为可由光的电磁波理论加以说明。电磁波是有能量的($E=h\nu$)，而这种能量又可以和电子的能量(电子的特定能量状态称能级)相互传递和转换。当这种传递、转换发生于原子态物质时便得到**原子光谱**(atomic spectrum)。这种光谱是**线性光谱**(line spectrum),即由一些特定波长的谱线组成,如人们较为熟悉的氢原子光谱(图 8-1)。但在绝大多数情况下,物质是以较为复杂的分子(或其聚合物)形式存在的,因此他们吸收光谱不再是数条简单的谱线,而是有一定宽度和特征形态的吸收带称为**带状光谱**(band spectrum)(图 8-2)。

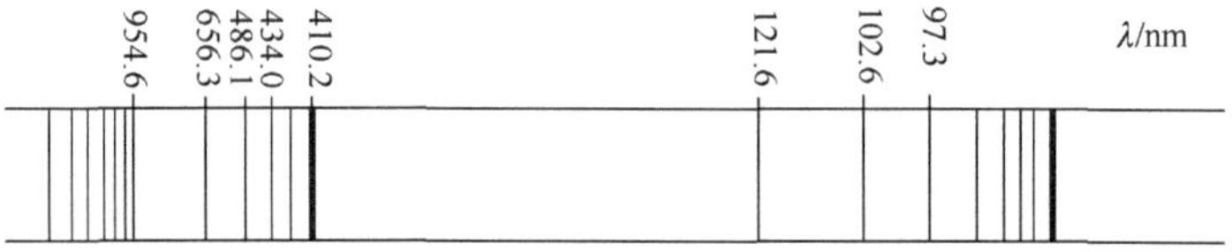

图 8-1　氢原子光谱

本章讨论的吸光光度法将主要研究紫外-可见光区内的**分子光谱**(molecular spectrum)。分子内部的能量状态是复杂的,人们一般将其归结为三类:电子在分子轨道中具有的能量(电子能级)、分子的振动具有的能量(振动能级)和分子的转动具有的能量(转动能级)。由于振动能级、转动能级的存在,分子光谱成为复杂的带状光谱,其能级示意图见图 8-3。

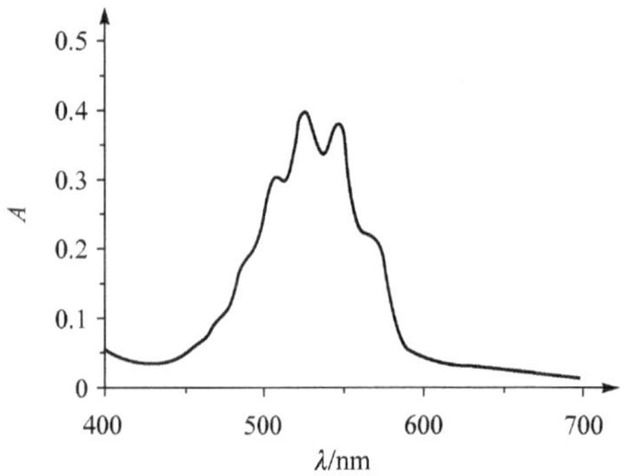

图 8-2　$KMnO_4$ 溶液吸收曲线
(分子的带状光谱)

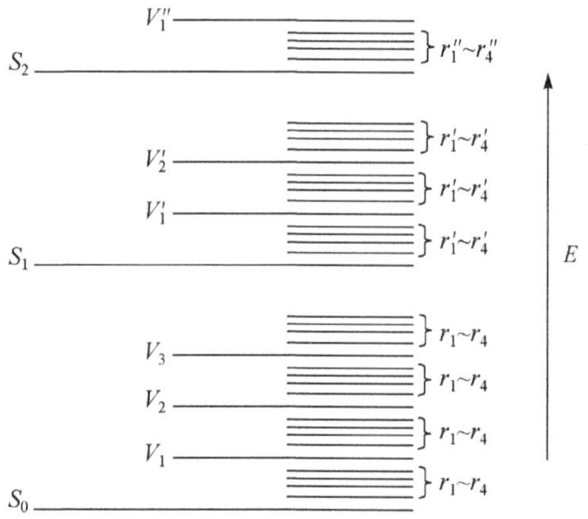

图 8-3　分子能级示意图
S 电子能级;V 振动能级;r 转动能级

当物质与光相互作用时,只有和物质分子能带相一致的光子才被吸收,其余的光子将穿透物质或被反射出去。因此,物质的内部结构决定了其对光的选择性吸收。

这里有两点需要特别说明:

1. 物质的颜色

物质的颜色是其对光进行选择性吸收后剩余的互补色(complementary color)。可见光(visible light)区的范围为 400～760 nm,除此之外的光波,人类的眼睛无法直接感知。单一波长的光称为单色光(monochromatic light),如 $\lambda=525$ nm 的光波;而由不同波长的光复合在一起得到的光束称为复合光(multiplex light)。天然的白光,就是由可见光区内的光波复合而成的。如果让一束白光通过三棱镜分解为红、橙、黄、绿、青、蓝、紫七种颜色的光,每种颜色的光具有一定的波长范围,见表 8-2。

表 8-2　不同波长光的颜色

波长/nm	650～760	600～650	580～600	500～580	480～500	450～480	400～450
颜色	红	橙	黄	绿	青	蓝	紫

实验证明，不仅七种单色光可以混合成白光，如果把适当颜色的两种单色光按一定强度比例混合，也可以得到白光，这两种单色光称为**互补色光**(complementary color light)。图 8-4 中处于直线两端的两种单色光为互补色光，如绿光和紫光互补，蓝光和黄光互补等。

图 8-4　光的互补色示意图

物质呈现出特定的颜色，是由于物质选择性吸收了一定波长的光。例如，白光照射溶液时，只有特定波长范围的光被吸收，其余波长的光则透过溶液而被观察到，即人们看到的颜色是透过的(未被吸收的)光的颜色。例如，$KMnO_4$ 溶液之所以呈紫红色，是由于它主要吸收了蓝、绿光而透过紫光，因而溶液呈紫色。$CuSO_4$ 溶液吸收了黄光，透过了蓝绿光，溶液呈现出蓝绿色。NaCl 溶液对各种颜色的光都透过，所以是无色的。各种有色溶液及其选择性吸收光的规律参见表 8-3。

表 8-3　溶液颜色与吸收光颜色

溶液颜色	选择性吸收光的波长/nm	吸收光的颜色
黄绿	400～450	紫
黄	450～480	蓝
橙	480～490	绿蓝
红	490～500	蓝绿
紫红	500～560	绿
紫	560～580	黄绿
蓝	580～600	黄
绿蓝	600～650	橙
蓝绿	650～760	红

进行光度分析时，为了正确选择溶液的吸收光，除可参考表 8-3 外，通常是测量该溶液对不同波长光的吸收情况，以波长为横坐标，吸光度为纵坐标作图得一曲线，称为**光吸收曲线**(absorption curve)或**吸收光谱**(absorption spectrum)，用以描述溶液对不同波长光的吸收情况，图 8-2 即为 $KMnO_4$ 溶液的吸收光谱。

2. 物质对光的选择性吸收

图 8-5 给出了三种不同浓度 $KMnO_4$ 溶液的光吸收曲线。由图可以看出，当 $KMnO_4$ 浓度一定时，吸光度随波长变化而改变，在 507 nm、525 nm、545 nm 处依次形成三个特征峰；其中 525 nm 处吸光度最大，称为**最大吸收波长**(maximum absorption wavelength)，用 λ_{max}表示；随着溶液浓度增大曲线会上移，反之则下移，但特征吸收峰的位置及 λ_{max}不变；此外 $KMnO_4$ 溶液主要选择性吸收 525 nm 左右(450～600 nm)的光，因而呈现紫红色。不同物质由于结构不同，光吸收曲线和最大吸收波长也不同，这可作为定性分析的依据。吸光光度法中，常以光吸

收曲线中的λ_{max}作为测量波长，在此波长下测定吸光度，灵敏度最高，且一般具有较好的稳定性。

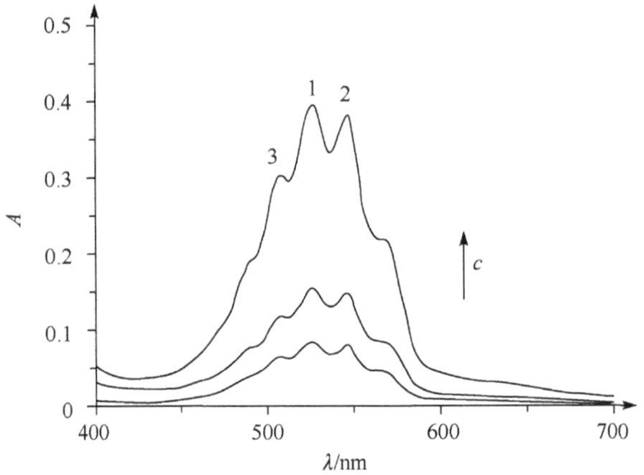

图 8-5　不同浓度 $KMnO_4$ 溶液吸收曲线

$c/(mol \cdot L^{-1})$：3. 5×10^{-5}，6. 5×10^{-5}，1. 7×10^{-4}；吸收峰/nm：1. 525，2. 545，3. 507

8.2　光的吸收基本定律

8.2.1　朗伯-比尔定律

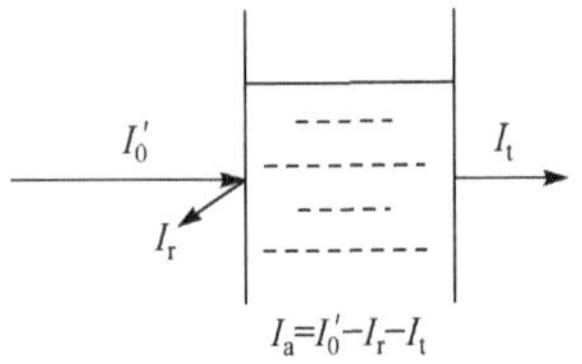

图 8-6　溶液对光的反射、吸收与透过

当一束平行的单色光照射溶液，发生的情形如图 8-6所示。其中，I_0'为入射光强度；I_a 为溶液吸收光强度；I_r 为溶液界面（或容器界面）反射光强度；I_t 为透射光强度。实际测量过程中，由于使用相同的容器（比色皿）及空白参比，溶液的反射光强 I_r 为常数，可将（$I_0'-I_r$）合并为 I_0。于是，有 $I_0=I_a+I_t$。

为了研究溶液对光的吸收规律，人们引入两个概念：

（1）透射比或透光率（transmittance）

$$T=\frac{I_t}{I_0} \tag{8-1}$$

（2）吸光度（absorbance）

$$A=\lg\frac{I_0}{I_t}=\lg\frac{1}{T}=-\lg T \tag{8-2}$$

朗伯（Lambert）、比尔（Beer）分别于 1760 年和 1852 年研究了溶液对光的吸收规律。这条规律称为**朗伯-比尔定律**（Lambert-Beer law），也称光的吸收定律，是吸光光度法的基本定律。这个定律是以大量实验数据为依据，随后也从数学上给出了理论证明。具体描述如下：溶液对单色光的吸收程度与溶液的浓度、光线在溶液中经过的长度（光程，通常为吸收池宽度）等成正比，即

$$A=Kbc \tag{8-3}$$

式中，b 为光程（path length），单位为 cm。

当溶液的浓度 c 的单位为 $g \cdot L^{-1}$时，比例常数 K 以 a 表示，称为吸光系数（absorption coefficient），单位为 $L \cdot g^{-1} \cdot cm^{-1}$，则

$$A=abc \tag{8-4}$$

当溶液的浓度 c 的单位为 $mol \cdot L^{-1}$时，比例常数 K 以 ε 表示，称为摩尔吸光系数(molar absorptivity)，单位为 $L \cdot mol^{-1} \cdot cm^{-1}$，则

$$A=\varepsilon bc \tag{8-5}$$

摩尔吸光系数表示单位浓度、单位光程下，物质对一定波长的单色光的吸收程度。其值越大，表示该物质对此波长的光线吸收越强烈；反之，则吸收越弱。ε 仅取决于物质的结构、单色光波长，而与其他因素(如浓度等)无关；它反映的是特定波长的光与物质间的相互作用程度。ε 越大，灵敏度越高。通常测量光程是用光束垂直于吸收池侧壁的，因此，b 一般表达为吸收池(比色皿)宽度。

例 8-1　邻二氮菲法测定 1.0×10^{-6} $mol \cdot L^{-1}$ Fe^{2+}，其显色产物的 $\varepsilon=1.1\times10^{4}$ $L \cdot mol^{-1} \cdot cm^{-1}$($\lambda_{max}=508$ nm)；若测定 1.0×10^{-5} $mol \cdot L^{-1}$ Fe^{2+}，其显色产物在 508 nm 处的 ε'是多少？

解　摩尔吸光系数 ε 仅由物质的结构、入射光波长等决定，可以认为是物质的固有属性；因此浓度的改变不会影响 ε 的大小。

例 8-2　例 8-1 中，若 $Fe^{2+}=4.7\times10^{-6}$ $mol \cdot L^{-1}$，吸收池宽度(b)为 1 cm，则在 $\lambda_{max}=508$ nm 处测得吸光度 A 为多少？

解　根据朗伯-比尔定律

$$A=\varepsilon bc=1.1\times10^{4}\times1.0\times4.7\times10^{-6}=0.052$$

摩尔吸光系数表示物质对光的吸收能力，也表示出对该物质的光度法检测灵敏度。对物质的光度法检测灵敏度，常用的还有一类表示方法称桑德尔灵敏度(Sandell sensitivity)。

$$S=\frac{M}{\varepsilon} \tag{8-6}$$

式中，S 为当光度计的测量下限为 $A=0.001$ 时，单位截面积($1\ cm^2$)光程内所能检测到的吸光物质的最低含量，单位为 $\mu g \cdot cm^{-2}$；M 为吸光物的摩尔质量。

例 8-3　已知邻二氮菲与 Fe^{2+} 显色后的配合物，其 $\varepsilon=1.1\times10^{4}$ $L \cdot mol^{-1} \cdot cm^{-1}$，则其 S 为多少？

解

$$S=\frac{M}{\varepsilon}=\frac{55.85}{1.1\times10^{4}}=0.0051(\mu g \cdot cm^{-2})$$

8.2.2　影响偏离朗伯-比尔定律的因素

朗伯-比尔定律是建立在大量实验事实的基础上的，但同时又是一种理论升华。其描述的是理想状态下，溶液中的吸光质点对光的吸收行为；而实际测定的过程是复杂的、测定溶液的性质也是多样的，因此，难免会出现实际测量结果与朗伯-比尔定律不一致的情况，我们称为对朗伯-比尔定律的偏离，如图 8-7 所示。

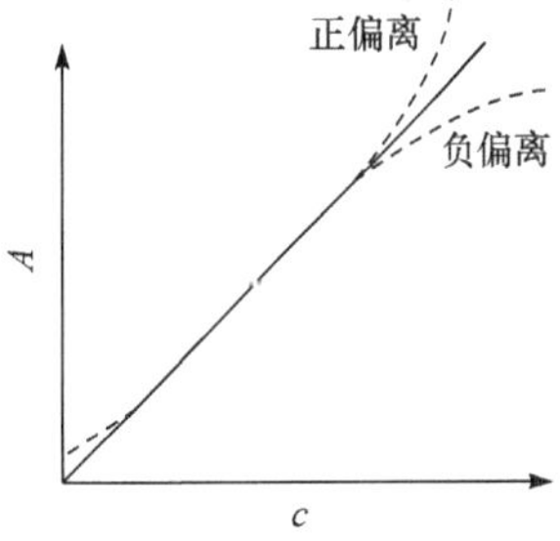

图 8-7　朗伯-比尔定律的偏离

影响偏离朗伯-比尔定律的因素，在实际工作中是很复杂的。常见的可归纳为以下几类：

1. 非单色光引起的偏离

朗伯-比尔定律是在单色光的情况下导出的，因此复合光不符合上述规律。目前用各种方法得到的入射光并非纯

的单色光，而是具有一定带宽的复合光（当然随着仪器的改进，这种带宽也会随之减小）。在这种情况下，吸光度与浓度并不完全成直线关系，因而导致了对朗伯-比尔定律的偏离。

2. 吸光物质在溶液中参与某类化学平衡

当溶液浓度变化时，其实际存在形式发生变化，从而表现为吸光度的非线性改变，如解离、配位、缔合等。

(1) 解离。溶液的酸度不同，酸碱解离程度不同，导致大部分有机酸的酸式型体与碱式型体比例改变，使溶液吸光度发生改变。

(2) 配位。若显色剂与金属离子生成的是多级配合物，如 Fe^{3+} 与 SCN^- 的配合物中，$Fe(SCN)_3$颜色最深，$[Fe(SCN)]^{2+}$颜色最浅，SCN^-浓度越大，溶液颜色越深。

(3) 缔合。在酸性条件下，CrO_4^{2-} 会缔合为 $Cr_2O_7^{2-}$，导致吸光度发生改变。

上述改变，有时可通过控制溶液条件加以克服（控制平衡的移动）。

3. 浓度

实际溶液中吸光物质浓度过大时，会引起分子的统计截面积减小（对光子的俘获面积减小），导致吸光度下降。因此，高浓度时一般表现为负偏离。

8.3 吸光光度分析法及仪器

8.3.1 各种方法的简介与对比

1. 目视比色法

用眼睛比较待测溶液与标准溶液颜色深浅的比色方法称为目视比色法（visual colorimetry），最常用的是标准系列法。在一套比色管中逐一加入体积逐渐增加的标准溶液，并加入相同体积的试剂（显色剂、掩蔽剂等），然后稀释到相同体积，即形成颜色由浅到深的标准色阶。另取一支同一型号的比色管，在其中加入待测溶液和与标准色阶相同体积的试剂（显色剂、掩蔽剂等），并稀释到相同体积。然后从该比色管管口垂直向下观察并与标准色阶比较，若试液与色阶中某一溶液颜色相同，则二者浓度相等；如被测溶液颜色介于两标准溶液之间，则被测溶液浓度约为两标准溶液浓度的平均值。

目视比色法的优点是仪器简单、操作方便；所用比色管较长，对浓度很小的溶液（显色后溶液颜色很淡）也能进行比较、测定，因而测定的灵敏度较高。目视比色法对样品的测定并不依据朗伯-比尔定律（仅通过颜色对比实现），因而不遵从朗伯-比尔定律的显色反应，也可用目视比色法进行测定。

这一方法的缺点是由于许多溶液显色后不够稳定，因此标准系列不能久存，经常要在测定时现配现用。此外，由于标准色阶的数目有限、不同观察者对颜色的辨别存在差异等原因，方法的准确度不高。

2. 光电比色法

利用光电比色计（由光源、滤光片、吸收池、光电池等构成，如图 8-8 所示）测定溶液的吸光度，进行定量分析的方法称为光电比色法（photoelectric colorimetry）。由于用光电池代替人的眼睛进行测量，不仅消除了主观误差，也提高了方法的准确度和重现性。但因仅有少量滤光片可供使用，测量波长无法自由选择且滤光后提供的单色光纯度不高，使该方法的应用受到限制。

光电比色法与目视比色法在原理上不相同。光电比色法是比较有色溶液对单色光的吸收情况，而目视比色法是比较白光（复合光）透过有色溶液后的剩余光强。例如，测定 $KMnO_4$ 溶液浓度时，光电比色法测定的是 $KMnO_4$ 溶液对单色光（$\lambda_{max}=525$ nm）的吸收情况，而目视比色法是比较 $KMnO_4$ 溶液吸收 450～600 nm 区带宽度的光线后，白光所剩余的复合光（紫红色）强度。

3. 分光光度法

利用分光光度计（由光源、单色器、吸收池和检测系统等构成，如图 8-9 所示）测定溶液吸光度进行定量分析的方法称为分光光度法（spectrophotometry）。分光光度法与光电比色法在原理上是一致的，都是基于溶液对单色光的吸收：由检测系统输出信号（吸光度 A），依据朗伯-比尔定律，吸光度与溶液浓度成正比，即可获得溶液的浓度。两种方法的不同点主要在于获取单色光的方法：光电比色法采用固定波长范围的滤光片；而分光光度法则使用棱镜或光栅组成的单色器。后者较前者可获得更纯的单色光（带宽可达 1 nm 以下），因而具有更高的准确度。同时，分光光度计可自由选择单色光波长，使其广泛应用于吸光度的测量。目前分光光度法是最为常用的吸光度检测方式。

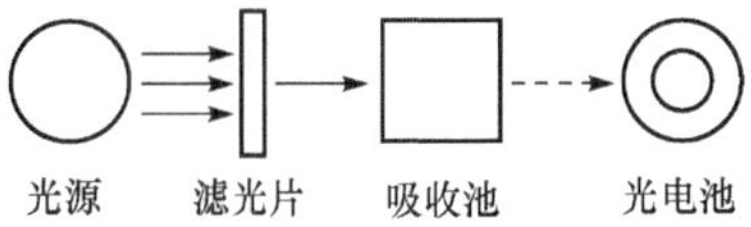

图 8-8　电比色计示意图

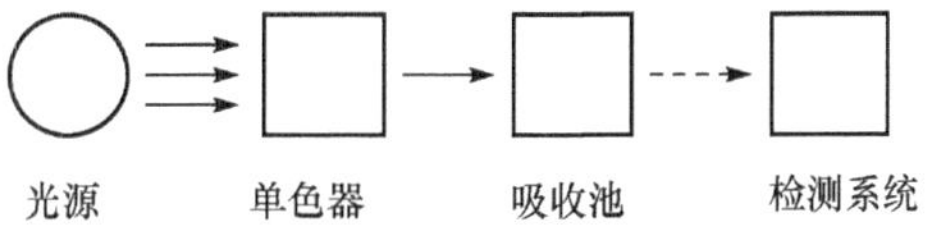

图 8-9　分光光度计

8.3.2　分光光度法的测定方法

分光光度法是测定微量组分的常用方法之一，大量的无机离子可以进行简单、快速而准确的检测。使用分光光度法在对物质进行光度测定前，必须先确定测量波长。测量波长一般可通过扫描待测组分吸收光谱得到，通常取其最大吸收波长 λ_{max}（如对于 $KMnO_4$，可选取 $\lambda_{max}=525$ nm 作为测量波长）。

实验室中常用的分光光度测定法主要有：

1. 标准曲线法

标准曲线（standard curve）是由吸光度 A 和浓度 c 确定的线性关系曲线。它的获取需经以下过程：按一定浓度梯度配制标准溶液并显色后，分别测出其吸光度；以 A 为纵坐标、c 为横坐标，所得直线即为标准曲线。

以 $KMnO_4$（测量波长 525 nm）为例，配制 5 份不同浓度的 $KMnO_4$ 标准溶液，并分别测定其吸光度，所得数据如表 8-4 所示。

表 8-4　不同浓度 $KMnO_4$ 的吸光度

$c(KMnO_4)/(mol \cdot L^{-1})$	1.0×10^{-7}	2.0×10^{-7}	3.0×10^{-7}	4.0×10^{-7}	5.0×10^{-7}
A	0.021	0.038	0.064	0.081	0.101

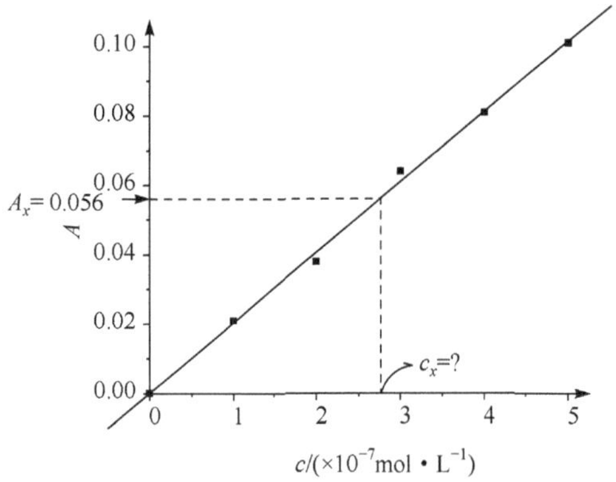

图 8-10　$KMnO_4$ 的标准曲线

据此得标准曲线(图 8-10)：取待测试样，在相同条件下显色后，测定其吸光度 $A_x=0.056$。则可由标准曲线得对应浓度为 $c_x=2.8\times10^{-7}\ mol\cdot L^{-1}$。

标准曲线，实际确定了朗伯-比尔定律的具体参数，即 A 与 c 间的关系方程；实验室中使用坐标纸绘制标准曲线、通过 A_x 查找 c_x。借助数学方法及相关数据处理软件，也可获得具体线性方程。标准曲线法不仅是分光光度法的常用测定方法，也广泛应用于其他分析测试领域，成为实验室中分析工作的基本方法之一。

2. 比较法

对于严格遵守朗伯-比尔定律的溶液，可采用一种较为简单的方法进行测定。设标准溶液浓度为 c_s，测得吸光度为 A_s；待测液浓度为 c_x，测得其吸光度为 A_x 由朗伯-比尔定律得

$$\frac{A_s}{A_x}=\frac{\varepsilon bc_s}{\varepsilon bc_x}$$

则

$$c_x=c_s\frac{A_x}{A_s} \tag{8-7}$$

该方法通过比较标准溶液与待测液的吸光度即可完成测定，简便快捷；但误差相对较大，结果的可靠性不如标准曲线法。

8.3.3　分光光度计简介

紫外-可见分光光度计(UV-Vis spectrophotometer)的种类较多，但基本构造是相同或相似的，包括光源、单色器、吸收池及检测系统。现分别介绍如下：

1. 光源

光源(light source)的作用是提供具有稳定强度的连续光。通常，氢灯、氘灯用来提供紫外光区(180～375 nm)的连续光；钨灯、钨碘灯用以提供可见及近红外光区(320～2500 nm)的连续光。目前主流的紫外-可见分光光度计，其测定波长范围为 190～1000 nm；在不同的测量区间，仪器可根据需要自行选择光源进行工作。同时由于光源提供的光强受工作电压影响较大，因此一般都配有稳压装置。

2. 单色器

单色器(monochromator)的作用是将光源提供的连续光通过分光转换为一系列单色光，并选择特定波长的光作为最终的入射光，以完成对样品的吸光度测量。单色器一般由狭缝、分光元件及相关光学部件等构成。常用的分光元件有棱镜、光栅。

棱镜有玻璃和石英两种。其中玻璃棱镜用于可见光区，而石英棱镜则可扩展至紫外光区，

可用于紫外-可见分光光度计中。棱镜的分光原理如图 8-11 所示，棱镜对光的分散能力有限，高分辨率的棱镜由于体积过大而没有实际的应用。

目前，光谱仪器中多采用平面闪烁光栅。它是由高度抛光的表面（如铝）上刻画许多根平行线槽而成，有 600 条/mm 的，多的可达 1200 条/mm，甚至更多。它是利用光通过光栅时发生衍射和干涉的情况进行分光的，有透射和反射两种，常用的是反射光栅。通常光栅的分辨率较棱镜高很多，因此可获得纯度更高的单色光，从而提高光度法测定的准确性；中高档的分光光度计，基本都采用光栅单色器。光栅的分光原理如图 8-12 所示。

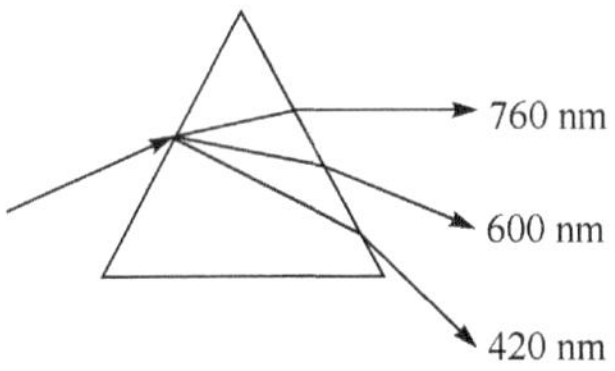

图 8-11　棱镜的分光示意图

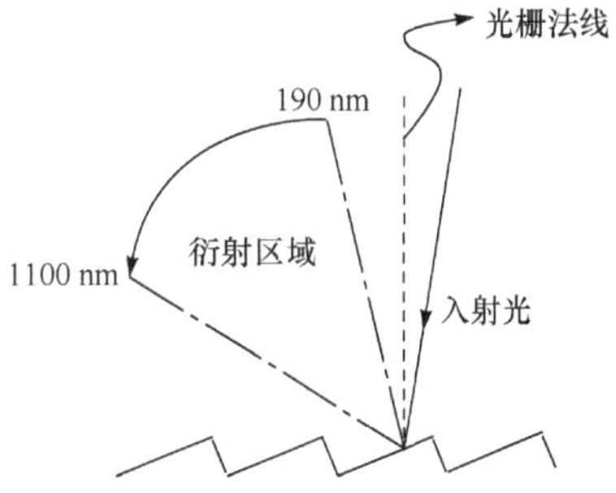

图 8-12　反射光栅分光示意图

3. 吸收池

吸收池(absorption cell)的作用是盛放溶液以进行光度检测。分光光度计中常用的吸收池称比色皿，分石英、玻璃两种材质。其中，石英比色皿可用于紫外-可见光区；玻璃由于对紫外光有吸收故仅用于可见光区，其价格相对低廉。比色皿按规格（宽度）分为 0.5、1.0、2.0 cm 等，最常使用的是 1 cm 的比色皿。

4. 检测系统

检测系统(detection system)的作用是测定溶液对光的吸收，将光信号转换为电信号，并加以记录。现代分光光度计，多以光电管或光电倍增管作为光敏元件，将光强转换为电流强度；后续电路可对所得检测电流进行放大、记录等处理；配合单片机或微型计算机的应用，可实现对测量数据的自动化处理。检测系统的核心部件光电管是利用光电效应记录光强的元件，其工作原理如图 8-13 所示。

较早期的分光光度计有 72 型、721 型等。目前，实验室中常规配制的主要有国产 722S、722N 等型号的可见分光光度计；国产 751、754，国外的如 SHIMODZU UV-2550，Cary 50等紫外-可见分光光度计等。其种类繁多，但基本可分为两类：

(1) 单光束分光光度计，如 722、754、Cary 50 等型号。其光路原理如下(图 8-14)：

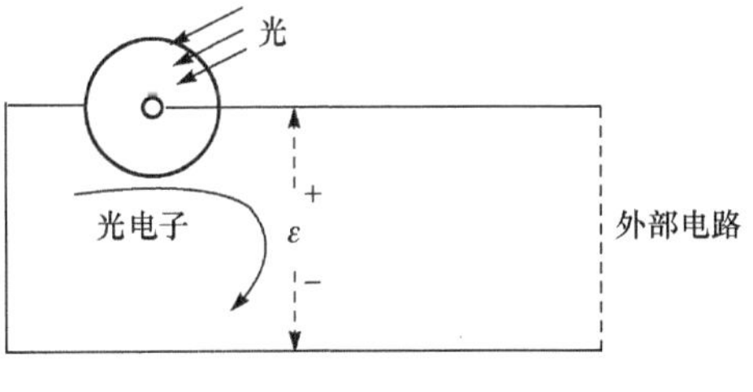

图 8-13　光电管工作原理图

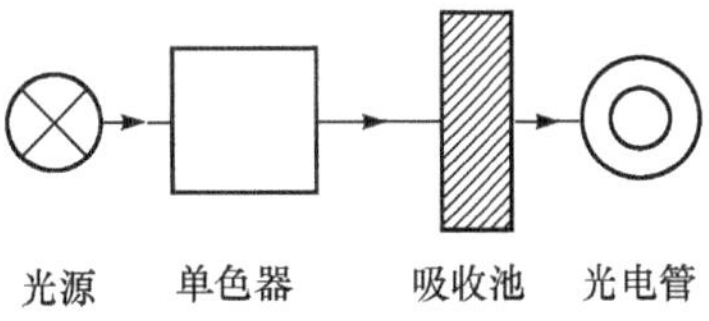

图 8-14　单光束分光光度计结构示意图

(2) 双光束分光光度计，如 SHIMODZU UV-2550 型。其光路原理如下(图 8-15)：

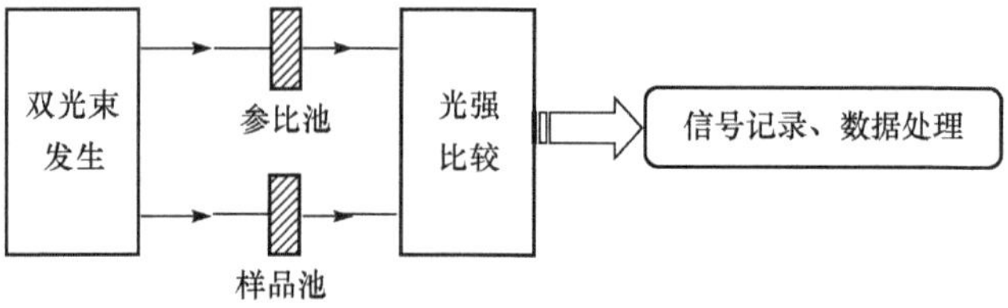

图 8-15 双光束分光光度计结构示意图

双光束一般见于大型紫外-可见分光光度计中，其光路系统复杂，但测定数据的准确度高。利用双光路系统，可以很好的消除不同比色皿间的差异、扣除背景空白，适用于高精度测量和光谱扫描。

8.4 显色反应与反应条件的选择

8.4.1 对显色反应的要求

为了提高测定的灵敏度、选择性，无机离子的测定通常采用显色反应处理后，测定吸光度。所谓显色反应(color reaction)，就是选用适当的试剂与被测离子(多为金属离子)反应生成有色化合物，以便于吸光度的测定。用于显色的试剂称显色剂(color reagent)，通常为配位剂。

显色反应的目的主要有两个：一是获得更大的 ε，以提高测定的灵敏度；二是可以使待测组分显色后的测量波长 λ_{max} 不受干扰组分影响，以提高选择性。

吸光光度法中，对显色反应的要求主要有：

(1) 显色反应的产物，其 ε 一般要求大于 $10^4\ L \cdot mol^{-1} \cdot cm^{-1}$。

(2) 显色反应的产物，要具有一定的稳定性，即在测量过程中，显色产物组成恒定、显色稳定时间较长等。

(3) 显色反应具有良好的选择性。显色剂最好仅和待测组分发生显色反应；同时显色反应的产物，其 λ_{max} 与溶液中其他组分(包括过量的显色剂)的最大吸收峰波长之差 $\Delta\lambda > 60$ nm，以减小测定波长下其他组分的干扰。

8.4.2 显色反应的条件

为使显色反应满足测定的要求，除选择合适的显色剂，还要严格控制显色反应的条件，以获得准确的测定结果。通常显色条件的控制包括四个方面：

(1) 显色剂的用量。为了使待测离子显色完全，一般加入的显色剂都是过量的。但这种过量应是有一定限度的，否则不仅浪费试剂还可能带来副反应。

(2)溶液的酸度。显色反应多为配位反应，溶液中的 H^+ 对显色反应具有很大的影响，如磺基水杨酸与 Fe^{3+} 的显色反应：pH 为 2～3 时，生成配位比为 1∶1 的紫红色配合物；pH 为 4～7 时，生成配位比为 1∶2 的橙色配合物；pH 为 8～10 时，又生成配位比为 1∶3 的黄色配合物。因此实验操作时，需严格控制反应体系的 pH。

(3) 显色反应的温度。通常显色反应在室温下进行，但有些显色反应必须加热至一定温度才能完成，有些显色反应在温度较高时极易分解。

(4) 显色反应的时间。由于一些显色产物存在分解、氧化等后续反应，因而不能长时间稳定存在。在一定的温度条件下，可通过实验的方法确定显色反应完成的时间。

8.4.3　共存离子干扰的消除

共存离子的干扰指的是溶液中的其他离子由于自身有色或可与显色剂显色，从而干扰一定波长下对待测离子显色后的光度检测。常见的消除方法有以下几种：

(1) 调节溶液酸度。大多数显色反应为配位反应，由于溶液的酸度对配合物的条件稳定常数的影响；可通过调节溶液的 pH，达到消除其他金属离子干扰的目的。例如，双硫腙可与 Hg^{2+}、Cu^{2+}、Ni^{2+} 等生成有色配合物；光度法测定 Hg^{2+} 时，通过加入大量 H^+（显色体系中，H_2SO_4 为 0.5 mol · L^{-1}），可消除 Cu^{2+}、Ni^{2+} 等的干扰。该方法要求：待测离子与显色剂生成的配合物的稳定性远大于干扰离子与显色剂生成的配合物。

(2) 加入掩蔽剂。所谓掩蔽剂是指可与干扰离子作用，使其生成无色配合物的一类试剂。例如，用硫氰酸盐测 Co^{2+} 时，Fe^{3+} 的存在对测定有干扰{血红色的 $[Fe(SCN)]^{2+}$ 等的生成}。通过向待测溶液中加入掩蔽剂 NaF，使 Fe^{3+} 生成无色的 $[FeF_6]^{3-}$，从而消除干扰。

(3) 对一些特殊的测定体系。可通过选用合适的参比溶液、改变测量波长（避开干扰组分吸收区域）等方法进行干扰的消除。

(4) 分离干扰离子。若上述方法均不理想，可采用沉淀、萃取、色谱等方法除去干扰离子，而后进行测定。

8.5　仪器测量误差及测定条件的选择

8.5.1　测量误差

实验结果的准确性总是关注的焦点，但其影响因素也是多方面的。这里，结合分光光度法的特点，主要介绍仪器测量误差。

所谓仪器测量误差，指由于仪器自身的特性而引起的测量数据的不准确性；对于分光光度法而言，就是由分光光度计导致的测定结果的误差。由于光源的不稳定、光电管灵敏度的改变、数据读取和处理过程的不准确等造成了分光光度计测量误差的存在。

现代分光光度计的透光率读数误差（ΔT）通常为 0.5%以下。根据朗伯-比尔定律，浓度 c 与吸光度 A 成正比，而 A 与 T 之间为非线性关系，故其误差的传导也为非线性，推导如下：

$$\frac{\Delta c}{c}=\frac{\Delta A}{A}=\frac{dA}{A}=\frac{d(-\lg T)}{-\lg T}=\frac{-0.434d(\ln T)}{-\lg T}=\frac{0.434dT}{T\lg T}$$

可见，光度法测量结果的相对误差 $\frac{\Delta c}{c}$ 与 $T\lg T$ 成反比（dT 为常数）。

假定仪器的精度为 $\Delta T=0.5\%$时，代入不同 T，即可求出对应的各 $\frac{\Delta c}{c}$，如以相对误差为纵坐标，用透光率为横坐标，即可得图 8-16。

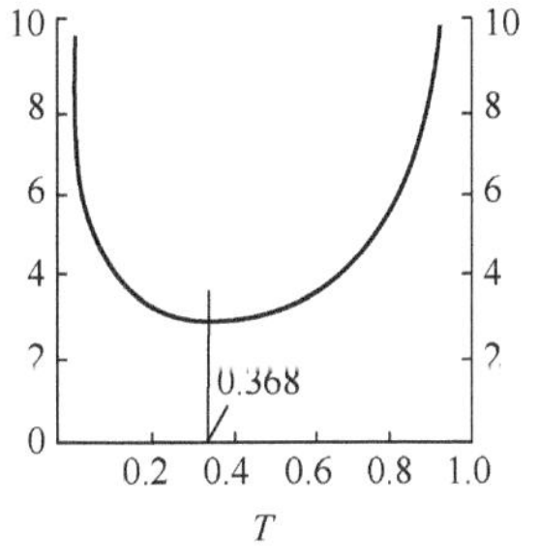

图 8-16　透光率与测定相对误差的关系

对 $T\lg T$ 求极值可得

$$\lg T=-0.434$$

显然此极值点为（$T\lg T$）的最大值点；此时 $T=0.368$，

$A=-\lg T=0.434$，所得测量结果误差最小。在工作中，没必要去寻求这一最小误差点，吸光度读数范围处于 0.2～0.8 较为理想。实际上，上述推导结果未考虑 ΔT 的大小变化，所以在高精度的分光光度计上可根据仪器性能说明和实际测量结果确定适宜的测量范围。

8.5.2 测量条件的选择

溶液的前期处理（显色、掩蔽杂质离子、定容等）完成后，就可取适量溶液置于比色皿中进行吸光度测定。测定时需选择合适的条件，以使实验结果准确、可靠，包括入射波长、参比液、比色皿宽度、狭缝宽度等。

（1）入射波长的选择。通常选取显色后物质的最大吸收波长 λ_{max} 为入射光的波长。λ_{max} 可通过查阅文献获得，有条件的应当扫描吸收光谱，由吸收曲线进行选择。选择 λ_{max} 的理由有两点：一是此时物质的摩尔吸光系数 ε 最大，可以得到最大的灵敏度；二是此时的吸收曲线最平缓，由单色光的不纯（仪器提供的单色光存在一定的带宽）导致的误差最小。

（2）参比液的选择。参比液（reference solution）常称为空白参比，是用来扣除溶液中除待测组分外，其他所有物质在测量中对光的干扰性吸收，参比液中除待测组分外其余组分都与待测溶液含量一致。实际中参比液的选择常根据溶液情况，采用下述两种方式：①当溶液在入射波长范围内，除待测组分外，无其他组分产生干扰性吸收，可用蒸馏水作为参比液；②当待测液中的共存离子无吸收，而显色剂或其他辅助试剂有干扰性吸收，可用不加待测液而其他试剂照样加入的“试剂空白”为参比液。

（3）比色皿宽度。通常选用 1 cm 比色皿，对于稀溶液，可通过选取更宽的比色皿提高灵敏度。但这种提高是很有限的，仅为数倍。

（4）狭缝宽度。这里主要指单色器的出射狭缝宽度。狭缝宽度增大可增强入射光强，但通常都以单色光谱带宽度的增大为代价；相反的，减小狭缝宽度可得到更好的单色光，但入射光强相对减小。在没有特殊需要时，一般不调节此项参数，而采用仪器默认值。

8.6 吸光光度法的应用

吸光光度法作为一种成熟的检测方法，已广泛应用于教学、科研、生产等各个领域。

8.6.1 示差分光光度法

一般分光光度法不适用于含量过高（$A>0.8$）或过低（$A<0.2$）物质的测量，因为引入的测量误差较大，而利用示差分光光度法就可克服这一缺点。

示差分光光度法是用一个比被测溶液浓度稍低的标准溶液（c_s）作参比溶液，与被测溶液（c_x）进行比较。根据朗伯-比尔定律得

$$A_s=\varepsilon bc_s$$

$$A_x=\varepsilon bc_x$$

因 $c_x>c_s$，两式相减得

$$A_x-A_s=\varepsilon b(c_x-c_s)=\varepsilon b\Delta c \tag{8-8}$$

如果用 c_s 作参比液调仪器工作零点（透光率 100%），测得 c_x 吸光度是被测溶液与参比溶液的吸光度差值（ΔA）。式(8-8)可叙述为：两溶液吸光度之差与两溶液浓度之差成正比。这就是示差分光光度法原理。用 ΔA 对 Δc 作图，可得一条工作曲线。

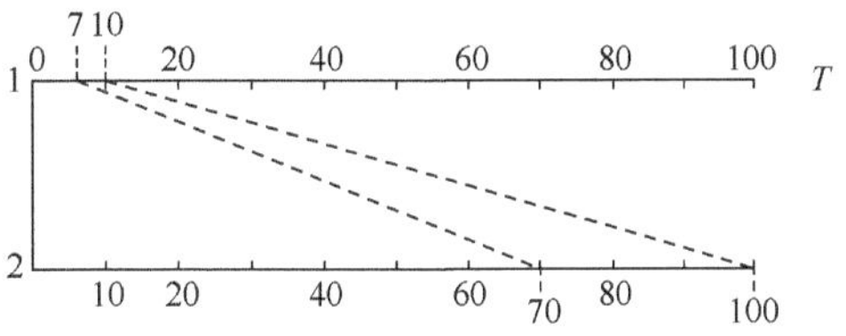

图 8-17　示差分光光度法标尺扩展原理

示差分光光度法能提高测量的准确度，一般情况下，示差分光光度法测定误差可达 0.3%，在某些情况下可降低到 0.1%左右，这是由于吸光度的读数准确度提高的结果。从图 8-17 可以看出，在普通光度法中，以空白液作参比，测得 c_s 的透光率为 10%，c_x 的透光率为 7%。用示差法，以 c_s 作参比，调节其透光率为 100%，接着测 c_x 的透光率为 70% 。10%→100%，7%→70%，这相当于把仪器的读数标尺扩展了 10 倍，使读数误差降低了 10 倍。当 T 为 36.8%时，测得的相对误差 $\frac{\Delta c}{c}$ 为 2.72%，降低 10 倍后，就成了 0.3%。

例 8-4　用示差分光光度法测定 Fe^{2+}，标准溶液和未知液的显色反应按表 8-5 进行，用 1 cm 比色皿，在 508 nm 波长处，以 1 号溶液作为参比溶液调节仪器工作零点(A=0)，分别测定各溶液的吸光度。

表 8-5　不同浓度溶液吸光度值

溶液序号	1	2	3	4	5	未知液
0.1 mg · mL^{-1} Fe^{2+} 溶液移取体积/mL	2.00	2.25	2.50	2.75	3.00	
1%盐酸羟胺加入体积/mL	0.5	0.5	0.5	0.5	0.5	0.5
25% NaAc 溶液加入体积/mL	2.5	2.5	2.5	2.5	2.5	2.5
0.2%邻菲罗啉溶液加入体积/mL	2.50	2.50	2.50	2.50	2.50	2.50
用蒸馏水稀释至 25.00 mL 摇匀，$c(Fe^{2+})$/[mg · $(25\ mL)^{-1}$]	0.200	0.225	0.250	0.275	0.300	
吸光度(ΔA)	0.000	0.207	0.366	0.528	0.749	0.500
Δc/[mg · $(25\ mL)^{-1}$]	0.000	0.025	0.050	0.075	0.100	

数据处理：用计算器进行回归分析计算得

$$a=-0.001\ 718, b=0.138\ 55, r=0.9965$$

测未知液 Fe^{2+} 量

$$c(Fe^{2+})=b\Delta A+a+c_s$$
$$=0.138\ 55\times0.500-0.001\ 718+0.200=0.2677[mg\cdot(25\ mL)^{-1}]$$

8.6.2　多组分分析

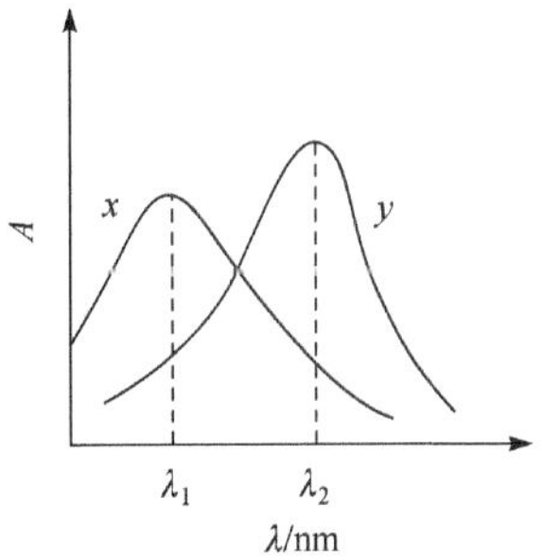

图 8-18　两种组分混合液吸收曲线

一个样品多种组分的同时测定是建立在吸光度具有加合性的基础上的，即总吸光度为各个组分吸光度的总和。

$$A_{总}=A_1+A_2+A_3+\cdots+A_n$$
$$=\varepsilon_1 b_1 c_1+\varepsilon_2 b_2 c_2+\cdots+\varepsilon_n b_n c_n$$

现以含有两种组分的样品溶液为例，如图 8-18 所示。在 λ_1 处测量的总吸光度用 $A_{\lambda_1}^{x+y}$ 表示，在 λ_2 处测量的总吸光度用 $A_{\lambda_2}^{x+y}$ 表示（λ_1 和 λ_2 分别为两种组分的最大吸收波长），则

$$A_{\lambda_1}^{x+y}=A_{\lambda_1}^{x}+A_{\lambda_1}^{y}=\varepsilon_{\lambda_1}^{x}bc_x+\varepsilon_{\lambda_1}^{y}bc_y \quad (b\text{ 固定不变})$$

$$A_{\lambda_2}^{x+y}=A_{\lambda_2}^{x}+A_{\lambda_2}^{y}=\varepsilon_{\lambda_2}^{x}bc_x+\varepsilon_{\lambda_2}^{y}bc_y$$

以上两式分别乘以 $\varepsilon_{\lambda_2}^{y}$、$\varepsilon_{\lambda_1}^{y}$ 并相减后得

$$c_x=\frac{A_{\lambda_1}^{x+y}\varepsilon_{\lambda_2}^{y}-A_{\lambda_2}^{x+y}\varepsilon_{\lambda_1}^{y}}{\varepsilon_{\lambda_1}^{x}\varepsilon_{\lambda_2}^{y}-\varepsilon_{\lambda_2}^{x}\varepsilon_{\lambda_1}^{y}}$$

$$c_y=\frac{A_{\lambda_1}^{x+y}-\varepsilon_{\lambda_1}^{x}c_x}{\varepsilon_{\lambda_1}^{y}}$$

式中，$\varepsilon_{\lambda_1}^{x}$、$\varepsilon_{\lambda_2}^{x}$、$\varepsilon_{\lambda_1}^{y}$ 和 $\varepsilon_{\lambda}^{y}$ 四个摩尔吸光系数可从 x、y 组分的标准溶液中求得。

例 8-5 有 $Cr(NO_3)_3$ 和 $Co(NO_3)_2$ 混合液，在可见光区 Cr^{3+} 和 Co^{2+} 是吸光组分，它们的吸收曲线相互重叠，在任一波长下溶液的吸光度都是两者吸光度之和。在波长 400 nm 和 505 nm 处有两个吸收峰，其吸光度之和为

$$A_{400}^{Cr^{3+}+Co^{2+}}=0.400 \qquad A_{505}^{Cr^{3+}+Co^{2+}}=0.530$$

经过实验测得 $\varepsilon_{400}^{Cr^{3+}}=0.533\ L\cdot mol^{-1}\cdot cm^{-1}$，$\varepsilon_{505}^{Cr^{3+}}=5.07\ L\cdot mol^{-1}\cdot cm^{-1}$，$\varepsilon_{400}^{Co^{2+}}=15.20\ L\cdot mol^{-1}\cdot cm^{-1}$，$\varepsilon_{505}^{Co^{2+}}=5.60\ L\cdot mol^{-1}\cdot cm^{-1}$。则混合液中 Cr^{3+} 和 Co^{2+} 的浓度各为多少？

解 根据公式

$$c(Cr^{3+})=\frac{\varepsilon_{505}^{Co^{2+}}A_{400}^{Cr^{3+}+Co^{2+}}-A_{505}^{Cr^{3+}+Co^{2+}}\varepsilon_{400}^{Co^{2+}}}{\varepsilon_{505}^{Co^{2+}}\varepsilon_{400}^{Cr^{3+}}-\varepsilon_{505}^{Cr^{3+}}\varepsilon_{400}^{Co^{2+}}}$$

和

$$c(Co^{2+})=\frac{A_{400}^{Cr^{3+}+Co^{2+}}-\varepsilon_{400}^{Cr^{3+}}c(Cr^{3+})}{\varepsilon_{400}^{Co^{2+}}}$$

代入数据得

$$c(Cr^{3+})=\frac{\frac{5.60}{15.20}\times 0.400-0.530}{\frac{5.60}{15.20}\times 0.533-5.07}=0.0785\ (mol\cdot L^{-1})$$

$$c(Co^{2+})=\frac{0.400-0.533\times 0.0785}{15.20}=0.0236\ (mol\cdot L^{-1})$$

8.6.3 双波长分光光度法

用经典的单波长分光光度法进行定量分析时，常会遇到以下问题难以解决：多组分吸收重叠，试样背景吸收较大或比色皿差异所引起的误差不能消除等，采用双波长分光光度法可达到消除上述误差的目的。

由光源发出的光，分别经过两个单色器得到两束具有不同波长的单色光，这两束光经过切光器后交替照射于装有同一试液的吸收池，然后测量和记录试液对波长 λ_1 和 λ_2 的吸光度差值 ΔA，由此求出待测组分的含量。

对于波长为 λ_1 的单色光，根据朗伯-比尔定律应有

$$A_{\lambda_1}=\varepsilon_{\lambda_1}bc+A_s$$

对于波长为 λ_2 的单色光应有

$$A_{\lambda_2}=\varepsilon_{\lambda_2}bc+A_s$$

式中，A_s 为背景吸收或光散射。将两式相减得

$$\Delta A = A_{\lambda_2} - A_{\lambda_1} = (\varepsilon_{\lambda_2} - \varepsilon_{\lambda_1})bc$$

该式说明试样溶液对波长为 λ_1 和 λ_2 两束光的吸光度差值与待测物质的浓度成正比，这就是应用双波长分光光度法进行定量分析的依据。

8.6.4 吸光光度法在农业方面的应用

1. 检测农药

农药的检测在农业生产、环境检测、食品安全等领域都是人们关注的焦点。由于其结构复杂、品种多样，对其进行定性、定量测定是较为困难的任务。目前多采用色谱（气相、液相）技术与其他检测技术联用，即将分离、检测结合在一起，实现对复杂样品的测定。紫外-可见分光光度法，作为一种简便、快捷、廉价的检测技术，可与高效液相色谱（HPLC）结合起来，实现对农药的分离、检测。

例如，甲萘威（1-萘基-*N*-甲基氨基甲酸酯，又名西维因）是一种氨基甲酸酯杀虫剂。GB/T 5009.21—2003（粮、油、菜中甲萘威残留量的测定）确定的标准检测方法有两类：

(1) 高效液相色谱法。含有甲萘威的样品经提取、净化、浓缩、定容后作为待测液；取一定量注入高效液相色谱仪，分离后柱端采用紫外检测器检测（紫外分光光度法，测定波长 280 nm）；采用标准曲线法处理数据，获得测定结果（检出限 0.5 $mg \cdot kg^{-1}$）。

(2) 比色法（分光光度法）。碱性条件下，甲萘威水解成 1-萘酚、二氧化碳、甲胺；在酸性条件下，1-萘酚和对硝基偶氮氟硼酸盐显色；475 nm 处，用可见分光光度计测定其吸光度 A，通过标准曲线法，获得测定结果（检出限 5 $mg \cdot kg^{-1}$）。

2. 检测农产品

农产品的检测指标较多，常见的对各种有益元素的检测，可帮助人们更好的认识其品质和营养价值。分光光度法对其中金属元素的分析有着较为广泛的应用，如铁的测定。GB/T 12286—90（水果、蔬菜及制品中铁含量的测定——邻菲罗啉光度法）：有机物分解后，用盐酸羟胺还原 Fe^{3+} 为 Fe^{2+}，加入显色剂邻菲罗啉形成稳定的红色配合物；在 508 nm 处测定其吸光度 A，由标准曲线法确定其含量。

该方法简单易行，同时也是国际标准 ISO 5517—1978（水果、蔬菜及制品中铁含量的测定）中采用的方法。在实验室中该方法也广泛用于其他各类样品中铁的测定，测定原理如下：pH 为 3～9时，Fe^{2+} 与邻菲罗啉生成稳定的橘红色配合物，$\lambda_{max} = 508$ nm，$\varepsilon = 1.1 \times 10^4$ $L \cdot mol^{-1} \cdot cm^{-1}$。

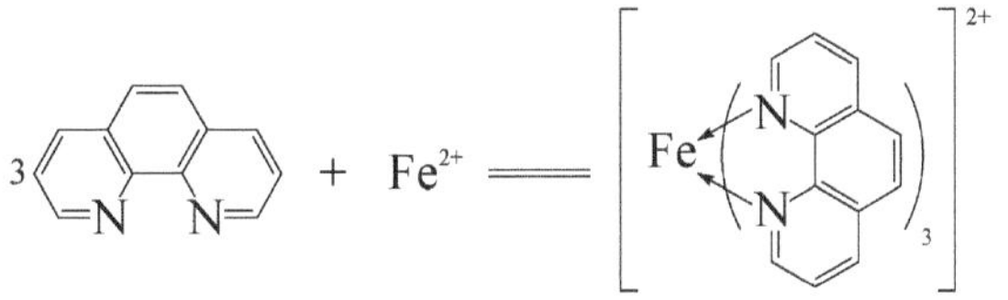

类似的，还有 GB/T 12284—90（水果、蔬菜制品中铜含量的测定——光度法）、GB 7630—1987（大米、小麦中氧化稀土总量的测定——三溴偶氮胂分光光度法）等。

3. 检测土壤、肥料、饲料

土壤、肥料、饲料等是农业生产的物质基础，其组分含量、质量高低的监测、检验关系国计民生。这里就分光光度法在相关方面的应用作简单介绍。

GB 6260—86(土壤中氧化稀土总量的测定——对马尿酸偶氮氯膦分光光度法)。试样以氢氧化钠、过氧化钠熔融,用三乙醇胺浸取以分离 Fe、Ti、Mn、Si、P;所得沉淀经酸溶解后以氨水沉降稀土以分离 Ca、Ni 等;最后所得稀土组分在 0.2～0.24 mol·L^{-1} 盐酸介质中与对马尿酸偶氮氯膦显色,生成蓝绿色配合物,在 675 nm 处测定吸光度;所得数据以标准曲线法处理,获得测试结果。

GB/T 14540.4—93(复合肥料中锌的测定方法)。试样经王水提取后,调至微酸性,Zn^{2+} 与双硫腙显色(酮式配合物);用四氯化碳萃取该配合物,得紫红色溶液,在 530 nm 处测定吸光度;用标准曲线法处理数据,获得测试结果。

GB/T 6437—2002(饲料中总磷的测定——分光光度法)。试样中的有机物被破坏后,在酸性溶液中,用钒钼酸铵与游离的磷元素结合(显色),生成黄色的配合物 $[(NH_4)_3PO_4NH_4VO_3\cdot16MoO_3]$;在 400 nm 处测定吸光度,用标准曲线法处理数据,获得测试结果。

思考题

1. 可见光的波长范围是多少?对溶液的颜色,你是如何理解的?
2. 分子光谱是如何产生的?为什么是带状而非线状光谱?
3. 吸收曲线是如何获得的?有什么作用?
4. 分光光度法中,常取物质的最大吸收波长 λ_{max} 为测量波长,为什么?
5. 什么是显色?什么是掩蔽?
6. 摩尔吸光系数 ε 数值大小表示了什么?
7. 什么是工作曲线?它是如何获得的?
8. 目视比色法、比色法、分光光度法三者在测定原理、仪器、测定准确度方面有什么是异同?
9. 参比溶液选择的原则是什么?实际常用的几种参比溶液是如何获得的?
10. 在对农药等有机物进行分析时,紫外-可见分光光度法虽也有应用,但大多与高效液相色谱(HPLC)联用来实现对样品的检测,为何不直接以这些有机物在紫外区的 λ_{max} 测定其在样品中的含量?

习　题

1. 分光光度法测定某溶液,用 2.00 cm 比色皿测得 T=60.0%。若改用 1.00 cm 或 3.00 cm 的比色皿进行测量,则所得 T、A 分别为多少?

2. 某有机物水溶液在 260 nm 处有最大吸收。已知 b=1 cm,$\varepsilon=1.6\times10^4$ L·mol^{-1}·cm^{-1},则分光光度法测定其吸光度 A 时,溶液浓度宜控制在什么范围较合理?

3. 邻二氮菲法测定 Fe^{2+}:称取试样 0.450 g,溶解、显色、定容至 50.00 mL,以 1 cm 比色皿于 508 nm 处测得吸光度 A=0.342($\varepsilon=1.1\times10^4$ L·mol^{-1}·cm^{-1}),求试样中铁的质量分数。

4. 某有色配合物 0.0010 %水溶液在 640 nm 处,用 2 cm 比色皿测得透光率 T=42.0%;已知其 $\varepsilon=5.6\times10^3$ L·mol^{-1}·cm^{-1},求该配合物的摩尔质量。

5. 浓度为 25.5 μg·mL^{-1} 的 Cu^{2+} 溶液,用双环己酮草酰二腙显色后测定。600 nm 处 1 cm 比色皿测得 A=0.151,求吸光系数 a、摩尔吸光系数 ε 和桑德尔灵敏度 S。

6. 磺基水杨酸法测定微量铁。标准溶液由 0.2158 g $NH_4Fe(SO_4)_2\cdot12H_2O$ 定容至 500 mL 配成。按浓度梯度依次取一定体积标液在 50 mL 容量瓶中显色、定容,一定波长下测得吸光度(A)数据如下:

标准溶液体积/mL	0.0	2.0	4.0	6.0	8.0	10.0
吸光度 A	0.0	0.165	0.320	0.480	0.630	0.790

取待测试样 5.00 mL，稀释至 100 mL，再取稀释后的溶液 2.50 mL 与标准溶液相同方法显色、定容后，测定其吸光度 $A_x=0.412$，则待测液中铁的含量是多少？（标准曲线法）

7. 以示差光度法测定某含铁试液，用 6.4×10^{-4} $mol\cdot L^{-1}$ Fe^{3+} 标准溶液为参比，在相同条件下显色、测定，测得样品溶液吸光度为 0.412。已知比色皿宽度 1 cm、显色配合物 $\varepsilon=2.8\times10^{3}$ $L\cdot mol^{-1}\cdot cm^{-1}$，则样品中 Fe^{3+} 的浓度为多少？

第 9 章　电位分析法

基本要求

- 掌握电位分析法的测定原理及定量方法。
- 熟悉离子选择性电极的类型及作用原理。
- 掌握直接电位法及应用。
- 熟悉电位滴定法的测定原理。
- 了解电位滴定法的终点确定方法及有关计算。

9.1　电位分析法概述

电位分析法(potential analysis)是电化学分析法(electrochemical methods of analysis)的重要组成部分。它是利用测定原电池的电动势或电动势的变化来研究化学电池内发生的特定现象,并对物质的组成和含量进行定性、定量分析的一种电化学分析方法。电位分析法可分为直接电位法(direct potentiometry)和电位滴定法(potentiometric titration)。

直接电位法是通过测量原电池电动势直接测定被测离子活度或浓度的方法。该法最初用于溶液的 pH 的测定,20 世纪 60 年代以来,随着离子选择性电极的迅速发展,其应用更为广泛。此法与其他电化学法相比,具有以下特点:

(1) 选择性好。因采用了与被测离子具有较高选择性的离子选择性电极,共存离子干扰小,因此对一些组成复杂的试样可不经分离、掩蔽等处理,即可直接测定。

(2) 操作简便,分析速度快。所用仪器简单且易于操作。离子选择性电极的响应速度快,测量时间短,单次分析仅需 1～2 min。

(3) 灵敏度高,测量范围广。此法检出限为 10^{-6} mol·L^{-1},测量的浓度范围达 4～6 个数量级。若采用离子选择性微电极技术,可对几微升试样进行定量分析,甚至可在生物体内进行原位分析。

(4) 易实现连续分析和自动分析。由于电极输出为电信号,不必转换即可直接放大和测量、记录,易实现自动分析。直接电位法和流动注射技术相结合可对试样进行连续测定。

电位滴定法是通过测量滴定过程中电池电动势的变化来确定滴定终点的一种滴定分析方法。电位滴定法的基本原理与普通滴定分析相同,其区别在于确定终点的方法不同,因而具有以下特点:

(1) 准确度较电位分析法高。与普通滴定分析一样,测定的相对误差可低至 0.2%。

(2) 能用于无合适指示剂或难以用指示剂判断终点的深色溶液或浑浊溶液等的滴定。

(3) 能用于非水溶液的滴定。

(4) 能用于连续滴定和自动滴定,并适用于微量分析。

9.2　电位分析法基本原理

电位分析法是利用测定原电池的电动势来求得被测物质含量的一种电化学分析方法。电极电势与相应离子活度之间的关系可用能斯特公式表示。例如，将金属 M 插入含有其离子 M^{n+} 的水溶液，即组成 M^{n+}/M 电极。该电极的电极电势与溶液中 M^{n+} 的活度 $a(M^{n+})$ 之间的关系遵从能斯特方程

$$\varphi(M^{n+}/M)=\varphi^{\ominus}(M^{n+}/M)+\frac{2.303RT}{nF}\lg a(M^{n+})$$

若将另一电极电势与 $a(M^{n+})$ 无关的电极（称为参比电极）也插入此溶液中，则组成原电池

$$M|M^{n+}\parallel 参比电极$$

该原电池的电动势可依下式计算

$$\begin{aligned}\varepsilon &=\varphi_{参比}-\varphi(M^{n+}/M)\\ &=\varphi_{参比}-\varphi^{\ominus}(M^{n+}/M)-\frac{0.0592}{n}\lg a(M^{n+})\\ &=K-\frac{0.0592}{n}\lg a(M^{n+})\end{aligned}$$

该原电池的电动势与 M^{n+} 活度的对数呈直线关系，只要测出电池电动势即可得到 $a(M^{n+})$，这便是直接电位分析法的基本原理。

若 M^{n+} 是被滴定离子或标准物质，则随滴定的进行，$a(M^{n+})$ 不断变化，且在化学计量点附近 $\lg a(M^{n+})$ 发生突变，引起电池电动势 ε 发生较大变化，据此可确定滴定的终点。这就是电位滴定法的测定原理。

9.2.1　参比电极

电极电势恒定且与待测物质的活度（浓度）无关的电极称为参比电极（reference electrode）。实际应用过程中要求其装置简单，使用方便，电极的再现性好，使用寿命长。金属-金属离子电极和惰性金属电极不宜作参比电极，因为它们的电极电势会因电池中有微弱电流通过，离子活度发生变化而发生改变。所以一般选用第二类电极，如饱和甘汞电极或银-氯化银电极作参比电极。

1. 甘汞电极

甘汞电极（calomel electrode）是由 Hg 和 Hg_2Cl_2 以及 KCl 溶液组成的电极，其构造如图 9-1所示。内玻璃管中封接一根铂丝，铂丝插入纯汞中，下置一层甘汞（Hg_2Cl_2）和汞的糊状物，外玻璃管中装入 KCl 溶液，即构成甘汞电极。电极下端与待测溶液接触部分是熔结陶芯或玻璃砂芯等多孔物质或是一细管通道。

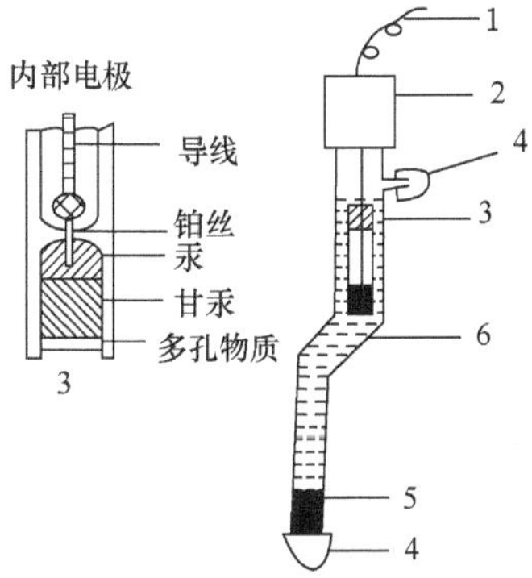

图 9-1　甘汞电极

1. 导线；2. 绝缘体；3. 内部电极；4. 橡皮帽；5. 多孔物质；6. 饱和 KCl 溶液

电极组成　$Hg|Hg_2Cl_2(s)|KCl(s)$

电极反应　　　　　　$Hg_2Cl_2+2e^- \rightleftharpoons 2Hg+Cl^-$

电极电势

$$\varphi(Hg_2Cl_2/Hg)=\varphi^{\ominus}(Hg_2Cl_2/Hg)_{参比}-0.0592\lg a(Cl^-)\ (25\ ℃)$$

溶液中 $a(Cl^-)$不会因电池反应发生而变化，从而保持电极电势恒定。不同浓度 KCl 溶液的甘汞电极电势，其有关数据见表 9-1。

表 9-1　不同浓度 KCl 溶液的甘汞电极的电极电势(25 ℃)

KCl 溶液浓度/($mol \cdot L^{-1}$)	名称	电极电势/V
0.1	0.1 $mol \cdot L^{-1}$甘汞电极	+0.3365
1.0	标准甘汞电极	+0.2828
饱和溶液	饱和甘汞电极(SCE)	+0.2438

如温度不是 25 ℃，其电极电势值应进行校正，对饱和甘汞电极 t ℃时电极电势为

$$\varphi=0.2438V-7.6\times10^{-4}V\cdot ℃^{-1}\times(t-25)\ ℃$$

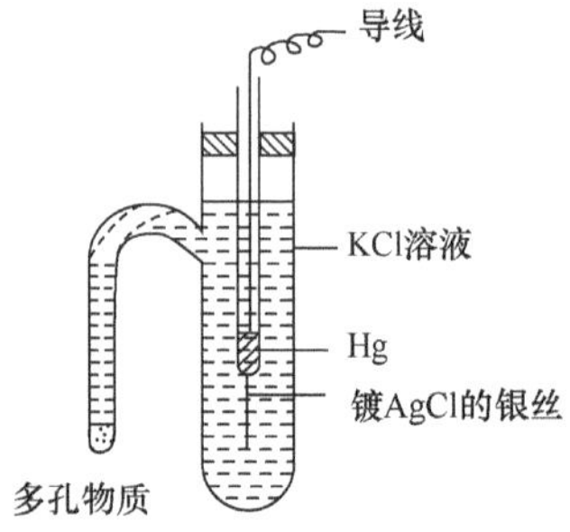

图 9-2　银-氯化银电极

2. 银-氯化银电极

银-氯化银电极的构造(silver-silver chloride electrode)如图 9-2 所示。银丝镀上一层 AgCl，浸在一定浓度的 KCl 溶液中。

电极组成　　Ag，AgCl(s) | KCl(a)

电极反应　　$AgCl+e^- \rightleftharpoons Ag(s)+Cl^-$

电极电势

$$\varphi(AgCl/Ag)=\varphi^{\ominus}(AgCl/Ag)_{参比}-0.0592\lg a(Cl^-)\ (25\ ℃)$$

当温度及 $a(Cl^-)$一定时，银-氯化银电极的电极电势不变。不同浓度 KCl 溶液银-氯化银电极电势有关数据见表 9-2。

表 9-2　不同浓度 KCl 溶液的银-氯化银电极的电极电势(25 ℃)

KCl 溶液浓度/($mol \cdot L^{-1}$)	名称	电极电势/V
0.1	0.1 $mol \cdot L^{-1}$银-氯化银电极	+0.2880
1.0	标准银-氯化银电极	+0.2223
饱和溶液	饱和银-氯化银电极	+0.2000

银-氯化银电极优于甘汞电极之处在于其受温度影响小，在 80 ℃以上，其电极电势仍很稳定，故近年来有代替甘汞电极之势。

9.2.2　指示电极

电化学上把能响应待测离子并随溶液中待测离子活度的变化而变化的电极称为指示电极(indicator electrode)。常用的指示电极有金属类电极和膜电极。前者主要用于电位滴定法而后者主要用于直接电位法。

1. 金属指示电极

有金属参与电极反应或作为提供电子交换的场所的这类电极称为金属指示电极。该类电极与膜电极的主要区别在于其电极电势的产生机理不同，金属指示电极电势的产生与电子的转移有关。

1) 金属-金属离子电极（第一类电极或活性金属电极）

把金属浸在含有金属离子的溶液中（$M|M^{n+}$），达平衡后即构成此类电极。例如，将银丝浸入含 Ag^+ 的水溶液中便构成了银电极，电极反应和能斯特方程分别为

$$Ag^+ + e^- \longrightarrow Ag$$

$$\varphi = \varphi^{\ominus} + \frac{2.303RT}{F}\lg a(Ag^+)$$

这类电极能反映阳离子活度的变化，因此可用于测定有关离子的活度。能组成此类电极的金属还有 Cu、Ag、Hg、Pb 等。Fe、Co、Ni 等由于表面结构因素和表面氧化膜的影响，电极电势的再现性差，故不能用作指示电极。

2) 金属-金属难溶盐电极（第二类电极）

此类电极由金属及其难溶盐浸入含有该难溶盐阴离子的水溶液中构成，如 AgCl / Ag 电极、甘汞（Hg_2Cl_2/Hg）电极等。有关 AgCl / Ag 电极和甘汞电极，它们的电极反应和能斯特方程分别如参比电极部分内容所述。

此类电极的一大特点就是其仅对溶液中构成难溶盐的阴离子活度有响应，可利用其测量的是一种不直接发生电子转移的阴离子活度，故又称为第二类电极。

3) 惰性金属电极（零类电极）

在氧化还原电对中，如果氧化态和还原态都是离子，则需用惰性金属（如铂或金）插入它们的溶液中构成电极。惰性电极仅提供电子转移的场所，自身并不参与反应。例如，将铂丝浸入含有 Fe^{3+} 和 Fe^{2+} 的溶液中构成 Fe^{3+} / Fe^{2+} 电极

$$Pt|Fe^{3+},\ Fe^{2+}$$

电极反应和能斯特方程分别为

$$Fe^{3+} + e^- \longrightarrow Fe^{2+}$$

$$\varphi = \varphi^{\ominus}(Fe^{3+}/Fe^{2+}) + \frac{2.303RT}{F}\lg\frac{a(Fe^{3+})}{a(Fe^{2+})}$$

氢电极、氧电极和卤素电极也属此类电极。

2. 膜电极

膜电极（离子选择性电极）就是通常所说的离子选择性电极（ISE），它是 20 世纪 60 年代发展起来的一类新型电化学传感器。此类电极具有特殊的膜，基于膜的特性，电极电势对溶液中某特定离子的活度有响应，二者关系遵从能斯特方程。其响应机理是基于在相界面上发生了离子交换，而非电子转移。这类电极具有灵敏度高，选择性好等优点。

9.3　离子选择性电极

离子选择性电极（ion selective electrode）种类繁多，是电位分析法中应用最为广泛的指示

电极。现就离子选择性电极的种类、构造以及电极电势的产生机理予以讨论。

9.3.1 离子选择性电极的构造及分类

1. 电极的基本构造

虽然离子选择性电极所用电极材料、内部结构、外部形状各异，但其基本构造是一致的，一般由敏感膜、内参比液和内参比电极组成，如图 9-3 所示。传感膜能将内部参比液与外部的待测离子溶液分开，是电极的关键部件。

2. 离子选择性电极的类型

1975 年 IUPAC 根据电极敏感膜的性质、材料和膜电位响应机理等作为分类依据，建议将离子选择性电极分为以下类型：

- 离子选择性电极
  - 原电极
    - 晶体膜电极
      - 均相膜电极（如氟离子膜电极）
      - 非均相膜电极（如 Ag_2S 掺入硅橡胶中制得的硫电极）
    - 非晶体膜电极
      - 刚性基质电极（如 pH 玻璃膜电极）
      - 流动载体电极
        - 正电荷载体电极（如 NO_3^- 电极）
        - 负电荷载体电极（如 Ca^{2+} 电极）
  - 敏化电极
    - 气敏电极（如氨电极）
    - 酶敏电极（如尿素氨电极）
    - 细菌电极
    - 组织电极

原电极是指敏感膜直接与待测液相接触的离子选择性电极，敏化电极是以原电极为基础装配的离子选择性电极。下面介绍几种常用的离子选择性电极。

1) 晶体膜电极

晶体膜电极(crystal membrane electrode)的敏感膜材料一般为难溶盐加压拉制成的单晶、多晶或混晶的活性膜，它对形成难溶盐的阳离子或阴离子产生响应。

单晶膜电极如测氟用的氟离子选择性电极，电极膜由掺有 EuF_2（以利于导电）的 LaF_3 的单晶片制成。把 LaF_3 的单晶经切片抛光后将其封在硬塑料管的一端，管内装有 0.1 mol · L^{-1} NaCl 和 0.1～1.0 mol · L^{-1}NaF 混合液作内参比液，以 Ag-AgCl 作内参比电极（F^- 用以控制膜内表面的电极电势，Cl^- 固定内参比电极的电极电势），即构成氟电极，其结构如图 9-4 所示。

由于 LaF_3 的晶格存在空穴，晶体中氟离子是电荷的传递者，La^{3+} 固定在膜相中，不参与电荷的传递。由于晶体膜对通过晶格而进入空穴的离子大小、形状和电荷有严格的限制，只能允许特定的离子进入空穴，其他离子不能进入空穴，从而使得晶体膜有选择性。氟离子选择性电极的选择性较高，为 F^- 浓度的 1000 倍的 Cl^-、Br^-、I^-、SO_4^{2-}、NO_3^- 的存在无明显干扰。

在 298.15 K 时，氟离子选择性电极的电极电势与溶液中 F^- 活度的关系遵守能斯特方程式

$$\varphi_{膜}=K-0.0592\lg a(F^-) \qquad (25\ ℃)$$

测试溶液的 pH 需控制在 5～6。因 pH 过低，F^- 会形成 HF 或 HF_2^-，使 F^- 活度降低；pH 过高，LaF_3 薄膜中的 F^- 与溶液中的 OH^- 发生交换，晶体表面形成 $La(OH)_3$ 而释放出

F^-，干扰测定。此外，溶液中与 F^- 生成稳定配合物或难溶化合物的离子，如 Al^{3+}、Ca^{2+}、Fe^{3+}、Mg^{2+} 等也有干扰，通常可加掩蔽剂来消除。除 OH^- 外，其他阴离子一般不干扰测定。

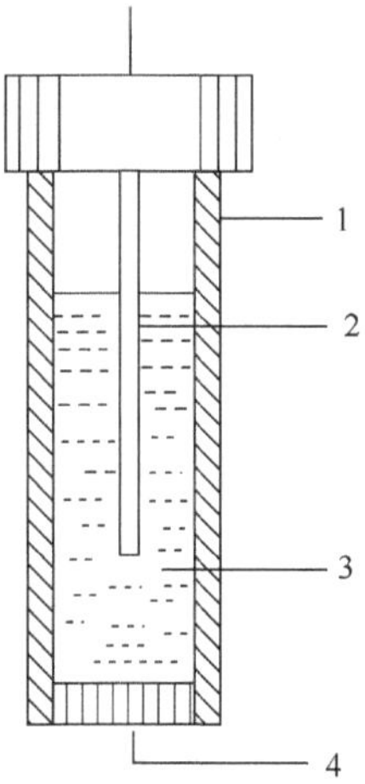

图 9-3　离子选择性电极

1. 电极管；2. 内参比电极；3. 内参比液；4. 敏感膜

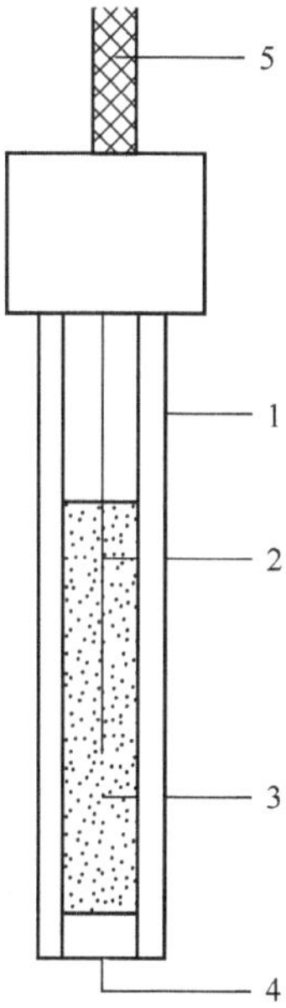

图 9-4　氟电极结构图

1. 电极杆；2. Ag-AgCl 内参比电极；3. 内参比液；4. LaF_3 单晶膜；5. 接线柱

难溶电解质晶体膜的检测下限取决于难溶电解质的溶解度，一般来说，难溶电解质的溶解度越小，电极的检测下限越小，氟离子的检测下限可达 10^{-7} mol · L^{-1}，测定的线性范围为 10^{-1}～5×10^{-7} mol · L^{-1}。

多晶膜电极测定浓度范围一般在 10^{-1}～5×10^{-6} mol · L^{-1}。

均相膜是由单晶或多晶直接压片而成。非均相膜是由多晶中加入惰性物质(如 PVC、聚苯乙烯或石蜡)等热压而成。

2) 非晶体膜电极

此类电极的膜是一种含有离子型物质或电中性的支持体组成，支持体物质是多孔的塑料膜或无孔的玻璃膜。

(1) 流动载体电极(液膜电极)。液膜电极是由电活性物质(载体)、不与水混溶的有机溶剂、多孔薄膜、内参比电极和内参比溶液等组成。载体可以在膜相中流动。敏感膜是由浸泡有电活性物质(如烧结玻璃、陶瓷或高分子聚陶瓷或高分子聚合物)构成。电活性物质必须与水相中欲测离子发生选择性离子交换反应或形成配合物，它可以是荷电的离子载体，也可以是中性配位载体。

钙离子选择性电极为此类电极的典型代表。Ca^{2+} 电极属带负电荷的流动载体电极，流动载体为磷酸二酯衍生物[$(RO)_2PO_4^-$]。

NO_3^- 选择性电极属带正电荷的流动载体电极，流动载体为溶于邻硝基苯二烷醚的季铵盐。

(2) 刚性基质电极。由离子交换型的刚性基质电极薄膜玻璃熔融烧制而成的，如 pH 玻璃膜电极、钠离子玻璃膜电极等。

3）敏化电极

敏化电极按 IUPAC 推荐的定义为：在主体电极（离子选择性电极）上覆盖一层膜或一层物质，使电极性能提高或改变其选择性的电极。敏化电极可分为气敏电极和酶（底物）电极两种。

（1）气敏电极。气敏电极是一种气体传感器，常用于分析溶于水溶液的气体，其作用原理是利用待测气体与电解质发生反应，改变主体电极有响应的离子的活度，因这种离子的活度（或浓度）与溶解的气体量成正比，由此可测定出试液中气体的活度（或浓度），如 NH_3、NO_2、H_2S、SO_2 等气敏电极。

（2）酶（底物）电极。它是用涂有生物酶的离子选择性电极传感膜所组成。酶可促使待测物质发生某种反应，产生一种可利用电极响应而测定的产物。由于酶的专一性强，故酶电极具有很高的选择性。例如，CO_2、NH_4^+、CN^-、F^-、SCN^-、I^- 等大多数离子可被该类电极响应。但酶电极的稳定性差，其制备也有一定的困难，在生物化学分析中具有重要意义，如氨基酸、葡萄糖、尿素、胆固醇等有机物质的测定。

9.3.2　离子选择性电极的响应机理

不同类型的离子选择性电极，其响应机理虽然各有其特点，但其膜电位产生的机理相似，现以 pH 玻璃膜电极为例予以讨论。

1. pH 玻璃膜电极

pH 玻璃膜电极（pH glass membrane electrode）是最早研制的离子选择性电极，其电极电势与待测夜 pH 呈良好的线性关系，且不受溶液中氧化性、还原性物质干扰，平衡时间短，操作简便，是目前最重要的 H^+ 指示电极。pH 玻璃膜电极的结构如图 9-5 所示。它的关键部分是底部的由特种软玻璃（组成接近 22% Na_2O、6% CaO 和 72% SiO_2）制成的薄膜，膜厚度 0.05～0.1 mm。电极内装有内参比液（常为 0.10 mol · L^{-1} HCl 溶液），内参比液插入一支银-氯化银或甘汞电极作内参比电极。

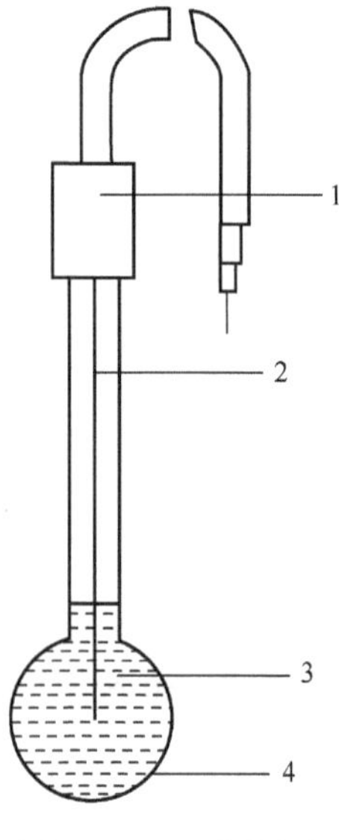

图 9-5　pH 玻璃电极
1. 绝缘套；2. Ag-AgCl 电极；3. 内参比液；4. 玻璃膜

特种玻璃的结构是由固定的、带有负电荷的硅酸晶体骨架（GI^-）和体积较小、活动能力较强的 Na^+ 组成。当把玻璃膜置于水中浸泡时，由于水中 H^+ 与硅酸晶格的键合力远大于 Na^+ 以及其他离子，于是在膜的两侧均发生硅酸盐表面结构的 Na^+ 与水中的 H^+ 交换

$$H^+ + Na^+GI^- \rightleftharpoons Na^+ + H^+GI^-$$

此反应进行得十分完全，浸泡 24 h 后，玻璃两侧表面阳离子点位都被 H^+ 占据，形成一薄层水化硅胶，所以此过程称为水化。

把浸泡好的玻璃电极插入待测溶液，膜外水化层与试液接触。由于水化层和试液中的 H^+ 活度不同，H^+ 必由活度较大一方向活度较小一方迁移，并最终达成平衡

$$H^+(\text{硅胶层}) \rightleftharpoons H^+(\text{试液})$$

因而改变了硅胶层与试液两相界面的电荷分布，形成了双电层，产生了两相间的电势差称为相界电位（$\varphi_{外}$）。同理，玻璃膜内表面与内参比液也产生了内相界电位（$\varphi_{内}$）。这样，跨越玻璃膜

的两溶液之间 $\varphi_{膜}$ 产生了电势差，成为膜电位 $\varphi_{膜}$。$\varphi_{膜}$ 的产生如下所示。

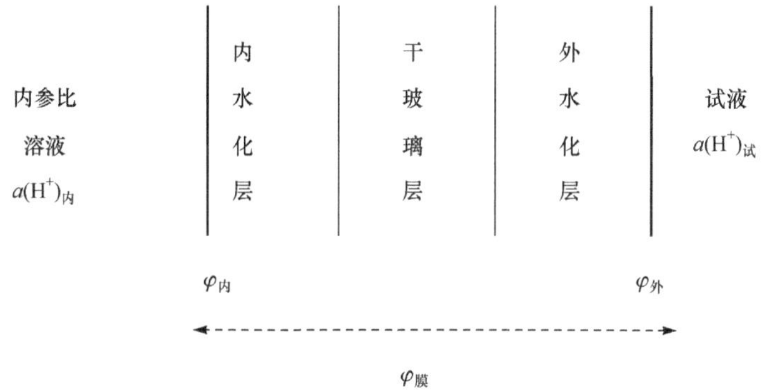

热力学证明，膜电位与膜两侧溶液中 H^+ 活度有关，遵从能斯特方程，25 ℃时

$$\varphi_{膜}=\varphi_{外}-\varphi_{内}=0.0592\ \lg\frac{a(H^+)_{试}}{a(H^+)_{内}} \tag{9-1}$$

因玻璃电极内参比溶液中 H^+ 活度为定值，故

$$\varphi_{膜}=K+0.0592\ \lg a(H^+)_{试}=K-0.0592\text{pH} \tag{9-2}$$

即一定温度下，pH 玻璃膜的膜电位与试液 pH 呈线性关系。式中，常数 K 由每支电极自身性质决定。

由式(9-1)可知，当 $a(H^+)_{试}=a(H^+)_{内}$ 时，$\varphi_{膜}$ 应为 0。而实际上此时膜两侧溶液仍存在一定电势差，此种电势差称为不对称电位。它的产生是膜内、外表面状况不完全相同(如组成不均匀，表面张力不同，水化程度不同等)所致。对于同一支电极，条件一定时，$\varphi_{不对称}$ 为一确定值。因此，玻璃电极使用前必须在纯水中浸泡 24 h 以上，一为其表面水化，产生对 H^+ 的响应；二为使不对称电位趋于最小并达到稳定。

综上所述，玻璃电极的电极电势由三部分组成：

$$\underbrace{\text{Ag, AgCl}\,|\,\text{内参比溶液}\,|}_{\text{内参比电极电势}}\quad\underbrace{\text{玻璃膜}\,|\,\text{试液}}_{\text{膜电位，不对称电位}}$$

25 ℃时，玻璃电极电势为

$$\begin{aligned}\varphi_{玻}&=\varphi_{内参比}+\varphi_{膜}+\varphi_{不对称}=\varphi_{内参比}+\varphi_{不对称}+K-0.0592\text{pH}_{试液}\\&=K'+0.0592\text{pH}_{试液}\end{aligned} \tag{9-3}$$

式(9-3)说明，一定温度下，玻璃电极的电极电势与试液的 pH 呈线性关系。

2. pH 的直接电位法测定

以 pH 玻璃电极作指示电极，饱和甘汞电极(或银-氯化银)为参比电极，同时浸入试液，即可组成用于 pH 电位测定的工作电池

$$\underbrace{\text{玻璃电极}\,|\,\text{试液}\,\|}_{\varphi_{玻}}\underbrace{\text{甘汞电极}(+)}_{\varphi_{参}+\varphi_{液接}}$$

其中，$\varphi_{液接}$ 为液体液接电位，是两不同溶液接界时界面两侧的电势差，它是由于溶液中正、负离子扩散速率不同而产生的。实际工作中，由于盐桥的作用可使之降至 1～2 mV，一般可忽略不计。

由上可知，工作电池的电动势 ε(25 ℃)为

$$\varepsilon = \varphi_{参比} + \varphi_{液接} - \varphi_{玻} = \varphi_{参比} + \varphi_{不对称} - K' + 0.0592\text{pH}_{试液}$$
$$= K'' + 0.0592\text{pH}_{试液} \tag{9-4}$$

即工作电池的电动势,在一定温度下与试液 pH 呈线性关系。

式(9-4)中常数 K'' 包含玻璃电极的不对称电位,不能由理论计算求得,故据此无法直接测得试液 pH,而必须用已知准确 pH 的标准缓冲溶液对仪器进行校正,以消除 $\varphi_{不对称}$ 对测定的影响,其原理和具体做法如下:

将玻璃电极和甘汞电极依次插入已知准确 pH 的标准缓冲溶液 s 和未知试液 x 中,分别测定两原电池的电动势

$$\varepsilon_s = K'' + 0.0592\text{pH}_s$$

$$\varepsilon_x = K'' + 0.0592\text{pH}_x$$

两式相减得

$$\text{pH}_x = \text{pH}_s + \frac{\varepsilon_x - \varepsilon_s}{0.0592} \quad (25\ ℃) \tag{9-5}$$

由此可见,pH_x 与 pH_s 的差值与($\varepsilon_x - \varepsilon_s$)呈线性关系,直线的斜率与温度有关,25 ℃时为 $\frac{1}{0.0592}$。国标六种基准缓冲溶液的浓度和不同温度下的 pH 见表 9-3。

表 9-3 基准缓冲溶液的 pH

温度 / ℃	$KH_3(C_2O_4)_2 \cdot 2H_2O$ 0.05 mol·L^{-1}	$KHC_4H_4O_6$ 饱和溶液 (25 ℃)	$KHC_4H_4O_6$ 0.05 mol·L^{-1}	KH_2PO_4(0.025 mol·L^{-1}) +Na_2HPO_4(0.025 mol·L^{-1})	$Na_2B_4O_7 \cdot 10H_2O$ 饱和溶液 (25 ℃)
15	1.673		3.996	6.898	9.276
20	1.676		3.998	6.879	9.226
25	1.680	3.599	4.003	6.864	9.182
30	1.684	3.551	4.010	6.852	9.142
35	1.688	3.547	4.019	6.844	9.105
40	1.694	3.547	4.029	6.838	9.072

实际工作中常用 pH 计测量工作电池的电动势。pH 计是高阻抗输入的电子毫伏计,它将工作电池的直流电势输入参量振荡深度负反馈直流放大器中放大,最后电表以 pH(或 mmV)显示出来。为了使用方便,酸度计已将所测得的电动势换算为 pH。表盘刻度在 25 ℃按每 59 mmV为一个 pH 单位重新划定。25 ℃下测定时,先将电极浸入已知准确 pH 的标准缓冲溶液中,稳定后,利用"定位"旋钮调节指针位置与标准缓冲溶液 pH 相一致;再将电极浸入试液,此时指针所示即为试液的 pH。精密 pH 计可测准至 0.001pH 单位,常用 pHS-2 型可测准至 0.002pH 单位。pH 电位测定时应注意以下几点:

(1) 测定温度。工作曲线斜率与温度有关,测定时应调节 pH 计上"温度"旋钮指示值与试液温度相同以进行校正。pH 标准缓冲溶液应与试液温度相同。

(2) 标准缓冲溶液的 pH 应与试液 pH 相接近,相差不要超过 3 个 pH 单位。

(3) 不对称电位。玻璃电极事先置于纯水中浸泡 24 h 以上,使 $\varphi_{不对称}$ 降至最低并趋于

恒定。

(4) 酸差和碱差。pH 玻璃电极的 φ-pH 关系只在一定范围内呈线性关系。普通 pH 玻璃电极适宜在 pH 1.0～9.5 使用，pH 过低、过高时误差较大，分别称为“酸差”和“碱差”。造成碱差的原因是，在碱性过高的溶液中，由于 $a(H^+)$ 较小，溶液中其他阳离子尤其是 Na^+ 参与了离子交换，故“碱差”又称“钠差”，此误差为负误差；而当 pH 玻璃电极测定 pH<1 的强酸溶液时，pH 的测定值高于真实值，即酸差为正负误差。玻璃组成不同的 pH 玻璃膜电极所适宜 pH 测定范围不同，如用 Li_2O 代替 Na_2O 的 pH 玻璃膜电极（膜材料为 Li_2O、Cs_2O、La_2O_3、SiO_2）其测定 pH 范围为 1～14。

9.3.3　离子选择性电极的性能

离子选择性电极的性能，主要由下列几项指标决定。

1. 电极的选择性系数

理想的离子选择性电极只对待测离子响应，实际上，电极除对待测离子有响应外，共存的其他离子也能与之响应产生膜电位。电极的选择性通常用选择性系数 K_{ij} 来表示 j 离子对 i 离子测定的干扰程度。K_{ij} 定义为能提供相同电势时被测离子的活度 a_i 和干扰离子的活度 a_j 的比值，即

$$K_{ij}=\frac{a_i}{(a_j)^{\frac{n_i}{n_j}}} \tag{9-6}$$

式中，n_i 和 n_j 分别为被测离子和干扰离子的电荷数。对任何一个离子选择性电极，选择性系数 K_{ij} 越小越好。若 $n_i=n_j=1$，设 $K_{ij}=10^{-2}$，意味着 $a_j=100a_i$ 时，两者的电势相等，或者说电极对待测离子 i 的响应程度是干扰离子 j 响应程度的 100 倍。一般来说，K_{ij} 值应满足 $K_{ij}\leqslant 10^{-2}$；若为 10^{-4}，则可以认为干扰离子不干扰测定。

有些文献用选择比来描述电极的选择性。选择比是选择系数的倒数，选择比越大，电极的选择性越高。

2. 线性范围、响应斜率及检测下限

电极电势随离子活度变化的特征称为响应。以离子选择性电极的电位对响应离子标准系列活度的负对数作图，所得 ε-$-\lg a_i$ 关系曲线称为标准曲线，如图 9-6 所示。标准曲线的直线部分(图中 AB 段)相对应的离子活度范围称为离子选择性电极线性范围。线性范围是给定的离子选择性电极适宜的待测离子的活度范围，在实际应用中，必须控制待测离子的活度在该电极的线性范围内，否则会产生较大误差。

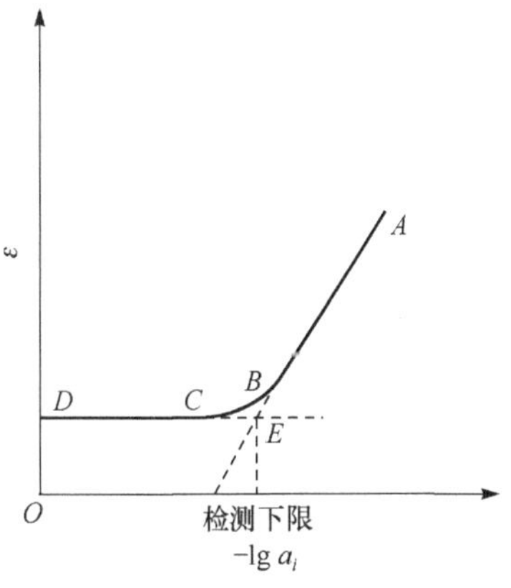

图 9-6　标准曲线及检测下限

当待测离子的活度较低时，电极电势响应减小，直到电势无明显变化(图中 DC 段)。直线 AB 的斜率为电极的实际响应斜率，往往与理论斜率（$S=\frac{2.303RT}{nF}$）有一定距离。当实际斜率接近理论斜率时，则称电极具有能斯特响应。

电极的检测下限是指能够检测到的待测离子的最低活度，它是电极灵敏度的标志，在实际应用中为 AB 与 DC 两延长线交点 E 处的活度(或浓度)值。

9.4 直接电位法

直接电位法应用最多的是用离子选择性电极测定有关离子浓度，前已述及的 pH 的直接电位法测定即是一典型例子，本节将重点讨论其他离子选择性电极的直接电位法测定。

9.4.1 测定原理

20 世纪 60 年代以来，已研制出多种离子选择性电极，虽结构不同，但主要部件都由特种薄膜(电化学传感器)、内参比溶液和内参比电极组成。各类电极薄膜中一般含有与待测离子相同的的离子，插入试液中后，由于离子的迁移，也会产生膜电位，膜电位与试液中待测离子活度的关系遵从能斯特方程。图 9-7 为 F^- 选择性电极示意图。对阳离子 M^{n+} 响应的电极

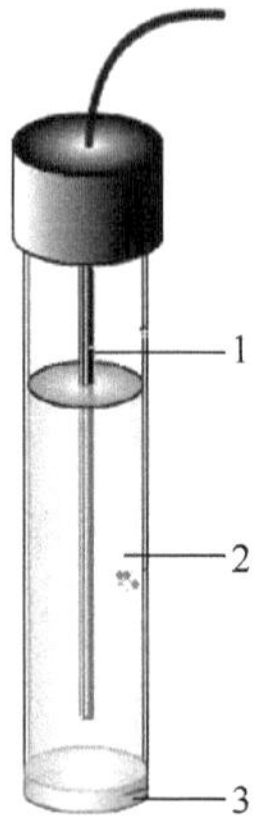

图 9-7 氟离子选择性电极

1. 银-氯化银内参比电极；2. 内参比溶液(NaF-NaCl)；3. 氟化镧单晶膜

$$\varphi_{膜}=K+\frac{2.303RT}{nF}\lg a(M^{n+}) \tag{9-7}$$

对阴离子 M^{n-} 响应的电极

$$\varphi_{膜}=K-\frac{2.303RT}{nF}\lg a(M^{n-}) \tag{9-7'}$$

将离子选择性电极浸入试液，所得工作电池的电动势 ε 为

$$\varepsilon=K'\pm\frac{2.303RT}{nF}\lg a \tag{9-8}$$

即一定温度下，电动势 ε 与离子的活度呈线性关系，斜率为 $\pm\frac{2.303RT}{nF}\left(25\ ℃时为\frac{0.0592}{n}\right)$，常用 S 表示

$$\varepsilon=K'\pm S\lg a \tag{9-9}$$

式(9-9)为使用离子选择性电极进行测定的依据。

若工作电池中离子选择性电极为正极，M 为阳离子时，K' 后取正号；M 为阴离子时，则 K' 后取负号。以 F^- 选择性电极测 F^- 含量为例。将氟离子选择性电极和饱和甘汞电极置于待测的 F^- 试液中组成原电池，若指示电极为正极，则电池表示为

$$Hg|Hg_2Cl_2(s)|KCl(饱和)\parallel 试液|LaF_3 膜\left|\begin{matrix}F^-(0.1\ mol\cdot L^{-1})\\Cl^-(0.1\ mol\cdot L^{-1})\end{matrix}\right|AgCl(s)|Ag$$

电池电动势为

$$\varepsilon=\varphi_{指示}-\varphi_{甘汞}=K'-\frac{2.303RT}{F}\lg a(F^-) \tag{9-10}$$

若指示电极为负极，则

$$\varepsilon = \varphi_{指示} - \varphi_{甘汞} = K' + \frac{2.303RT}{F}\lg a(F^-) \tag{9-11}$$

9.4.2　测定方法

1. 标准曲线法

配制一系列含有不同浓度被测物质的标准溶液，各溶液中均加入等量的总离子强度调节缓冲溶液(total ionic strength adjustment buffer，简写为 TISAB)。TISAB 的作用是保持各溶液的离子强度恒定，以使待测离子的活度系数为常数，同时起到控制溶液的 pH 和掩蔽干扰离子的作用。

将离子选择性电极和饱和甘汞电极依次插入各标准溶液，分别测定原电池的电动势 ε。以 ε 为纵坐标，$\lg c_i$ 为横坐标作图，可得一直线，称为标准曲线或工作曲线。再将电极插入试液中，根据测得的电动势，即可查找出相应的 $\lg c_x$，从而得到 c_x。

2. 标准加入法

若试液中离子强度较高、成分复杂，难以控制试液与标准溶液中被测离子的活度系数一致时，可采用标准加入法。标准加入法是将被测离子标准溶液加入待测溶液中进行测定的方法。

设试液中被测离子活度系数 γ，游离态离子浓度与其总浓度比值为 χ，被测液中被测离子的总浓度为 c_x。取体积为 V 的试液，与电极组成测量电池，测得电动势为 ε_1

$$\varepsilon_1 = K \pm S\lg\gamma\chi c_x$$

然后准确加入体积为 V_s、浓度为 c_s 的被测离子标准溶液。若加入后不致引起 γ、χ 的变化，则此时的电动势 ε_2 为

$$\varepsilon_2 = K \pm S\lg[\gamma\chi(c_x + \Delta c)]$$

其中

$$\Delta c = \frac{c_s V_s}{V + V_s}$$

结合以上两式得

$$\Delta\varepsilon = \varepsilon_2 - \varepsilon_1 = S\lg\left(1 + \frac{\Delta c}{c_x}\right) \tag{9-12}$$

即

$$c_x = \frac{\Delta c}{10^{\frac{\Delta E}{S}} - 1}$$

此法关键是标准溶液的加入量。过少，$\Delta\varepsilon$ 太小，测量误差较大；过多，则会引起 γ、χ 的明显变化。一般控制 c_s 约为 c_x 的 100 倍，V_s 约为 V 的 1/100。加入标准溶液后，$\Delta\varepsilon$ 控制在 20～50 mV为宜。

本法特点是仅需一种标准溶液，测定的准确度较高，操作简单快速，适用于组成复杂的试样分析。

式(9-12)中 S 值应当与温度及电极的性能有关，应通过实验测定。配制两份浓度相差 10 倍的被测离子标准溶液，加入相同量的 TISAB，稀释至相同体积，分别测出它们的电动

势，二者之差便是斜率 S 的值。

$$\varepsilon_{s1}=K-S\lg c_1$$

$$\varepsilon_{s2}=K-S\lg c_2$$

$$\Delta\varepsilon=\varepsilon_{s1}-\varepsilon_{s2}=S\lg\frac{c_2}{c_1}=S$$

将测得的 S 值代入式(9-12)中，可求得 c_x。

9.4.3　直接电位法的应用

1. 土壤中氟含量的测定

氟离子选择性电极性能优良，采用该电极测定氟含量已成为标准方法。土壤中氟一般分为水溶性氟、速效氟和难溶性氟。以水溶性氟测定为例。土样于 70 ℃热水中搅拌浸提 0.5 h，离心过滤取上清液，加入 TISAB 后测定。

2. 还原糖含量测定

离子选择电极测定还原糖的方法是在待测液中加入一种过量的氧化剂将糖氧化，然后用合适的电极测定剩余的氧化剂量，从而间接测定糖的含量。常用的氧化剂有酶、铜、汞或高碘酸盐等。若以 Cu^{2+} 为氧化剂，则在弱碱性条件下葡萄糖可被氧化成羧酸

$$R—CHO+2Cu^{2+}+5OH^{-}\rightleftharpoons Cu_2O+RCOO^{-}+3H_2O$$

用 Cu^{2+} 选择电极测定过量的 Cu^{2+}，即可间接求得还原糖含量。

9.5　电位滴定法

9.5.1　基本原理

电位滴定法是一种基于滴定过程中电位的突变来确定滴定终点的分析方法。在待测溶液中插入一支指示电极和一支参比电极组成原电池。基本装置图如图 9-8 所示。随着滴定的进行，被测离子的浓度不断变化，指示电极电势也相应地变化。在化学计量点附近，由于离子浓度发生突变，从而引起指示电极电势以及原电池电动势发生相应的突变。通过测量电池电动势的变化即可确定滴定终点。

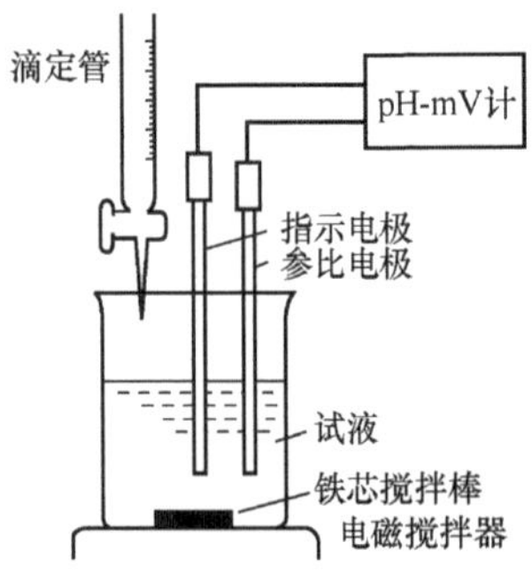

图 9-8　电位滴定的基本仪器装置

9.5.2　电位滴定法常用仪器装置

随着计算机技术与电子技术的发展，各种自动电位仪相继出现。自动电位仪工作方式有两种，即自动记录滴定曲线和自动终点停止方式。前者是自动记录滴定过程中体系的ε-V(滴定剂体积)曲线，然后由计算机找出滴定终点并给出滴定剂体积；后者则先用计算方法或手动滴定获得滴定体系的终点电动势，然后把自动电位仪的终点调到所需电势，让其自动滴定。在滴定过程中，当电势达到预定值时，自动关闭滴定装置，并显示滴定剂体积。现在实验室中使用较多的是 ZD-2 型自动电位滴定仪，属于自动终点停止方式。图 9-9 为其工

作原理示意图。

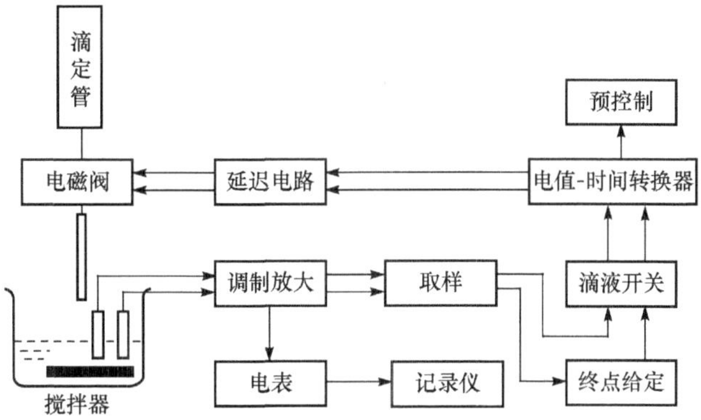

图 9-9　ZD-2 型自动电位滴定仪的工作原理图

9.5.3　滴定终点的确定

利用电位滴定过程中测得的电动势 ε 和加入滴定剂 V 确定滴定终点。下面以 0.1000 $mol \cdot L^{-1}$ $AgNO_3$ 溶液滴定 NaCl 溶液为例说明确定滴定终点的三种常用方法，原理见图 9-10。

1. ε-V 曲线法

以电动势 ε 为纵坐标，加入的滴定剂体积 V 为横坐标作图，即可得到 ε-V 曲线图，如图 9-10(a)所示。滴定曲线表明，随着滴定剂的加入发生 ε 的突跃，ε 突跃的拐点即为滴定终点。其确定方法是在滴定曲线上，作两条与其相切的平行线，平行线的等分线与曲线的交点即为滴定终点，该点对应的体积即为达到滴定终点所需标准溶液的体积。

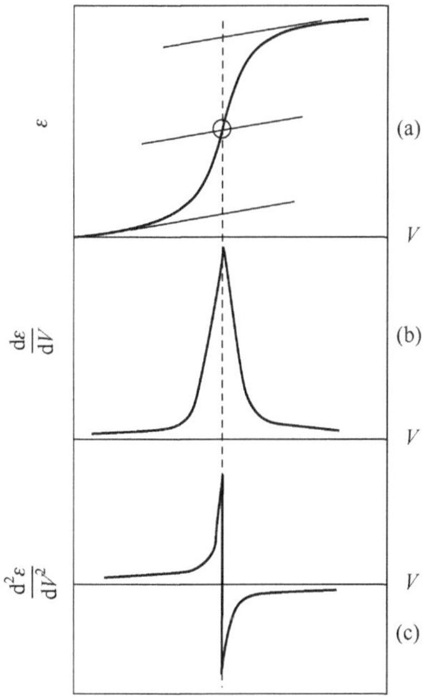

图 9-10　滴定终点确定的原理

2. 一阶微商法（$\frac{d\varepsilon}{dV}$-V 曲线法）

图 9-10(b)为 $\frac{d\varepsilon}{dV}$-V 曲线，在计量点附近 $\frac{d\varepsilon}{dV}$ 达到极大值，该处对应的体积即为达到滴定终点所需标准溶液的体积。实际工作中，用 $\frac{\Delta\varepsilon}{\Delta V}$ 代替 $\frac{d\varepsilon}{dV}$，绘制 $\frac{\Delta\varepsilon}{\Delta V}$-$V$ 曲线确定滴定终点。

3. 二阶微商法（$\frac{d^2\varepsilon}{dV^2}$-$V$ 曲线法）

此法基于 $\frac{d\varepsilon}{dV}$ 达极大值时正是二阶微商 $\frac{d^2\varepsilon}{dV^2}$ 等于零处，如图 9-10(c)所示。故可确定 $\frac{d^2\varepsilon}{dV^2}=0$ 处为滴定终点，由此

可找出滴定终点所需滴定剂的体积。实际工作中用$\frac{\Delta^2\varepsilon}{\Delta V^2}$代替$\frac{d^2\varepsilon}{dV^2}$，依次计算计量点附近各点$\frac{\Delta^2\varepsilon}{\Delta V^2}$值(表 9-4)，并找出$\frac{\Delta^2\varepsilon}{\Delta V^2}$由正值变为负值(或由负值变为正值)的区间，终点必在此区间内。根据区间两端点$\frac{\Delta^2\varepsilon}{\Delta V^2}$值，利用内插法即可求算出$\frac{\Delta^2\varepsilon}{\Delta V^2}=0$时的滴定剂的体积。

$V(AgNO_3)$/mL	11.30	V_x	11.40
$\frac{\Delta^2\varepsilon}{\Delta V^2}$/(mV·mL^{-2})	2700	0	−2800

$$\frac{11.40-11.30}{-2800-2700}=\frac{V_x-11.30}{0-2700}$$

$$V_x=11.35\ \text{mL}$$

表 9-4　以 0.1 mol·L^{-1} $AgNO_3$ 滴定 NaCl 溶液

$V(AgNO_3)$/mL	ε/mV	$\frac{\Delta\varepsilon(邻差)}{\Delta V(邻差)}$ /(mV·mL^{-1})	相邻两次体积 $\bar{V}$/mL	$\Delta\bar{V}$/mL	$\Delta(\frac{\Delta\varepsilon}{\Delta V})$ /(mV·mL^{-1})	$\frac{\Delta^2\varepsilon}{\Delta V^2}$ /(mV·mL^{-2})
10.00	168					
		11.5				
11.00	202					
		80	11.05			
11.10	210			0.10	60	+600
		140	11.15			
11.20	224			0.10	+120	+1200
		260	11.25			
11.30	250			0.10	+270	+2700
		530	11.35			
11.40	303			0.10	−280	−2800
		250	11.45			
11.50	328			0.30	−170	−592
		72	11.75			
12.00	364					
		25				
13.00	389					

9.5.4　电位滴定法的应用

电位滴定法在滴定分析中应用十分广泛，它不受溶液浑浊、有色或缺少合适的指示剂等条件的限制，适用于各种类型的滴定分析。电位滴定还可用于测定酸(碱)的解离、配合物的稳定常数及氧化还原电对的条件电位等。下面简单介绍其在各类滴定法中的应用。

应用电位滴定法时，要根据不同类型的反应选择合适的电极，适用于各类滴定法的电极，见表 9-5。

表 9-5　各种滴定法适用的电极

滴定方法	参比电极	指示电极
酸碱滴定法	甘汞电极	玻璃电极、锑电极
沉淀滴定法	甘汞电极、玻璃电极	银电极、硫化银膜电极、离子选择电极
氧化还原滴定法	甘汞电极、玻璃电极、钨电极	铂电极
配位滴定法	甘汞电极	铂电极、$Hg\text{-}HgY^{2-}$

（1）酸碱滴定法。一般酸碱滴定均可采用电位滴定法，对弱酸弱碱的滴定以及非水溶液的滴定更具有实际意义。对 0.1 mol·L^{-1}的一元弱酸，指示剂法要求 $K_a^{\ominus} \geqslant 10^{-7}$，而电位滴定法灵敏度较高，通常用 $K_a^{\ominus} \geqslant 10^{-9}$ 作为弱酸能被准确滴定的判据。例如，在乙酸介质中可以用 $HClO_4$滴定吡啶；在乙酸介质中可以用 HCl 滴定三乙醇胺；在丙酮介质中可以滴定高氯酸、盐酸、水杨酸的混合物；在有机溶剂中用氢氧化钾的乙醇溶液测定润滑剂、防腐剂、有机工业原料等物质中游离酸的混合物。

（2）氧化还原滴定法。惰性铂电极用来作氧化还原滴定的指示电极，它可以快速响应许多重要的氧化还原电对，并产生与电对的活度有关的电势。采用铂电极系统，可以用 $KMnO_4$ 溶液滴定 I^-、NO_2^-、Fe^{2+}、V^{4+}、Sn^{2+}、Sb^{3+} 等离子；用 KCr_2O_7 溶液滴定 Fe^{2+}、I^-、Sn^{2+}、Sb^{3+} 等离子。

（3）沉淀滴定法。根据不同的沉淀反应，选用不同的指示电极。用硝酸银标准溶液滴定 Cl^-、Br^-、I^- 等离子时，可以用银电极作指示电极，实际分析中更多采用相应的卤素离子选择性电极作指示电极。例如，用卤化银薄膜电极或硫化银薄膜电极等离子选择性电极作指示电极。

（4）配位滴定法。在配位滴定法中，常用离子选择性电极、铂电极和汞电极作指示电极，以饱和甘汞电极作参比电极。例如，以钙离子选择性电极作指示电极，可用 EDTA 滴定钙。

思考题

1. 什么是直接电位法和电位滴定法？什么是参比电极和指示电极？

2. 直接电位法常用的参比电极和指示电极有哪些？各写出一例典型的参比电极和指示电极的电极反应及其相应的电极电势关系式。

3. 说明离子选择性电极（以 pH 玻璃膜电极为例）的膜电位的产生机理。什么是不对称电位？其产生的原因是什么？

4. 什么是电极选择性系数 K_{ij}？有什么用途？

5. pH 玻璃膜电极在使用前为何要浸泡 24h 以上？

6. 电位分析法中，被测的物理量是（　　）

（1）指示电极的电极电势。

（2）参比电极的电极电势。

（3）膜电位。

（4）工作电池电动势。

7. 下列说法哪些是不正确的?

(1)甘汞电极的只能作参比电极。

(2)饱和甘汞电极可作 Cl^- 的指示电极。

(3)各种甘汞电极中,饱和甘汞电极的电极电势最低。

(4)电位分析测定中,工作电池放电电流应趋于零。

8. 以 pH 标准缓冲溶液为基准,电位法测定试液 pH 的理论依据为(　　)

(1)甘汞电极的只能作参比电极。

(2)饱和甘汞电极可作 Cl^- 的指示电极。

(3)各种甘汞电极中,饱和甘汞电极的电极电势最低。

(4)电位分析测定中,工作电池放电电流应趋于零。

习　题

1. 25 ℃时,下列工作电池电动势 ε= 0.209V

pH 玻璃电极 | pH=4.00 缓冲溶液 ‖ 饱和甘汞电极

当用两种未知液代替标准缓冲液时,测得电动势为(1)0.088 V;(2)−0.017 V。试计算各未知液 pH。

2. 用氟离子选择性电极作负极,SCE 作正极,取不同体积的 2.0×10^{-4} mol · L^{-1} F^- 标准溶液,加入 10 mL的 TISAB,用水稀释至 100 mL,测得电动势数据如下:

F^- 标准溶液的体积 V/mL	1.00	2.00	3.00	4.00	5.00
电池电动势 ε/V	−382	−365	−347	−330	−314

取试液 25 mL,在相同条件下测得电动势为−354 V。(1)制作 ε-lg$c$(F^-)工作曲线。(2)计算试液中 F^- 浓度。

3. 用 Ca^{2+} 选择性电极测得浓度为 1.0×10^{-4} mol · L^{-1} 和 2.0×10^{-5} mol · L^{-1} 的 Ca^{2+} 标准溶液的电动势为 0.208 V 和 0.180 V。在相同条件下测得试液电动势为 0.195 V。计算试液中 Ca^{2+} 的浓度。

4. 用 c(NaOH)=0.1000 mol · L^{-1} 标准溶液滴定某一元弱酸,测得数据如下:

V(NaOH)/mL	pH	V(NaOH)/mL	pH	V(NaOH)/mL	pH	V(NaOH)/mL	pH
0.00	3.40	7.00	5.47	15.50	7.70	16.00	10.61
1.00	4.00	10.00	5.85	15.60	8.24	17.00	11.30
2.00	4.50	12.00	6.11	15.70	9.43	18.00	11.60
4.00	5.05	15.00	7.04	15.80	10.03	20.00	11.96

(1) 用坐标纸绘 pH-V 曲线。

(2) 用二阶导数法确定滴定终点。

(3) 在 pH-V 曲线上确定中和 50%溶液时的 pH,并以此近似计算该一元酸的解离常数 K_a。

5. 以 0.1000 mol · L^{-1} $AgNO_3$ 溶液电位法滴定体积为 50.00 mL 的 NaCl 溶液,得数据如下:

$AgNO_3$ 标准溶液的体积 V/mL	24.10	24.20	24.30	24.40	24.50	24.60
电池电动势 ε /mV	183	194	233	316	340	351

试用二次微分内插法计算溶液中 NaCl 的浓度。

第 10 章　分析化学中的分离和富集方法

基本要求

- 理解沉淀分离法原理、类型及应用。
- 了解蒸馏分离法原理、类型及应用。
- 掌握离子交换分离法基本要求及其使用范围。
- 掌握色谱分离法基本要求及其使用范围。

10.1　概　　述

分离(separation)和**富集**(preconcentration)是定量分析化学的重要组成部分。当分析对象中的组成较为复杂时,共存物质的存在就会对测定组分有干扰,如果采用控制反应条件、掩蔽、调节溶液酸度等方法仍不能消除干扰时,就要将其分离,然后在进行测定;当待测组分含量低、文献测定方法灵敏度不够高时,就要先将微量待测组分富集,然后测定。富集过程往往也是分离过程。

对分离的要求是分离必须完全,即干扰组分减少到不再干扰的程度;而被测组分在分离过程中的损失要小到可忽略不计的程度。被测组分在分离过程中的分离效果通常以回收率(R, recovery)和**分离因子**($S_{B/A}$, separation factor)表示。

10.1.1　回收率

回收率的定义为

$$R=\frac{\text{分离后待测组分的质量}}{\text{分离前待测组分的质量}}\times 100\%$$

R 值与试样中待测组分 A 的含量有以下几种关系:

(1) 对质量分数为 1%以上的待测组分,一般要求 $R>99.9\%$。

(2) 对质量分数为 0.01%～1%的待测组分,要求 $R>99\%$。

(3) 质量分数小于 0.01%的痕量组分要求 R 为 90%～95%。

10.1.2　分离因子

分离因子 $S_{B/A}$ 等于干扰组分 B 的回收率与待测组分 A 的回收率的比,可用来表示干扰组分 B 与待测组分 A 的分离程度。

$$S_{B/A}=\frac{R_B}{R_A}\times 100\%$$

分离因子越小，或者说 B 的回收率越低，A 的回收率越高，A 与 B 的分离就越完全，干扰消除越彻底。一般在痕量分析中，要求 $S_{B/A}$在 10^{-6}左右，常量分析中在 10^{-3}以下。

在分析化学中，常用的分离和富集的方法有：沉淀分离法、蒸馏分离法、液-液萃取分离法、离子交换分离法、色谱分离法、毛细管电泳分离法、膜分离法、电化学分离法、浮选分离法等。本章主要简单的介绍前面几种。

10.2　沉淀分离法

沉淀分离法(precipitation method)是一种经典的分离方法，它是利用沉淀反应选择性地沉淀某些离子，而与可溶性的离子分离。沉淀分离法的主要依据是溶度积原理。其优点是操作简单，结果可靠，适于常量组分的分离。缺点是繁琐，费时。本节讨论几种重要的沉淀分离法。

10.2.1　常量组分的沉淀分离

1. 氢氧化物沉淀分离

大多数金属离子都能生成氢氧化物沉淀，各种氢氧化物沉淀的溶解度有很大的差别。因此可以通过控制酸度，改变溶液中的 $c(OH^-)$，以达到选择沉淀分离的目的。根据容度积的原理，可估算出金属离子氢氧化物开始沉淀及沉淀完全时溶液的 pH。表 10-1 列出了各种金属离子氢氧化物开始沉淀和沉淀完全时的 pH。

表 10-1　各种金属离子氢氧化物开始沉淀和沉淀完全时的 pH

氢氧化物	溶度积 K_{sp}	开始沉淀时的 pH $c(M^+)=0.01\ mol\cdot L^{-1}$	沉淀完全时的 pH $c(M^+)=0.01\ mol\cdot L^{-1}$
$Sn(OH)_4$	1×10^{-57}	0.5	1.3
$TiO(OH)_2$	1×10^{-29}	0.5	2.0
$Sn(OH)_2$	1×10^{-27}	1.7	3.7
$Fe(OH)_3$	1×10^{-38}	2.2	3.5
$Al(OH)_3$	1×10^{-32}	4.1	4.6～5.4
$Cr(OH)_3$	1×10^{-31}	4.6	5.9
$Mn(OH)_2$	1×10^{-13}	8.8	10.8
$Zn(OH)_2$	1×10^{-17}	6.5	8.5
$Fe(OH)_2$	1×10^{-15}	7.5	9.5
$Ni(OH)_2$	1×10^{-18}	6.4	8.4
$Mg(OH)_2$	1×10^{-11}	9.6	11.6

常用的沉淀剂如下：

(1) NaOH。可使两性元素与非两性氢氧化物分离。表 10-1 中列举了多种金属离子的氢氧化物开始沉淀与沉淀完全时的 pH。可控制酸度使物质分离，但是一般得到的氢氧化物沉淀为胶体沉淀，共沉淀现象十分严重，分离效果并不理想。常用于使 Al^{3+}、Fe^{2+}、Ti(Ⅳ)等的分离。分离情况列于表 10-2 中。

(2) 氨水-铵盐。在铵盐存在条件下，以 NH_3 作沉淀剂，调节和控制溶液的酸碱性，利用生成氨配合物与氢氧化物沉淀，可使高价金属离子与大部分一价、二价金属离子分离。例如，可与 Ag^+、Cd^{2+}、Cu^{2+}、Co^{2+}、Zn^{2+}、Ni^{2+} 等生成配合物，与 Fe^{3+}、Al^{3+} 和 Ti(Ⅳ)定量分离。分离情况列于表 10-2 中。

加 NH_4^+ 的作用：可控制溶液的 pH 8.0～9.0，防止 $Mg(OH)_2$ 沉淀生成；NH_4^+ 作为抗衡离子，减少氢氧化物对其他金属离子的吸附；促进胶状沉淀的凝聚。

表 10-2　氢氧化物沉淀分离情况

试剂	定量沉淀的离子	部分沉淀的离子	留在溶液中的离子
NaOH	Mg^{2+}、Cu^{2+}、Ag^+、Mn^{2+}、Fe^{3+}、Co^{2+}、Th^{3+}、Ti^{4+}、Cd^{2+}、Au^+、Hg^{2+}、Hf^{2+}、UO_2^{2+}、稀土	Ba^{2+}、Ta^{5+}、Ca^{2+}、Nb^{2+}、Sr^{2+}	AlO^{2-}、CrO^{2-}、ZnO_2^{2-}、PbO_2^{2-}、MoO_4^{2-}、BeO_2^{2-}、GaO^{2-}、GeO_3^{2-}、VO^{3-}
氨水-铵盐	Sn^{2+}、Cr^{3+}、Sb^{3+}、Hg^{2+}、Ti^{4+}、Zr^{4+}、Hf^{4+}、Th^{4+}、Fe^{3+}、UO_2^{2+}、Be^{2+}、Ta^{5+}、Al^{3+}、Nb^{2+}、稀土	Pb^{2+}、Mn^{2+}、Fe^{2+}	$[Ag(NH_3)_2]^+$、$[Cd(NH_3)_4]^{2+}$、Ca^{2+}、$[Cu(NH_3)_4]^{2+}$、$[Co(NH_3)_6]^{3+}$、Sr^{2+}、$[Ni(NH_3)_4]^{2+}$、$[Zn(NH_3)_4]^{2+}$、Ba^{2+}、Mg^{2+} 等
ZnO 悬浮液	Nb^{2+}、Bi^{3+}、Ta^{5+}、W^{6+}、Zr^{4+}、U^{2+}、Fe^{3+}、Ti^{4+}、Sn^{2+}、Al^{3+}、Hf^{4+}	Hg^{2+}、UO_2^{2+}、V^{5+}、Mo^{6+}、Au^{3+}、Be^{2+}、Pb^{2+}、稀土	Mg^{2+}、Co^{2+}、Ni^{2+}、Mn^{2+} 等

(3) ZnO 悬浮液法。在酸性溶液中加入 ZnO 悬浮液，则 ZnO 中和溶液中的酸而溶解；当溶液中碱性较强时，OH^- 与 Zn^{2+} 结合成 $Zn(OH)_2$ 沉淀。因而只要溶液中有过量的 $Zn(OH)_2$ 存在，Zn^{2+} 的浓度在 0.01～1 $mol \cdot L^{-1}$ 的范围变化，pH 可控制为 6 左右，使部分氢氧化物沉淀。ZnO 悬浮液进行氢氧化物沉淀分离的情况列于表 10-2 中。

此外，其他如碳酸钡、碳酸钙、碳酸铅及氧化镁的悬浮液也有同样的作用，但所控制的 pH 各不相同，见表 10-3。

表 10-3　常用于氢氧化物沉淀分离的碱性氧化物和碳酸盐的悬浊液

试剂	沉淀方法和条件	可控的 pH 范围
ZnO	分离系与 ZnO 悬浊液混匀、搅拌	5.8
HgO	分离系与 HgO 悬浊液混匀、搅拌	7.5
MgO	分离系与 MgO 悬浊液混匀、搅拌	11
$BaCO_3$	新配制的 $BaCO_3$ 悬浊液与分离系趁热混匀、搅拌，冷却过滤	7.2
$CaCO_3$	新配制的 $BaCO_3$ 悬浊液与分离系趁热混匀、搅拌，冷却过滤	7.5
$PbCO_3$	新配制的 $BaCO_3$ 悬浊液与分离系趁热混匀、搅拌，冷却过滤	6.0
$CdCO_3$	新配制的 $BaCO_3$ 悬浊液与分离系趁热混匀、搅拌，冷却过滤	6.5

(4) 有机碱。六次甲基四胺、吡啶、苯胺、苯肼等有机碱与其共轭酸组成缓冲溶液，可控制溶液的 pH，利用氢氧化物分级沉淀的方法达到分离目的。

例如，六次甲基四胺加入酸性溶液中时，可形成 pH 为 5～6 的缓冲体系。常用于沉淀 Fe^{3+}、Al^{3+} 等，而与 Cd^{2+}、Cu^{2+}、Co^{2+}、Zn^{2+}、Mn^{2+}、Ni^{2+} 等离子的分离。

2. 硫化物沉淀分离

硫化物是一类重要的分离体系，在氢离子浓度约为 0.3 mol · L^{-1}时，约 40 余种金属离子可生成难溶硫化物沉淀，各种金属硫化物沉淀的溶解度相差较大，为硫化物分离提供了基础。

控制溶液的酸度，可使溶液中的 $c(S^{2-})$不同，依据硫化物沉淀溶度积的不同，在不同酸度析出硫化物沉淀：ZnS，0.02 mol · L^{-1} HCl；PbS，0.35 mol · L^{-1} HCl；As_2S_3，12 mol · L^{-1} HCl；CuS，7.0 mol · L^{-1} HCl；HgS，7.5 mol · L^{-1}；MnS，0.0008 mol · L^{-1} HCl；CdS，0.7 mol · L^{-1} HCl；FeS，0.0001 mol · L^{-1} HCl。

硫化物沉淀多是胶体，共沉淀现象严重；而且 H_2S 是有毒气体，为了避免使用 H_2S 带来的污染，可以采用硫代乙酰胺在酸性或碱性溶液中水解进行均相沉淀。

在酸性溶液中的反应

$$CH_3CSNH_2+2H_2O+H^+ = CH_3COOH+H_2S+NH_4^+$$

在碱性溶液中的反应

$$CH_3CSNH_2+3OH^- = CH_3COO^-+S^{2-}+NH_3+H_2O$$

3. 其他无机沉淀剂

(1)硫酸。使锶、钡、铅、镭等离子转化为硫酸盐沉淀，可与金属离子分离。硫酸作沉淀剂时浓度不能太高，以避免形成酸式盐，增大溶解度。加入乙醇可降低某些硫酸盐沉淀的溶解度。

(2) 卤化物。用于钙、锶、镁、钍、稀土金属离子与金属离子的分离。

(3) 磷酸。利用 Ba^{2+}、Ag^+、Bi^{3+}、Ca^{2+}、Co^{3+}、Hg^{2+}、Mg^{2+}、Co^{2+}、Ni^{2+}、Mn^{2+}、Zr(Ⅳ)、Hf(Ⅳ)、Th(Ⅳ)、Bi^{3+}等金属离子能生成磷酸盐沉淀而与其他离子分离。

4. 有机沉淀剂

有机沉淀剂分离法具有吸附作用小、高选择性与高灵敏度的特点，而且灼烧时共沉淀剂易除去，因而方法应用普遍。有机配合物沉淀剂按软硬酸碱原则与金属离子反应，主要有丁二酮肟、8-羟基喹啉、铜试剂、钽试剂、草酸、苦杏仁酸、α-安息香肟等。

例如，丁二酮肟在氨性溶液中，与镍的反应几乎是特效的。能与 Co^{2+}、Cu^{2+}、Fe^{3+}、Zn^{2+}的水溶性配合物分离。

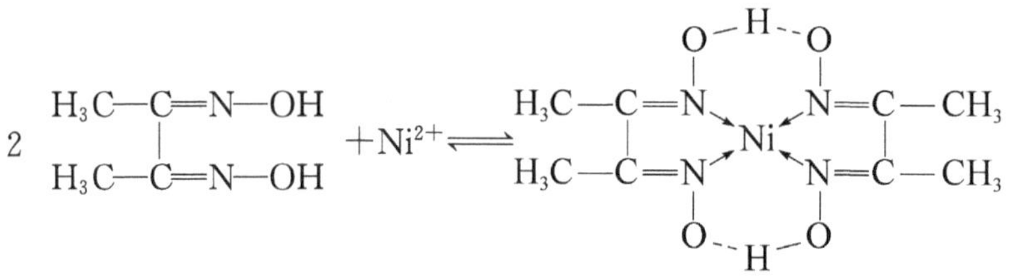

又如，8-羟基喹啉与 Al^{3+}、Zn^{2+} 均生成沉淀，若在 8-羟基喹啉芳环上引入一个甲基，形成 2-甲基-8-羟基可选择沉淀 Zn^{2+}，而 Al^{3+} 不沉淀，达到 Al^{3+} 与 Zn^{2+} 的分离。

铜铁试剂(DDTC)可使 Fe^{3+}、Cu^{2+}、Ag^+、Co^{3+}、Hg^{2+}、Ni^{2+}、Zn^{2+}、Th(Ⅳ)、Th(Ⅴ)等形成沉淀而与 Al^{3+}、碱土金属离子、稀土等分离。

四苯基硼化物与 K^+ 的反应产物为难溶离子缔合物，其溶度积很小，为 2.25×10^{-8}，可依此用重量法测定钾。

利用胶体的凝聚作用进行沉淀，如辛可宁、丹宁、动物胶等。

10.2.2　痕量组分的共沉淀分离和富集

共沉淀分离法(coprecipitation method)又称为载体沉淀法和共沉淀捕集法，是分离富集微量元素的有效方法，于试剂中加入适当沉淀剂，生成一种适当沉淀(载体沉淀)，待测组分与其一起共同沉淀而被富集分离。利用共沉淀现象，以某种沉淀作载体，将痕量组分定量地沉淀下来，达到分离的目的。共沉淀分离一方面要求待测的痕量组分回收率高，另一方面要求共沉淀载体不干扰被测组分的测定。

1. 无机共沉淀剂

(1) 难溶的氢氧化物。$Fe(OH)_3$、$Al(OH)_3$ 或 $MnO(OH)_2$ 是最常见的载体沉淀。$Fe(OH)_3$ 沉淀颗粒细小，表面积大，吸附力强，可能由于其表面带负电而能吸附许多阳离子。在中性或微碱性介质中，是 Cr^{3+}、Ge^{4+}、Ga^{3+}、Pb^{2+}、Sn^{4+}、V(Ⅴ)、Ti(Ⅳ)等离子的良好捕集剂。$Al(OH)_3$ 作载体共沉淀微量的 Fe^{3+}、Ti(Ⅳ)、Ga^{3+}、Ge^{4+}、In^{4+}等，效果良好。

(2) 硫化物。难溶性硫化物利用表面吸附进行痕量组分的共沉淀富集，但选择性不高。

(3) 硫酸盐和磷酸盐。硫酸钡和硫酸锶沉淀常用于分离富集 Pb^{2+}、Ra^{2+}、Th^{4+}。磷酸盐沉淀可以捕集 As^{3+}、Be^{2+}、Ca^{2+}、Mg^{2+}、F^-、U^{4+}、Th^{4+} 及锕系元素。

(4) 利用生成混晶进行共沉淀分离。利用生成混晶对痕量组分进行共沉淀分离富集。例如，利用 Pb^{2+} 与 Ba^{2+} 生成硫酸盐混晶，用 $BaSO_4$ 共沉淀分离富集 Pb^{2+}。

2. 有机共沉淀剂

(1) 利用胶体的凝聚作用进行共沉淀，如辛可宁、丹宁、动物胶。

(2) 利用形成离子缔合物进行共沉淀，如甲基紫、孔雀绿、品红、亚甲基蓝。

(3) 利用"固体萃取剂"进行共沉淀。例如，U(Ⅵ)-1-亚硝基-2-萘酚是微溶螯合物，量少时难以沉淀。在体系中加入 β-萘酚或酚酞的乙醇溶液，β-萘酚或酚酞在水溶液中溶解度小，故析出沉淀，同时将 U(Ⅵ)-1-亚硝基-2-萘酚螯合物一并共沉淀富集。萘酚或酚酞不与 U(Ⅵ)及其螯合物发生反应，称为惰性共沉淀剂。

又如，萘作为萃取溶剂最早是以高温熔融萃取法应用于分析化学，当萘从高温冷却至室温时，萘以固体析出，从而使被萃取物很容易分离。但是这项操作需在 90 ℃下进行熔融萃取，分离后还需加热至 90 ℃熔融或以其他有机溶剂溶解萘相，再进行分光光度法测定。1978 年，提出了微晶萘萃取及共沉淀技术，其方法是将萘溶于丙酮中，取少量的萘-丙酮溶液于被萃取金属配合物的溶液中，由于溶液中丙酮浓度的迅速降低，萘以微小的晶体析出，同时萃取了溶液中金属离子的配合物，达到了分离富集的目的。

10.3　蒸馏分离法

蒸馏分离法(distillation method)：利用物质挥发性的差异分离共存组分的方法，可以用于分离干扰组分，也可以使被测组分定量分出后再测定。

该方法是将组分从液体或固体样品中转变为气相的过程，包括蒸发、蒸馏、升华、灰化和驱气等。

有机分析中,常用挥发和蒸馏分离法,例如,C、H、O、N 和 S 等元素的测定,多用此方法分离。例如,氮的测定,将化合物中的氮经处理转化为 NH_4^+,然后在碱性条件下将 NH_3 蒸出,用酸吸收测定。表 10-4 列出了部分元素的挥发和蒸馏分离条件。

表 10-4 部分元素的挥发和蒸馏分离条件

组分	挥发性物质	分离条件	应用
CN^-	HCN	H_2SO_4	CN^- 的测定
Sn	SnBr	$HBr+H_2S$	去除 Sn
As	AsH_3	$Zn+H_2SO_4$	微量 As 的测定
F	SiF_4	$SiO_2+H_2SO_4$	F 的测定
Si	SiF_4	$HF+H_2SO_4$	去除 Si
Cr	CrO_2Cl_2	$HCl+HClO_4$	去除 Cr
S	SO_2	1300 ℃有氧燃烧	S 的测定
Sb	$SbCl_3$、$SbBr_3$、$SbBr_5$	HCl 或 $HBr+H_2SO_4$	去除 Sb
Os、Ru	OsO_4、RuO_4	$KMnO_4+H_2SO_4$	痕量 Os、Ru 的测定
铵盐	NH_3	NaOH	铵态氮的测定
Tl	$TlBr_3$	$HBr+H_2SO_4$	去除 Tl
C	CO_2	1100 ℃有氧燃烧	C 的测定
B	$B(OCH_3)_3$	酸性溶液中加甲醇	B 的测定或去除

10.4 液-液萃取分离法

液-液萃取分离法(liquid-liquid extraction separation)又称溶剂萃取分离法。该方法是利用物质在不同的溶剂中具在不同的溶解度为基础的。在含有被分离组分的水溶液中,加入与水不相溶的有机溶剂,振荡,使其达到溶解平衡,一些组分进入有机相中,另一些组分仍留在水相,从而达到分离的目的。

液-液萃取分离法具有设备简单,操作简易、快速,回收率高,选择性好,适应性广等特点。既可用于常量元素的分离,也适用于微量元素的富集和分离,是应用较多的定量化学分离方法之一。

10.4.1 萃取分离的基本原理

1. 萃取过程的本质

物质对水的亲疏性是可以改变的,为了将待分离组分从水相萃取到有机相,萃取过程通常是将物质由亲水性转化为疏水性的过程。所以,萃取过程的实质是完成由水相到有机相的变化,使亲水性的物质变成疏水性的物质。反之,由有机相到水相的转化称为反萃取。

2. 分配系数

设水相中有某 A,加入有机溶剂并使两相充分接触后,A 在两相中进行分配,并在一段时间后达到动态平衡。当温度和离子强度一定时，A 在两相中的平衡浓度之比为常数称为分配系数(K_D，distribution coefficient)。

$$K_D=[A]_o/[A]_w$$

式中，$[A]_o$、$[A]_w$ 分别为有机相和水相中 A 的平衡浓度。

3．分配比

水相和有机相中溶质常有多种存在形式，通常将溶质在有机相中的各种存在形式的总浓度与水相中各种存在形式的总浓度之比称为**分配比**(D，distribution ratio)。

$$D=\frac{c_o}{c_w}$$

式中，c_o 和 c_w 分别为 A 在有机相和水相中的总浓度。

4．萃取率

物质被萃取到有机相中的比称为萃取率(E，extraction rate)，它是衡量萃取效果的一个重要指标。

$$E=\frac{\text{被萃物在有机相中的总量}}{\text{被萃物在两相中的总量}}=\frac{c_oV_o}{c_wV_w+c_oV_o}$$

式中，V_o 和 V_w 分别为有机相和水相的体积。

E 与分配比 D 和两相体积比有关

$$E=\frac{D}{D+V_w/V_o}$$

当 $V_o=V_w$ 时

$$E=\frac{D}{D+1}$$

5．多次萃取

设 V_w(mL)水相中含有被萃物的质量为 m_0(g)，用 V_o(mL)有机溶剂萃取一次，水相中剩余的被萃物的质量为 m_1(g)，每次都用 V_o(mL)有机溶剂萃取，n 次萃取后，水相中剩余的被萃物的质量为 m_n(g)，则

$$m_1=m_0\left(\frac{V_o}{DV_o+V_w}\right)$$

$$m_n=m_0\left(\frac{V_o}{DV_o+V_w}\right)^n$$

用同样体积的有机相萃取，分多次萃取比一次萃取的效率高。

10.4.2　重要的萃取体系

1．螯合物萃取体系

螯合物萃取是指螯合剂与金属离子形成疏水性中性螯合物后，被有机溶剂所萃取。螯合物萃取体系可按萃取剂分子中配位基团不同进一步分为含氧螯合剂、含氮螯合剂、含硫螯合剂和酸性磷萃取剂四类。也可根据螯合环的原子数不同分为四元环、五元环、六元环、大单环和

多环萃取剂五类。例如，用 8-羟基喹啉 $HCCl_3$ 可以将 Al^{3+} 萃取到有机相。

2. 离子缔合物萃取体系

大体积的阳离子与阴离子通过静电引力相结合而形成电中性的化合物而被有机溶剂萃取称为离子缔合萃取。例如，亚铜离子与双喹啉形成配离子后，可与阴离子 Cl^-、ClO_4^- 形成缔合物，被异戊醇萃取。

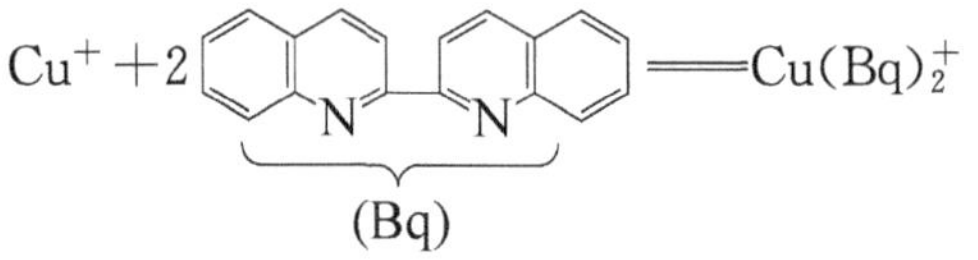

$$Cu(Bq)_2^+ + Cl^- \rightleftharpoons [Cu(Bq)_2^+ \cdot Cl^-]$$

3. 溶剂化合物萃取体系

某些溶剂分子通过配位原子与无机化合物中的金属离子相键合，形成溶剂化合物，从而可溶于该有机溶剂中。这种萃取体系称为溶剂配合萃取体系。例如，磷酸三丁酯（TBP）对硝酸盐的萃取，对 $FeCl_3$ 或 $HFeCl_4$ 的萃取等。杂多酸的萃取体系一般也属于溶剂化合物萃取体系。

4. 简单分子萃取体系

被萃取物在水相和有机相中都以中性分子形式存在，溶剂与被萃取物之间无化学结合，不需外加萃取剂。例如，TBP 在水相与煤油间的分配。I_2、Cl_2、Br_2、AsI_3、SnI_4、$GeCl_4$ 和 OsO_4 等稳定的共价化合物，它们在水溶液中以分子形式存在，不带电荷，利用 CCl_4、$CHCl_3$ 和苯等惰性溶剂，可将它们萃取出来。

10.4.3 萃取条件的选择

不同萃取体系对萃取条件的要求不同。以螯合萃取体系为例，讨论以下条件对萃取的影响。

设金属离子 M^{n+} 与螯合剂 HR 作用生成螯合物 MR_n 被有机溶剂所萃取。如果 HR 易溶于有机相而难溶于水相，则总的萃取反应为

$$(M^{n+})_w + n(HR)_o \rightleftharpoons (MR_n)_o + n(H^+)_w$$

此反应的平衡常数称为萃取平衡常数（K_{ex}，extraction equilibrium constants）。

$$K_{ex} = \frac{[MR_n]_o[H^+]_w^n}{[M^{n+}]_w[HR]_o^n}$$

将各平衡常数代入此式，可得

$$K_{ex} = K_{d(MR_n)} K_f \left[\frac{K_a}{K_{d(HR)}}\right]^n$$

式中，$K_{d(MR_n)}$ 为螯合物的分配系数；K_a 为 HR 在水相中的解离常数；K_f 为螯合物的形成常数；$K_{d(HR)}$ 为 HR 的分配系数。

因为

$$D = \frac{[MR_n]_o}{[M^{n+}]_w}$$

所以可推导得

$$D=K_{ex}\frac{[HR]_o^n}{[H^+]_w^n}$$

可见,此萃取体系的分配比与 K_{ex} 有关,即与 $K_{d(MR_n)}$、K_a、K_f 和 $K_{d(HR)}$ 有关;与水相中 pH 有关;与螯合剂在有机相中的浓度有关。

1. 螯合剂的选择

螯合剂与金属离子生成的螯合物越稳定,K_f 越大,萃取效率越高;螯合剂的疏水基团越多,亲水基团减少,$K_{d(HR)}$ 越小,萃取效率越高。

2. 溶液的酸度

溶液的酸度越低,D 越大,越有利于萃取。

3. 萃取溶剂的选择

金属螯合物的 $K_{d(MR_n)}$ 越大,越有利于萃取。根据螯合物的结构,按结构相似的原则,选择合适的萃取剂。例如,含烷基的螯合物用卤代烷烃(如 CCl_4,$CHCl_3$)作萃取溶剂,含芳香基的螯合物用芳香烃(如苯、甲苯等)作萃取溶剂较合适。

此外还要考虑溶剂的其他性质,如密度与水溶液的密度的差别要大,黏度要小,最好无毒性等。

4. 干扰的消除

通过控制酸度或掩蔽作用减少干扰组分的影响。

10.4.4　萃取技术

1. 单级萃取

单级萃取(single extraction)通常在 60～125 mL 的梨形分液漏斗中进行。将待萃取水样放入梨形分液漏斗中,加入一定体积的与水不相溶的有机溶剂(或含有适宜的萃取剂),振荡,使物质在两相中达到分配平衡,静置分层,分离。一般在几分钟内可达平衡。

2. 连续萃取

连续萃取(continuous extraction)分为高密度溶剂和低密度溶剂两类,如图 10-1 所示。

当萃取溶剂相的密度比被萃取溶剂相的密度小时,采用图 10-1(a)这种装置。圆底烧瓶中的低密度萃取剂受热蒸发,蒸气在回流冷凝管中冷凝后形成萃取剂液滴,滴入接收管中,当管中液柱的压力足够大时,萃取溶剂从管底部流出,流出的萃取组分萃取进低密度萃取溶剂相,流回圆底烧瓶,如此循环,连续萃取。

当萃取溶剂相的密度比被萃取溶剂相的密度高时,采用图 10-1(b)这种装置。圆底烧瓶中的高密度溶剂受热蒸发,蒸气在回流冷凝管中冷凝后形成萃取剂液滴,经转向口进入被萃取低密度溶液,在流经被萃溶液时,将待分离物质萃取,萃取溶剂相经底部的弯管流回圆底烧瓶,如此循环,连续萃取。

3. 多级萃取

多级萃取(multi-stage extraction)又称错流萃取,将水相固定,多次用新鲜的有机相进行萃取,可提高分离效果。

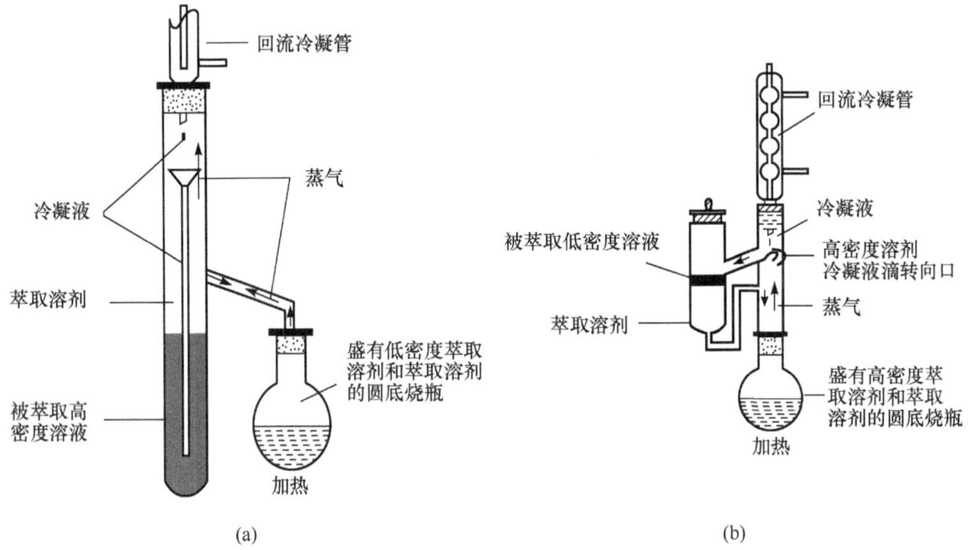

图 10-1 低密度溶剂萃取和高密度溶剂萃取

10.5 离子交换分离法

利用离子交换剂与溶液中的离子发生交换反应而进行分离的方法。

10.5.1 离子交换剂的种类和性质

1. 种类

离子交换剂的种类很多,主要分为无机离子交换剂和有机离子交换剂。分析中应用较多的是有机离子交换剂。离子交换树脂是一种具有网状结构的高分子聚合物,在水、酸和碱中难溶,有机溶剂、氧化剂、还原剂和其他化学试剂具有一定的稳定性。在网状结构的骨架上,有许多可以与溶液中的离子发生交换作用的活性基团。根据树脂的功能,可分为以下几大类型:

1) 阳离子交换树脂

树脂的活性基团为酸性,可与溶液中的阳离子发生交换。酸性基团是这类树脂的活性交换基团,如$—SO_3H$、$—COOH$、$—OH$、$—CH_3SO_3H$、$—PO_3H$等。

2) 阴离子交换树脂

树脂的活性基团为碱性,可与溶液中的阴离子发生交换。碱性基团是这类树脂的活性交换基团,如伯胺、仲胺、叔胺、季铵基[$—N(CH_3)_3Cl$]、$—H_2CH_3OH$等。

3) 特殊功能树脂

(1) 螯合型离子交换树脂。含有特殊的活性基团,可与某些金属离子形成螯合物。在交换过程中能选择性地交换某些离子。

(2) 大孔树脂。主要是大环聚醚及穴醚类树脂，在聚合时加入适当的质孔剂，使在网状固化和链接单元形成过程中，填垫惰性分子，预留孔穴，它们不参与反应，在骨架形成后提出致孔剂，留下永久孔道。这类树脂比一般树脂有更多、更大的孔道，表面积大，离子容易迁移扩散，富集速度快。

(3) 电子交换树脂(氧化还原树脂)。含有可逆的氧化还原基团，可与溶液中离子发生电子转移。

(4) 萃淋树脂。也称萃取树脂，是一种含有液态萃取剂的树脂，是以苯乙烯-二乙烯苯为骨架的大孔结构和有机萃取剂的共聚物，兼有离子交换法和萃取法的优点。

(5) 离子交换膜(纤维交换剂)。天然纤维素上的羟基进行酯化、磷酸化、羧基化后，可制成阳离子交换剂；经胺化后可制成阴离子交换剂。可用于提纯分离蛋白质、酶、激素等物质，也可用于无机离子的分离。

2. 结构

离子交换树脂为具有网状结构的高分子聚合物。例如，常用的聚苯乙烯磺酸型阳离子交换树脂，就是以苯乙烯和二乙烯苯聚合后经磺化制得的聚合物。

在树脂的庞大结构中碳链和苯环组成了树脂的骨架，它具有可伸缩性的网状结构，其上的磺酸基是活性基团。当这种树脂浸泡在溶液中时，$—SO_3H$ 的 H^+ 与溶液中阳离子进行交换。在苯乙烯和二乙烯苯聚合成具有网状骨架结构树脂小球中，二乙烯苯在苯乙烯长链之间起到“交联”作用。因此，二乙烯苯称为交联剂。通过磺化，在树脂的网状结构上引入许多活性离子交换基团，如磺酸基团。磺酸根固定在树脂的骨架上，称为固定离子，而氢离子可被交换，称为交换离子。

3. 性能参数

(1) 交联度 (degree of crosslinking)。交联度是树脂聚合反应中交联剂所占的质量分数，是表征离子交换树脂骨架结构的重要性质参数，是衡量离子交换树脂孔隙度的一个指标。

$$\text{交联度}(\%)=\frac{\text{交联剂质量}}{\text{干树脂质量}}\times 100\%$$

交联度小：网眼大，对水膨胀性好，交换速率快，选择性差，机械性能差。

交联度大：网眼小，对水膨胀性差，交换速率慢，选择性好，机械性能高。

一般树脂的交联度是 8%～10%。

(2) 交换容量 (exchange capacity)。交换容量是指每克干树脂所能交换的物质的量(mmol)，它是表征离子交换树脂活性基团的重要性质参数，取决于网状结构中活性基团的数目。一般树脂的交换容量为 3～6 $mmol \cdot g^{-1}$。交换容量可用实验的方法测定。

(3) 溶胀性 (swellability)。溶胀是指将干燥树脂浸泡在水溶液中，因吸水而体积膨胀的过程。溶胀程度与交联度、交换容量、所交换离子的价态等因素有关。

(4) 有效 pH 范围。由于离子树脂所具有的活性基团在水溶液中的解离度受溶液酸度的影响，从而影响交换作用，因此不同的活性基团的树脂，要求在不同的 pH 范围内进行交换作用，该范围称树脂的有效 pH 范围。

(5) 稳定性。包括热稳定性、化学稳定性和辐射稳定性。

10.5.2 离子交换树脂的亲和力

树脂对离子的亲和力大小决定树脂对离子的交换能力。亲和力的大小与水合离子半径、电荷及离子极化程度有关。实验证明,在常温、低浓度的水溶液中,离子交换树脂对不同离子的亲和力有以下顺序。

1. 强酸性阳离子交换树脂

(1) 不同价态的离子,电荷越高,亲和力越大。例如,以下离子的亲和力大小顺序为

$$Na^+ < Ca^{2+} < Al^{3+} < Th^{4+}$$

(2) 价态相同离子,亲和力随水合离子半径减小而增大。例如,以下离子的亲和力大小顺序为

$$Li^+ < H^+ < Na^+ < NH_4^+ < K^+ < Rb^+ < Cs^+ < Tl^+ < Ag^+$$

$$Mg^{2+} < Zn^{2+} < Co^{2+} < Cu^{2+} < Cd^{2+} < Ni^{2+} < Ca^{2+} < Sr^{2+} < Pb^{2+} < Ba^{2+}$$

(3) 稀土元素的亲和力随原子序数增大而减小,主要由于镧系收缩现象所致。

2. 弱酸型阳离子交换树脂

H^+的亲和力比其他阳离子大,此外亲和力大小顺序与强酸型阳离子交换树脂相同。

3. 强碱型阴离子交换树脂

常见阴离子的亲和力顺序为

$F^- < OH^- < CH_3COO^- < HCOO^- < Cl^- < NO_2^- < CN^- < Br^- < C_2O_4^{2-} < NO_3^- < HSO_4^- < I^- < CrO_4^{2-} < SO_4^{2-} <$ 柠檬酸根

4. 弱碱型阴离子交换树脂

常见阴离子的亲和力顺序为

$F^- < Cl^- < Br^- < I^- < CH_3COO^- < MoO_4^{2-} < PO_4^{3-} < AsO_4^{3-} < NO_3^- <$ 酒石酸根 $< CrO_4^{2-} < SO_4^{2-} < CrO_4^{2-} < OH^-$

10.5.3 离子交换分离操作

离子交换分离法包括静态法和柱交换分离法。

静态法是将处理好的交换树脂放于样品溶液中,或搅拌或静止,反应一段时间后分离。该法非常简便,但分离效率低。常用于离子交换现象的研究。在分析上用于简单组富集或大部分干扰物的去除。

柱交换分离法是将树脂颗粒装填在交换柱上,让试液和洗脱液分别流过交换柱进行分离。以下介绍的是离子交换柱分离法(ion exchange column separation)。

1. 树脂的选择和预处理

选择:根据待分离试样的性质与分离的要求,选择合适型号和粒度的离子交换树脂。

浸泡:让干树脂充分溶涨,除去树脂内部杂质。例如,强酸型阳离子交换树脂,先用乙醇洗

去有机杂质，再用 2～4 mol · L^{-1} HCl 浸泡 1～2 天；然后用水和去离子水洗净离子交换树脂。

2. 装柱

交换柱的选择：交换柱的直径与长度主要由所需交换的物质的量和分离的难易程度所决定，较难分离的物质一般需要较长的柱子。

装柱：用处理好的离子交换树脂装柱。在柱管底部装填少量玻璃丝，柱管注满水，倒入一定量的湿树脂，让其自然沉降到一定高度。装柱时应防止树脂层中夹有气泡。要保证树脂颗粒浸泡在水中。

3. 交换

将试液按适当的流速流经交换柱，试液中那些能与离子交换树脂发生交换的相同电荷的离子将保留在柱上，而那些带异性电荷的离子或中性分子不发生交换作用，随着液相继续向下流动。当试液不断地倒入交换柱，在交换层的上面一段树脂已全部被交换(已交换层)，下面一段树脂完全还没有交换(未交换层)，中间一段部分交换(交界层)。在不断的交换过程中，交界层逐渐向下移动，如图 10-2 所示。当交界层底部到达交换柱底部时，在流出液开始出现未被交换的样品离子，交换过程达到**始漏点**(break-through point)。此时，对应交换柱的有效交换容量称为**始漏量**(break-through capicity)。

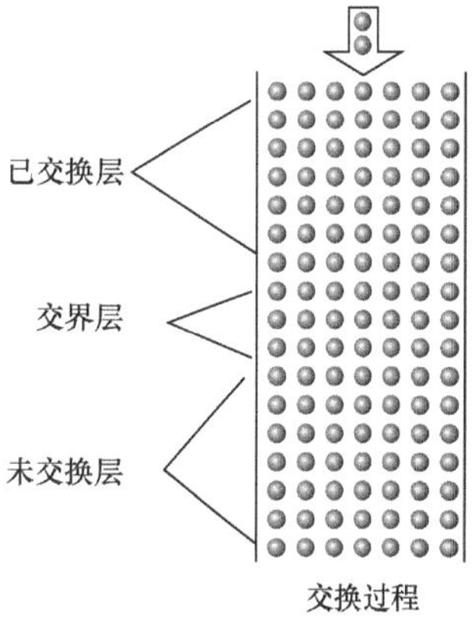

图 10-2　交换过程示意图

4. 淋洗(洗脱)

用适当的淋洗剂以适当的流速，将交换上去的离子洗脱并分离。因此洗脱过程是交换过程的逆过程。当洗脱液不断地注入交换柱时，已交换在柱上的样品离子就不断地被置换下来。置换下来的离子在下行过程中又与新鲜的离子交换树脂上的可交换离子发生交换，重新被柱保留。在淋洗过程中，待分离的离子在下行过程中反复进行着“置换—交换—置换”的过程。洗脱过程可用洗脱曲线(图 10-3)表示。

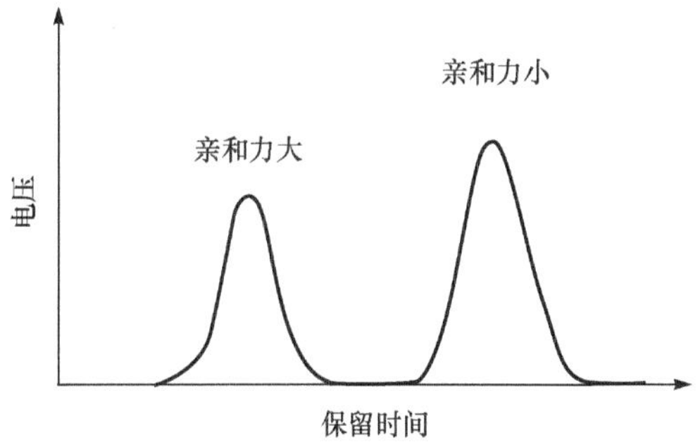

图 10-3　洗脱曲线

根据离子交换树脂对不同离子的亲和力差异，洗脱时，亲和力大的离子更容易被柱保留而难以置换。亲和力大的离子向下移动的速率慢，亲和力小的离子向下移动的速率快。因此可以将它们逐个洗脱下来。亲和力最小的离子最先被洗脱下来。因此，淋洗过程也就是分离过程。应该注意，淋洗剂的性质、浓度和流速都会影响离子的洗脱，所以最佳的洗脱条件都是通过实验确定的。

5. 树脂再生

使交换树脂上的可交换离子恢复为交换前的离子，以便再次使用。有时洗脱过程就是再生过程。

10.5.4 离子交换分离法的应用

离子交换分离法的应用广泛，不仅用于无机离子的分离，也可用于有机物和生化物质的离子，如氨基酸、胺类的分离等。

1. 水的净化

天然纯水中含有各种电解质，可用离子交换法净化。将含有阴、阳离子的水样依次流经强酸型阳离子交换柱和强碱型阴离子交换柱，水样中的阳离子与强酸型阳离子交换树脂发生交换作用，交换出 H^+；水样中的阴离子与强碱型阴离子交换树脂发生交换作用，交换出 OH^-，H^+ 与 OH^- 中和生成 H_2O，从而制得去离子水。

2. 微量组分的预富集

用离子交换技术可将微量组分从溶液中交换到小柱上，然后用淋洗液洗脱，微量组分的富集倍数可达 $10^3 \sim 10^5$。一般分离过程是将样品转为溶液，溶液中的待测微量元素被强烈的吸附到树脂上，而基本元素则不被吸附。

例如，柱分离原子吸收法测定海水中的 Au，取 250 mL 海水，先用 HCl 酸化，采用 IRA-400柱子，经过交换、洗涤、灼烧除去树脂，灰分制成溶液，富集倍数可达 10^7。

3. 干扰元素的分离

例如，用 SA-110 型阳离子交换法分离性质相近的 Ga^{3+} 和 In^{3+}，选择 $0.45 \sim 1.0\ mol \cdot L^{-1}$的 HCl 溶液作淋洗液，可将 In^{3+} 洗脱，而 Ga^{3+} 保留在树脂上。

4. 阳离子和阴离子间的分离

例如，用重量法测定硫酸根，当有大量 Fe^{3+} 存在时，由于严重的共沉淀现象而影响测定。如将试液的稀酸溶液通过阳离子交换树脂，则 Fe^{3+} 被树脂吸附，HSO_4^- 进入流出液，从而消除 Fe^{3+} 的干扰。

5. 生物大分子的分离

离子交换分离极性相似的生物大分子是根据物质的酸碱度、极性及分子大小的不同进行的。主要用于蛋白质、氨基酸和多肽的分离。核酸也是强极性分子，用离子交换色谱也能得到很好的分离效果。

6. 试样中总盐量的测定

工厂废水、土壤抽取物、海水、天然水中的含盐总量是十分重要的分析项目之一，可用离子交换——酸碱滴定法进行测定。水样通过 H 型阳离子交换柱，阳离子与 H^+ 进行交换，使流出液中氢离子浓度发生变化，然后通过酸碱滴定，可测量水样中盐的总量。

10.6 色谱分离法

色谱法(chromatography)又称层析法，是利用各组分的物理化学性质的差异，使各组分不同程度地分配在两相中。一相是固定相，另一相是流动相。由于各组分受到两相的作用力不同，从而使各组分以不同的速率移动，达到分离的目的。

根据流动相的状态，色谱法又可分为液相色谱法和气相色谱法。这里只简单介绍属于经典的液相色谱法的纸上色谱分离法(paper chromatography)和薄层色谱分离法(TLC)。

10.6.1　纸色谱分离法

1. 方法原理

纸色谱分离法是根据不同物质在固定相和流动相间的分配比不同而进行分离。以层析滤纸为载体，滤纸纤维素吸附的水分构成纸色谱的固定相。由有机溶剂等组成的展开剂为流动相。样品组分在两相中作反复多次分配达到分离。方法具有简单、分离效能较高、所需仪器设备价廉、应用范围广泛等特点，因而在有机化学、分析化学、生物化学等方面得到应用。

2. 操作过程

取一大小适宜的滤纸条，在下端点上标准和样品，放在色谱筒中展开，取出后，标记前沿，晾干，着色，计算比移值。

比移值(retardation factor，R_f)等于展开后组分斑点中心到原点的距离与溶剂前沿到原点距离之比。如图 10-4 所示，组分 1 的比移值为 $R_{f_1}=h_1/h$，组分 2 的比移值为 $R_{f_2}=h_2/h$，组分 3 的比移值为 $R_{f_3}=h_3/h$。其中，h 为展开后溶剂前沿到原点的距离；h_1、h_2、h_3 为分别组分 1、2、3 展开后斑点中心到原点的距离。比移值相差越大的组分，分离效果越好。

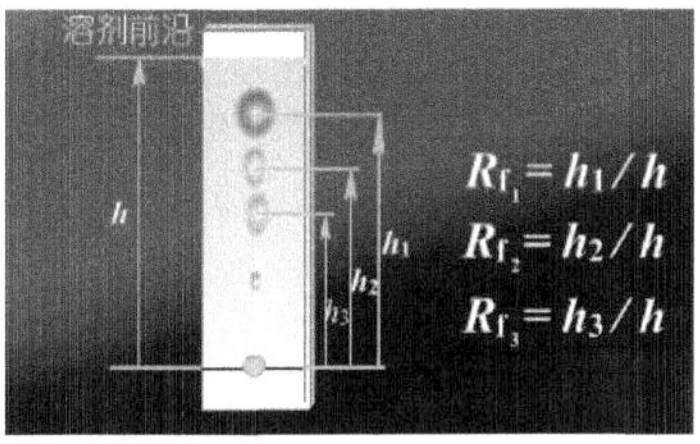

图 10-4　比移植计算

3. 应用

纸色谱的展开方式有以下三种：

(1) 上行法。展开剂从层析纸的下方因毛细管作用而向上运动。

(2)下行法。试液点在层析纸的上端，滤纸倒悬，展开液因重力而向下展开。

(3) 双向展开法。若一种展开剂不能将待分离组分分开，可用此方法。先用一种展开剂按一个方向展开后，再用另一种展开剂按垂直于第一种方向进行展开。

因纸色谱具有简单、分离效能较高、所需仪器设备价廉、应用范围广泛等特点，因而在有机化学、分析化学、生物化学等方面得到应用。例如，用丁酮、甲基异丁酮、硝酸和水作展开剂，可分离铀、钍、钪及稀土；用甲基异丁酮、丁酮、氢氟酸和水作展开剂可分离铌和钽；还可用于性质相近的多种氨基酸的分离及产品中微量杂质的鉴定等方面。

10.6.2　薄层色谱分离法

1. 方法原理

薄层色谱是把吸附剂铺在支撑体上，制成薄层作为固定相，以一定组成的溶剂作为流动相进行色谱分离的方法。其吸附剂常为纤维素、硅胶、活性氧化铝等，支撑体常为铝板、塑料板、玻璃板等。它利用吸附剂对不同组分的吸附力的差异，试样沿着吸附层不断地发生“溶解—吸附—再溶解—再吸附……”的过程。造成它们在薄层上迁移速率的差别，从而得到分离，各组分比移值的计算同纸色谱。

2. 应用

薄层色谱是一种吸附层析，需利用各种不同极性的溶剂来配制适当的展开剂，常用溶剂按极性增强次序为：石油醚、环己烷、CCl_4、苯、甲苯、$CHCl_3$、乙醚、乙酸乙酯、正丁醇、1，2-二氯乙烷、丙酮、乙醇、甲醇、水、吡啶、HAc。

展开的方式可采用上行下行的单向层析法，对于难分离组分，还可采用“双向层析法”。

根据一定条件下组分的比移值与标准进行对照，可进行定性分析。斑点显色后，观察色斑的深浅程度，参照标准可作半定量分析。

将该组分色斑连同吸附剂一起刮下，然后洗脱、测定，可进行定量分析。也可用薄层扫描仪，直接扫描斑点，得出峰高或积分值，自动记录进行定量分析，如图 10-5 所示。

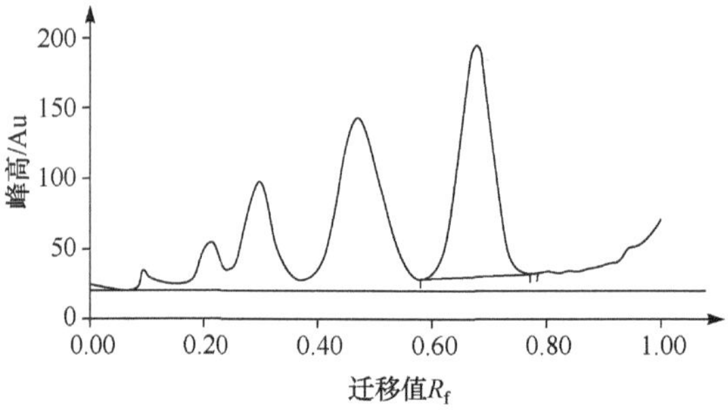

图 10-5　将展开板上的图转化为定量计算的谱图

10.6.3　反相分配色谱分离法

用有机相作为固定相，水相为流动相的萃取色谱分离法称为反相分配色谱分离法或反相萃取色谱分离法(reversed phase extraction chromatography)。

反相分配色谱分离法通常在柱上进行，用一种惰性的、不与待分离的组分发生作用的载体将有机萃取剂牢固地吸着作为固定相。将负载有固定相的载体装入柱中，把试液引入色谱柱时，各组分先集中在柱上层浓缩。当加入洗脱剂时，各组分就在两相之间进行萃取—反萃取—萃取多次重复的分配过程，特别是用含有配合剂的洗液，会使一些组分容易被反萃取而实现分离。反相分配色谱分离法将液-液萃取的高选择性与色谱的高效性结合在一起，大大提高了分离效果，所以是一种有广泛应用的分离方法。

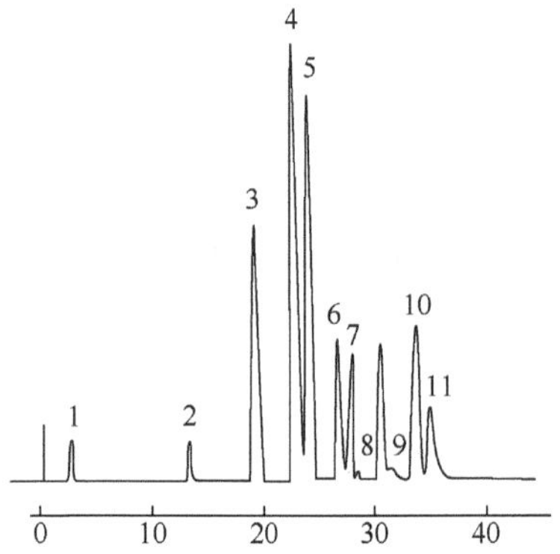

图 10-6　稠环芳烃分析的 HPLC 图

1. 苯；2. 萘；3. 联苯；4. 菲；5. 蒽；6. 荧蒽；7. 芘；8，9. 未知；10. 苯并芘[e]；11. 苯并芘[a]

例如，稠环芳烃的分析条件如下(图 10-6)。

固定相：十八烷基硅烷化键合相；流动相：20％甲醇-水 ～100％甲醇；线性梯度淋洗，2％ · min^{-1}；流速：1 mL · min^{-1}；柱温：50 ℃；柱压：70×10^4 Pa；检测器：紫外检测器。

10.7　几种新的仪器分离和富集方法简介

10.7.1　气浮分离法

向水中通入大量微小气泡，使待分离物质吸附于上升的气泡表面而浮升到液面，从而使某组分得以分离的方法，称为气浮分离法或气泡分离法(flotation separation)，也称浮选分离或泡沫浮选分离。

往含有待分离的离子、分子的水溶液中，加入表面活性剂时，表面活性剂的极性端与水相中的离子或极性分子连接在一起，非极性端向着气泡，表面活性剂就将这些物质连在一起定向排列在气-液界面，被气泡带到液面形成泡沫层，从而达到分离的目的。

气浮分离法有三种类型：离子气浮分离法、沉淀气浮分离法和溶剂气浮分离法。

例如，水中的 Cr(Ⅵ)以 CrO_4^{2-} 形式存在时，加入阳离子表面活性剂，如氯化十六烷基三甲基铵，即要将其气浮富集到液面上。

再如，Fe^{3+} 等离子，加入沉淀剂生成沉淀并吸附痕量待分离组分，再加入带相反电荷的表面活性剂进行气浮分离，称为沉淀气浮或共沉淀气浮分离法。

10.7.2　固相微萃取分离法

固相微萃取分离法(solid-phase microextraction)是 20 世纪 90 年代初发展起来的试样预分离富集方法，它集试样预处理和进样于一体，将试样纯化、富集后，可与各种分析方法相结合而特别适用于有机物的分析测定。固相微萃取分离法属于非溶剂型萃取法。

固相微萃取分离法可用于环境污染物、农药、食品饮料及生物物质的分离与富集的分离分析。

10.7.3　超临界流体萃取分离法

超临界流体萃取分离法(supercritical fluid extraction method)是利用超临界流体作萃取剂，从液体或固体中萃取出某些成分并进行分离的技术。超临界条件下的流体(SF)是处于临界温度(T_c)和临界压力(p_c)以上，以流体形式存在的物质。通常有二氧化碳(CO_2)、氮气(N_2)、氧化亚氮(N_2O)、乙烯 (C_2H_4)、三氟甲烷(CHF_3)等。超临界流体的密度很大，与液体相仿，很容易溶解其他的物质，另一方面，它的黏度很小，接近于气体，所以传质速率会很高；加上表面张力小，容易渗透固体颗粒，并保持很大的流速，可使萃取过程在高效快速又经济的条件下完成。

通常用二氧化碳作超临界萃取剂分离萃取低极性和非极性的化合物；用氨或氧化亚氮作超临界流体萃取剂分离萃取极性较大的化合物。

特别适用于烃类及非极性脂溶化合物。此法既有从原料中提取和纯化少量有效成分的功能，又能从粗制品中除去少量杂质，达到深度纯化的效果。

超临界流体萃取的另一个特点是它能与其他仪器分析方法联用，从而避免试样转移时的损失，减少各种人为的偶然误差，提高方法的精密度和灵敏度。

10.7.4　液膜萃取分离法

液膜萃取分离法(liquid-membrane extraction method)吸取了液-液萃取的特点，又结合了透析过程中可以有效去除基体干扰的长处，具有高效、快速、简便、易于自动化等优点。液膜萃取分离法的基本原理是由渗透了与水互不相溶的有机溶剂的多孔聚四氟乙烯膜把水和溶液分隔成两相，即萃取相与被萃取相。试样水溶液的离子流入被萃取相与其中加入的某些试剂形成中性分子（处于活化态）。这种中性分子通过扩散溶入吸附在多孔聚四氟乙烯上的有机液膜中，再进一步扩散进入萃取相，一旦进入萃取相，中性分子受萃取相中化学条件的影响又分解为离子（处于非活化态）而无法再返回液膜中去。其结果使被萃取相中的物质离子通过液膜进入萃取相中。

液膜萃取分离法广泛应用于环境试样的分离与富集。例如，大气中微量有机胺的分离；水中铜和钴离子的分离；水体中酸性农药的分离测定等。

10.7.5　毛细管电泳分离法

毛细管电泳分离法（capillary electrophoresis method）是在充有流动电解质的毛细管两端施加电压，利用电势梯度及离子淌度的差别，实现流体中组分的电泳分离。对于给定的离子和介质，淌度是该离子的特征常数，是由该离子所受的电场力与其通过介质时所受的摩擦力的平衡所决定的。带电量大的物质具有的淌度高，而带电量小的物质淌度低。离子的迁移度分别与电泳淌度和电场强度成正比。毛细管电泳分离法具有取样少、分离效率高、分离速率快、灵敏度高等特点。

10.7.6　膜分离法

用天然或人工合成的高分子薄膜，以外界能量或化学势差为推动力，对双组分或多组分的溶质和溶液进行分离、分级、提纯和富集的方法，称为膜分离法（membrane separation）。膜是该法中的关键物质。膜可以是均相，也可以是复合体。常用的分离膜有离子交换膜，微滤、超滤、反渗透和纳米过滤膜，气体分离膜等。

膜分离法可以直接应用，也可以利用膜技术和其他的技术联合使用。

10.7.7　电化学分离法

电化学分离法（electrochemical separation）是基于物质在溶液中的电化学性质来实现分离的一种重要的化学分离手段。电泳分析法、化学修饰电极分离富集法、介质交换伏安法都是高选择性、高灵敏度的新的电化学分离、分析技术。该法在富集分离痕量元素，排除性质相近的物质干扰方面应用广泛。

10.7.8　微波萃取分离法

微波萃取分离法（microwave extraction method）是利用微波能内部均匀加热、热效率高、萃取率高的特点，保持待测物原始状态，实现干扰组分与基体有效地分离。包括试样粉碎、与溶剂混合、微波辐射、分离萃取液等步骤，萃取过程一般在特定的密闭容器中进行。优点是：简单快速、节能、污染小、易于操作等。在实际工作中得到广泛的应用。

思考题

1. 分离方法在定量分析中有什么重要性？分离时对常量和微量组分的回收率要求如何？
2. 在氢氧化物沉淀分离中，常用的有哪些方法？举例说明。

3. 某试样含 Fe、Al、Ca、Mg、Ti 元素，经碱熔融后，用水浸取，盐酸酸化，加氨水中至出现红棕色沉淀(pH 约为 3)，再加六亚甲基四胺加热过滤，分出沉淀和滤液。

(1) 为什么溶液中刚出现红棕色沉淀时，表示 pH 约为 3?

(2) 过滤后得的沉淀是什么？滤液又是什么？

(3) 试样中若含 Zn^{2+} 和 Mn^{2+}，它们是在沉淀中还是在滤液中？

4. 用氢氧化物沉淀分离时，常有共沉淀现象，有什么方法可以减少沉淀对其他组分的吸附？

5. 沉淀富集痕量组分，对共沉淀剂有什么要求？有机共沉淀剂较无机共沉淀剂有什么优点？

6. 什么是分配系数？什么是分配比？萃取率与哪些因素有关？采用什么措施可提高萃取率？

7. 离子交换树脂分几类？各有什么特点？什么是离子交换树脂的交联度、交换容量？

8. 几种色谱分离方法(纸色谱、薄层色谱及反相分配色谱)的固定相和分离机理有何不同？

9. 用气浮分离法富集痕量金属离子有什么优点？为什么要加入表面活性剂？

10. 固相微萃取分离法、超临界萃取分离法、液膜分离法及微波萃取分离法的分离机理有何不同？

习　题

1. 0.020 mol · L^{-1} Fe^{2+} 溶液，加 NaOH 进行沉淀时，要使其沉淀达 99.99%以上。则溶液中的 pH 至少应为多少？若考虑溶液中除剩余 Fe^{2+} 外，尚有少量 $FeOH^{+}$ ($\beta=1\times10^{4}$)，溶液的 pH 又至少应该为多少？(已知 $K_{sp}=8\times10^{-16}$)

2. 有一金属螯合物在 pH=3 时从水相萃入甲基异丁基酮中，其分配比为 5.96，现取 50.0 mL 含该金属离子的试液，每次用 25.0 mL 甲基异丁基酮于 pH=3 萃取，若萃取率达 99.9%。则一共要萃取多少次？

3. 现有 0.1000 mol · L^{-1} 某有机一元弱酸(HA)100 mL，用 25.00 mL 苯萃取后，取水相 25.00 mL，用 0.02000 mol · L^{-1} NaOH 溶液滴定至终点，消耗 20.00 mL，计算一元弱酸在两相中的分配系数 K_D。

4. 称取 1.5 g H 型阳离子交换树脂作交换柱，净化后用氯化钠溶液冲洗，至甲基橙呈橙色为止。收集流出液，有甲基橙为指示剂，以 0.1000 mol · L^{-1} NaOH 标准溶液滴定，用去 24.51 mL，计算该树脂的交换容量(mmol · g^{-1})。

5. 将 100 mL 水样通过强酸型阳离子交换树脂，流出液用 0.1042 mol · L^{-1} 的 NaOH 滴定，用去 41.25 mL，若水样中金属离子含量以钙离子含量表示，求水样中含钙的质量浓度(mg · L^{-1})为多少？

6. 设一含有 A、B 两组分的混合溶液，已知 $R_f(A)=0.40$，$R_f(B)=0.60$，如果色层用的滤纸条长度为 20 cm，则 A、B 组分色层分离后的斑点中心相距最大距离为多少？

第 11 章　其他仪器分析方法简介

基本要求

- 了解原子发射分光光度法基本原理，掌握其仪器基本部件。
- 了解红外光谱法基本原理，掌握振动基本类型。
- 了解气相色谱仪器部件，熟悉液相色谱仪。
- 了解高效毛细管电泳的原理及分离模式。

经典的分析化学实质上是化学分析，即以物质的化学性质为基础建立的分析方法。随着物理学、电子学的发展，尤其是 20 世纪 70 年代以来，以计算机应用为主要标志的信息时代的到来，新技术、新方法不断涌现，各类仪器分析法在生命科学领域得到广泛应用，发展迅速，成为分析化学发展的主流。本章简介原子吸收光谱法、原子发射光谱法、红外光谱法、色谱分析法及高效毛细管电泳法。

11.1　原子吸收光谱法

11.1.1　概述

利用原子吸收分光光度计测量待测元素的基态原子对其特征谱线的吸收程度来确定物质含量的分析方法，称为原子吸收光谱法(atomic absorption spectrometry，AAS)或原子吸收分光光度法，简称原子吸收法。

原子吸收现象：原子蒸气对其原子共振辐射吸收的现象。1802 年被人们发现，AAS 作为一种实用的分析方法是从 1955 年才开始的。澳大利亚的瓦尔西(Walsh)发表了著名论文《原子吸收光谱在化学分析中的应用》，奠定了原子吸收光谱法的理论基础。随着原子吸收光谱商品化仪器的出现，到了 20 世纪 60 年代中期，原子吸收光谱法步入迅速发展的阶段。尤其是非火焰原子器的发明和使用，使方法的灵敏度有了较大的提高，应用更为广泛。

原子吸收光谱法是一种重要的成分分析方法，其特点是：

(1) 灵敏度高、检出限低。火焰原子吸收法的检出限可达 $ng \cdot mL^{-1}$ 数量级，石墨炉原子吸收法可达 $10^{-10} \sim 10^{-14}$ g。

(2) 准确度高。火焰原子吸收法相对标准偏差小于 1%，石墨炉原子吸收相对标准偏差一般为 3%～5%。

(3) 选择性高。大多数情况下共存元素对被测元素不产生干扰。

(4) 速率快、应用广。原子吸收光谱法可测定 70 多种元素，还可以用间接原子吸收法测定非金属元素和有机化合物等。

(5) 仪器简单易操作。价格低廉，一般实验室都可以配备。

原子吸收光谱的不足之处在于对难熔元素、非金属元素测定困难，不能同时多元素测定。

11.1.2　基本原理

由原子发射光谱可知，每一种元素的原子都可以发射一系列特征谱线，原子还有另外一个性质，其原子蒸气可以选择性吸收同种原子发射的特征谱线，使谱线的强度减弱，与原子蒸气中同种元素原子的浓度成正比，且符合朗伯-比尔定律。即

$$A=\lg\frac{I_0}{I}=Kcb \tag{11-1}$$

对具体仪器而言，原子蒸气的厚度是固定的，即 b 是常数，式(11-1)可以简写为

$$A=\lg\frac{I_0}{I}=Kc \tag{11-2}$$

在实际测定中，式(11-2)应用更多。

11.1.3　原子吸收光谱仪

原子吸收光谱仪又称原子吸收分光光度计(atomic absorption spectrometer)，它由光源、原子化器、单色器和检测器四部分组成。

1. 光源

光源的作用是提供待测元素的特征光谱，获得较高的灵敏度和准确度。光源应满足以下要求：①能发射待测元素的共振线；②能发射锐线；③辐射光强度大，稳定性好。现在最常用的光源是空心阴极灯(图 11-1)。它的工作原理是施加适当电压时，电子将从空心阴极内壁流向阳极；与充入的惰性气体碰撞而使之电离，产生正电荷，并在电场作用下，向阴极内壁猛烈轰击；使阴极表面的金属原子溅射出来，溅射出来的金属原子再与电子、惰性气体原子及离子发生碰撞而被激发，发射出金属元素的特征谱线。用不同待测元素作阴极材料，可制成相应空心阴极灯。因此空心阴极灯具有辐射光强度大、稳定、谱线窄、灯容易更换等特点。

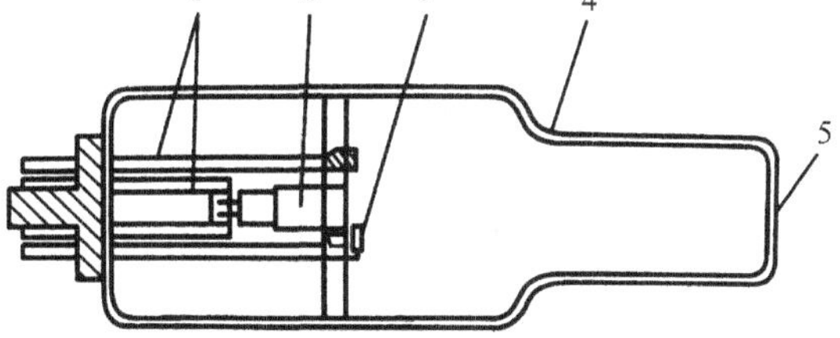

图 11-1　空心阴极灯示意图

1. 电极支架；2. 空心阴极；3. 阳极；4. 玻璃管；5. 光窗

2. 原子化器

原子化器的功能是提供能量，使试液干燥、蒸发和原子化。对原子化器的基本要求是：①必须具有足够高的原子化效率；②必须具有良好的稳定性和重现性；③操作简便及低的干扰水平等。常用的原子化器有火焰原子化器和非火焰原子化器。

1) 火焰原子化器

火焰原子化法中，常用的是预混合型火焰原子化器(flame atomizer)，其结构如图 11-2 所示。它是由雾化室、雾化器、燃烧器、火焰和供气系统组成。其工作过程如下：由供气系统送来的阻燃气将被测溶液送入喷雾器，使其分散成最小的雾滴，并在雾化室和燃烧气预先混合均匀，然后在燃烧器上燃烧，使细雾被火焰蒸发并解离而产生原子蒸气。

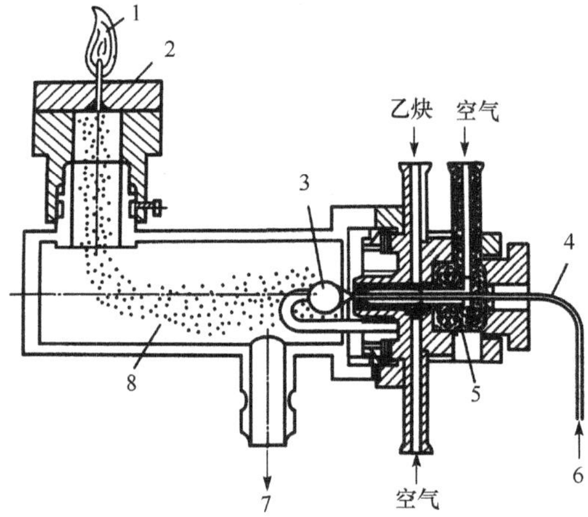

图 11-2 火焰原子化器示意图

1. 火焰；2. 燃烧头；3. 撞击球；4. 进样管；5. 喷雾器；6. 样品溶液；7. 废液；8. 雾化室

火焰温度是影响原子化程度的重要因素。必须根据实际情况，选择合适的火焰温度，一般易挥发、易解离的化合物，如 Pb、Cd、Zn、Sn、碱金属、碱土金属等化合物宜选用低温火焰，而难挥发、易生成难解离氧化物的元素，如 Al、V、Mo、Ti、W 等宜选用高温火焰。火焰的种类有很多，但最常用的乙炔-空气火焰和乙炔-笑气火焰。前者最高温度约为 2500 K，适于多数元素测定；后者最高温度 2990 K，适用于耐高温、难解离和激发电势较高的元素的原子化。

2) 非火焰原子化器

非火焰原子化器(non-flame atomizer)是利用电热、阴极溅射、等离子体、激光或冷原子发生器等方法使试样中待测元素形成基态自由原子。其中高温石墨炉应用最为广泛，它的基本原理是利用大电流(常高达数百安培)通过高阻值的石墨器皿(多为管子)时所产生的高温，使置于其中的少量试液或固体试样蒸发和原子化，其装置如图 11-3 所示。主要由外热电源、石墨管和炉体组成，外气路中 Ar 气体沿石墨管外壁流动，冷却保护石墨管；内气路中 Ar 气体由管两端流向管中心，从中心孔流出，用来保护原子不被氧化，同时排除干燥和灰化过程中产生的蒸气。

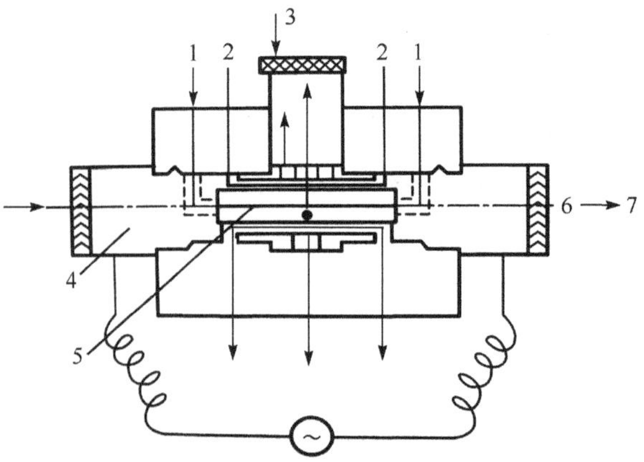

图 11-3 石墨炉装置示意图

1. 内气；2. 外气；3. 进样孔；4. 电接头；5. 石墨管；6. 石英窗口；7. 光路

石墨炉原子化过程分为干燥、灰化(去除基体)、原子化、净化(去除残渣)四个阶段。干燥：在低温(溶剂沸点)下蒸发掉样品中溶剂；灰化：在较高温度下除去低沸点无机物及有机物，减少基体干扰；高温原子化：使以各种形式存在的分析物挥发并解离为中性原子；净化：升至更高的温度，除去石墨管中的残留分析物，以减少和避免记忆效应。

高温石墨炉的主要优点是原子化程度高，试样用量少(1～100 μL)，灵敏度高，检测极限可达 10^{-12} g·L^{-1}，尤其适于难挥发、难原子化和微量试样的分析；缺点是精密度差，有时记忆效应严重，有杂散光引起的背景干扰大，通常都需要作背景校正。

3) 低温原子化法

低温原子化法(cryogenic atomization method)又称化学原子化法，包括氢化物原子化法和冷原子化法，氢化物原子化法是在酸性介质中，与强还原剂硼氢化钠反应生成气态共价氢化物，将待测试样在专门的氢化物生成器中产生氢化物，送入原子化器(电热石英管)中检测。氢化物原子化方法仅限于 As、Sb、Bi、Sn、Ge、Se、Pb、Ti 等元素的分析。冷原子化法只限于各种试样中 Hg 元素的测量，其原理是将试样中的汞离子用 $SnCl_2$ 或盐酸羟胺完全还原为气态汞原子后，用气流将汞蒸气带入具有石英窗的气体测量管中进行吸光度测量。低温原子化技术是一个分离富集的过程，灵敏度比火焰原子化技术要高，但精密度差些，且应用范围很有限。

3. 分光系统

原子吸收分光光度计的光学系统可分为两部分，一部分是外光路系统，也称为照明系统；另一部分是分光系统，也称为单色器。照明系统的作用是将光源发出的共振线正确地通过被测试样的原子蒸气，并投射到单色器的狭缝上，它由光源和透镜组成。单色器的作用是将被测元素的分析线与其他谱线分开，有棱镜和光栅两种。当待测元素的分析线与干扰谱线不能完全分开时，可以通过调节狭缝消除邻近谱线的干扰。

4. 检测系统

原子吸收分光光度计的检测系统包括检测器、放大器、对数变换器、显示记录装置。检测器的作用是将单色器分出的光信号转变成电信号，即进行光电转换。一般测量的光信号较弱，故常采用灵敏度较高的光电倍增管作为检测器。放大器可以将光电倍增管输出的较弱信号，经电子线路进一步放大，又能滤掉火焰发射及无用直流信号，提高信噪比。而对数变换器则是实现光强度与吸光度之间的转换。最后显示、记录进行原子吸收计算工作。

11.1.4　原子吸收光谱法的应用

原子吸收光谱法广泛应用于环保、材料、临床、医药、食品、冶金、地质、法医、交通和能源多个方面，可对近 80 种元素进行直接测量，加上间接测量元素，总量可达百余种。在农、林、水、轻工等科学中，它主要用于土壤、动植物、食品、饲料、肥料、大气、水体等样品中金属元素和部分非金属元素的定量分析。

例 11-1 原子吸收分光光度法测定 Mg。

分析样品	自来水
分析项目	Mg
分析方法	标准曲线法和标准加入法
分析条件	(1) 火焰原子吸收分光光度计，燃助比 1∶4 (2) 测定波长 285.2 nm 或 202.5 nm(前者灵敏度高，后者适用于测定浓度较高的标准液或试液) (3) 空心阴极灯，灯电流 2 mA，灯高 4 格，光谱通带 0.2 nm
分析结果	(1) 绘制标准曲线，由未知试样的吸光度值求出自来水中 Mg 的含量 (2) 以标准加入法绘制标准曲线，将曲线外推至吸光度 $A=0$，求出自来水中 Mg 的含量

例 11-2 原子吸收分光光度法测定 Zn。

分析样品	(人和动物)毛发，土壤以及各类农林作物(如玉米、柑橘、油桐等)
分析项目	Zn
分析方法	标准曲线法
分析条件	(1) 用湿消化法或干灰法处理样品，制成试液 (2) 火焰原子吸收分光光度计，燃助比 1∶4 (3) 测定波长 212.9 nm (4) 空心阴极灯，灯电流 3 mA，光谱通带 0.2 nm (由于型号各异，以上测定条件仅供参考)
分析结果	绘制标准曲线，由未知试样的吸光度值求出试样中 Zn 的含量；利用备有计算机数据处理(软件)系统的原子吸收分光光度计，据实验测得的吸光度 A 及输入相应的标准溶液浓度数据，绘出标准曲线

11.2 原子发射光谱法

11.2.1 概述

元素在受到热或电激发时，由基态跃迁到激发态，返回到基态时，发射出特征光谱，依据特征光谱进行定性、定量的分析方法称为原子发射光谱法(atomic emission spectrometry, AES)。原子发射光谱法的过程如下。

1. 试样蒸发、激发产生特征辐射

使试样在外界能量的作用下转变成气态原子，并使气态原子的外层电子激发至高能态。当从较高的能级跃迁到较低的能级时，原子将释放出多余的能量而发射出特征谱线。蒸发和激发过程是在光源中完成的，所需能量由光源发生器供给。

2. 色散分光形成光谱

对所产生辐射经过摄谱仪器进行色散分光，按波长顺序记录在感光板上，就可呈现出有规则的谱线条，即光谱图。该过程是通过分光系统完成的，分光系统的主要部件是光栅(或棱镜)，其作用就是分光。

3. 检测谱线的波长和强度

用检测器检测光谱中谱线的波长和强度。由于待测元素原子的能级结构不同，因此发射谱线的波长不同，据此可对试样进行定性分析；由于待测元素原子的浓度不同，据此可实现元素的定量测定。

总体来说，原子发射光谱法具有以下特点：

(1) 广普性。不论气体、固体、液体试样都可以直接激发。

(2) 可多元素同时检测。由于试样中不同元素都同时发射不同特征光谱，可作定性和定量分析。

(3) 选择性高。每一种元素都发射各自不同特征光谱，这种性质上的差异，对一些化学性质相似的元素很容易分开。

(4) 检出限较低。通常可以达到 0.1～10 $\mu g \cdot g^{-1}$，电感耦合等离子体光源(ICP)检出限可以达到 $ng \cdot g^{-1}$。

(5) 准确度较高。经典光源相对误差为 5 %～10 %，ICP 相对误差低于 1%。

(6) 试样消耗少。每次耗样几毫克至几十毫克。

但发射光谱也有一定局限性，它一般只用于元素总量分析，而无法确定物质的空间结构和官能团，也无法进行元素的价态和形态分析，此外，AES 不能用于分析有机物和一些非金属元素。

11.2.2　基本原理

当原子从较高能级跃迁到基态或其他较低能级的过程中，将释放出多余的能量，这种能量是以一定波长的电磁波的形式辐射出去的，其辐射的能量可用下式表示

$$\Delta E = E_2 - E_1 = h\nu = h\frac{c}{\lambda} \qquad (11\text{-}3)$$

每一条所发射的谱线的波长取决于跃迁前后两个能级之差。由于原子的能级很多，原子在被激发后，其外层电子可有不同的跃迁，但这些跃迁应遵循一定的规则(**“光谱选律”**)，因此对特定元素的原子可产生一系列不同波长的特征光谱线，这些谱线按一定的顺序排列，并保持一定的强度比例。

光谱分析就是从识别这些元素的特征光谱来鉴别元素的存在(定性分析)；而这些光谱线的强度又与试样中该元素的含量有关，因此又可利用这些谱线的强度来测定元素的含量(定量分析)。

当温度一定时，谱线强度 I 与基态原子数 N_0 成正比，在一定条件下，基态原子数 N_0 与该元素浓度成正比，因此，在一定条件下，谱线强度与被测元素浓度 c 成正比，即

$$I = ac \qquad (11\text{-}4)$$

式中，a 为比例系数。当考虑到谱线自吸时，式(11-4)可表达如下：

$$I = ac^b \qquad (11\text{-}5)$$

式中，b 为自吸系数，其值随被测元素浓度增加而减小，当元素浓度很小而无自吸时，$b=1$。式(11-5)是 AES 定量分析基本关系式。

11.2.3　原子发射光谱法的仪器

原子发射光谱法的仪器一般由激发光源、分光系统和检测系统三部分组成。

1. 激发光源

激发光源的主要作用是为试样的气化原子化和激发提供能量。通常对于光源的要求是：要有足够的蒸发、原子化、激发能力；灵敏度高、稳定性好、光谱背景小；简单、易操作。常用的激发光源有直流电弧、低压交流电弧、电火花和ICP等。

目前发射光谱分析中发展迅速、极受重视的一种新型光源即ICP，ICP指高频电能通过感应线圈耦合到等离子体所得到的外观类似于火焰的高频放电光源。ICP工作原理如图11-4所示：当高频发生器接通电源后，高频电流通过感应线圈产生交变磁场(绿色)。开始时，管内为Ar气，不导电，需要用高压电火花触发，使气体电离后，在高频交流电场的作用下，带电粒子高速运动，碰撞，形成“雪崩式放电”，产生等离子体气流。在垂直于磁场方向将产生感应电流(涡电流，粉色)，其电阻很小，电流很大(数百安)，产生高温。又将气体加热、电离，在管口形成稳定的等离子体焰炬。因此ICP具有以下特点：温度高，惰性气氛，原子化条件好，有利于难熔化合物的分解和元素激发，有很高的灵敏度和稳定性；“趋肤效应”显著，涡电流在外表面处密度大，使表面温度高，轴心温度低，中心通道进样对等离子的稳定性影响小。同时有效消除自吸现象，线性范围宽(4～5个数量级)；ICP中电子密度大，碱金属电离造成的影响小；Ar气体产生的背景干扰小；无电极放电，无电极污染。因此，ICP是AES中最具有前途和竞争力的光源之一。

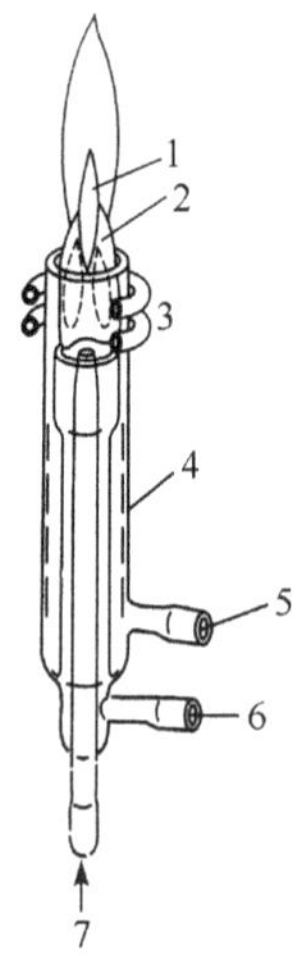

图11-4 电感耦合等离子体激发源
1. 观测区；2. 等离子体；3. 感应线圈；4. 石英灯炬；5. 等离子体(冷却气)Ar；6. 辅助气Ar；7. 样品载气Ar

2. 分光系统

分光系统的作用是将试样中待测元素的激发态原子(或离子)所发射的特征光经过分光后，得到按波长顺序排列的光谱，便于进行定性和定量分析。常用的分光元件可分为棱镜和光栅。棱镜分光系统利用棱镜对不同波长的光有不同的折光率，复合光被分解为各种单色光，达到分光的目的，多以石英棱镜为色散元件，主要用于紫外和可见光区。光栅分光系统则是利用光在光栅上产生的衍射和干涉来实现分光的，以光栅(在一个镀铝的光学平面或凹面上刻印等距离的平行沟槽做成)作为色散元件。光栅色散和棱镜色散比较，具有较高的色散与分辨能力，较宽的波长范围，谱线按波长顺序均匀排列。

3. 检测系统

检测系统的作用是将原子的发射光谱记录或检测出来，进行定性或定量分析。

摄谱检测系统把感光板置于分光系统的焦平面处，通过摄谱、显影、定影等操作，分光后得到的光谱记录和显示在感光板上，通过映谱仪放大，同标准图谱比较或者通过比长计测定待测谱线的波长，进行定性分析；通过测微光度计测量谱线强度(黑度)，进行定量分析。

光电检测系统利用光电倍增管一类的光电转换器，连接在分光系统的出口狭缝处代替感光板，将谱线光信号转变为电信号，再送入电子放大装置，直接由仪表显示。

图像检测器又称多道型检测器，是 20 世纪 70 年代发展起来，80～90 年代才逐渐实现商品化的一类新型检测器，既具有光电直读的特点，又具有光谱感光板同时记录多道光谱信号的能力，特别适合微弱光信号检测，是目前原子光谱分析法重要的研究方向之一。

11.2.4　原子发射光谱法的应用

原子发射光谱分析在鉴定金属元素方面（定性分析）具有较大的优越性，不需分离、多元素同时测定、灵敏、快捷，可鉴定周期表中约 70 多种元素，成为土壤、植物及有关生物样品进行分析的手段之一。

例 11-3　火焰光度法测定 K、Na。

分析样品	植物
分析项目	K、Na 金属含量
分析方法	火焰光度法（标准曲线法）
分析条件	(1) 先用湿消化法将植物样品处理成分析试液 (2) 配制 K、Na 混合标准系列溶液 (3) 在火焰光度计上，分别在 766.8 nm（K 原子发射线）和 589.0 nm（Na 原子发射线）处，由稀到浓依次测定 K、Na 混合标准系列溶液和未知试液 K、Na 两条谱线的相对发射强度
分析结果	(1) 以浓度为横坐标，以 K、Na 的相对发射强度为纵坐标，分别绘制 K、Na 的标准曲线 (2) 由未知试液的相对发射强度，求出植物样品中 K、Na 的含量（用质量分数 w 表示）

例 11-4　原子发射光谱法测定微量元素。

分析样品	土壤、植物
分析项目	Mn、Cu、Fe、Al、Pb、Ni 等微量金属元素
分析方法	等离子体发射光谱法
分析条件	(1) 用湿消化法将样品处理成分析试液或者采用微波消煮法处理 (2) 配制 Mn、Cu、Fe、Al、Pb、Ni（等体积混合）标准系列溶液 (3) 以电感耦合高频等离子体炬为激发源，分别将以上元素的混合标准系列溶液及试液喷入炬 管，经蒸发产生发射光谱，用光电检测器测定元素谱线强度
分析结果	(1)以浓度为横坐标，以各元素的谱线强度为纵坐标，分别绘制各元素的标准曲线 (2)由试液的元素谱线强度，求出样品中各元素的含量

11.3　红外光谱法

11.3.1　概述

红外光谱法又称红外分光光度分析法，简称 IR，是分子吸收光谱的一种。利用物质对红外光区的电磁辐射的选择性吸收来进行结构分析及对各种吸收红外光的化合物的定性和定量分析的一种方法。被测物质的分子在红外线照射下，只吸收与其分子振动、转动频率一致的红外光谱。对红外光谱进行剖析，就能对物质进行定性分析。化合物分子中存在着许多原子团，各原子团被激发后，都会产生特征振动，其振动频率也必然反映在红外吸收光谱上。据此可鉴定化合物中各种原子团，也可进行定量分析。

红外光谱分析特征性强，气体、固体、液体样品都可以测定，并具有样品用量少、分析速度快、不破坏样品的特点。红外光谱法不仅与其他许多分析方法一样，能进行定性和定量分析，而且是鉴定化合物和测定分子结构的有效方法之一。

11.3.2 基本原理

1. 红外吸收的产生条件

(1) 分子振动时，必须伴随有瞬时偶极矩的变化。对称分子：没有偶极矩，辐射不能引起共振，无红外活性，如 N_2、O_2、Cl_2 等。非对称分子：有偶极矩，红外活性(图 11-5)。

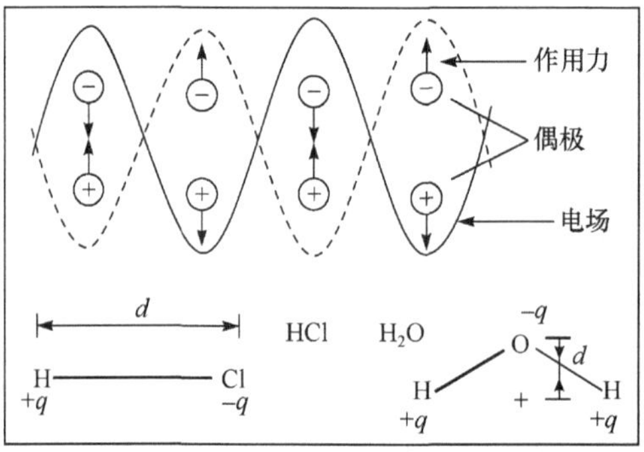

图 11-5 HCl、H_2O 的偶极矩

(2) 只有当照射分子的红外辐射的频率与分子某种振动方式的频率相同时，分子吸收能量后，从基态振动能级跃迁到较高能量的振动能级，从而在图谱上出现相应的吸收带。

2. 分子的振动类型

伸缩振动：原子沿化学键的轴线方向的伸展和收缩，键长变动，包括对称与反对称伸缩振动；弯曲振动：振动时键长不变，键角变化，键角变动，包括剪式振动、平面摇摆、非平面摇摆、扭曲振动。如图 11-6 是亚甲基的基本振动形式。基频峰：由基态跃迁到第一激发态，产生一个强的吸收峰称为基频峰；倍频峰：由基态直接跃迁到第二激发态，产生一个弱的吸收峰称为倍频峰；组频：如果分子吸收一个红外光子，同时激发了基频分别为 ν_1 和 ν_2 的两种跃迁，此时所产生的吸收频率应该等于上述两种跃迁的吸收频率之和，故称组频；特征峰：凡是能用于鉴定官能团存在的吸收峰，相应频率称为特征频率；相关峰：互相可以依存而又互相可以佐证的吸收峰称为相关峰。

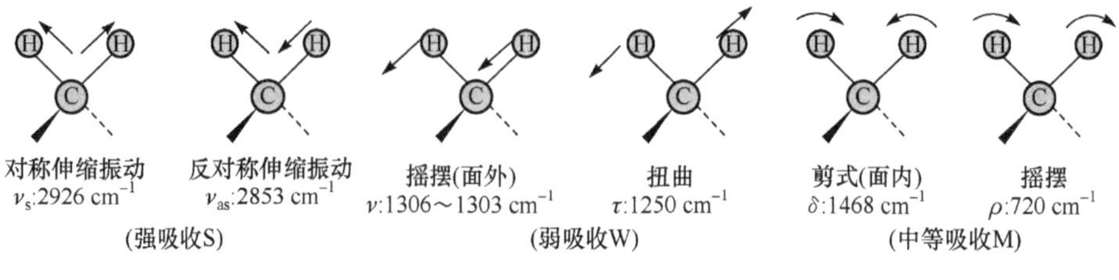

图 11-6 亚甲基的基本振动形式和特征频率

理论上，分子的每一种振动形式会产生一个基频峰，对于一个多原子分子振动形式的数目为：非线性分子 $3N-6$ 个振动形式（又称简正振动），而线性分子 $3N-5$ 个振动形式（N 为分子中原子数目）。例如，CO_2 分子为线性分子，振动自由度为 $3\times3-5=4$，所以 CO_2 分子有四种振动形式与红外吸收有关，分别是对称收缩、不对称收缩、面内弯曲、面外弯曲。经常出现实际吸收峰比理论计算数少的原因：①无偶极矩变化的振动不产生红外吸收；②振动吸收频率完全相同（十分接近时），简并为一个吸收峰（仪器分辨不出，表现为一个吸收峰）；③振动吸收强度太弱，仪器检测不出；④振动吸收频率超出了仪器检测范围。

11.3.3　主要仪器部件

1. 光源

光源应能发射出稳定、高强度连续波长的红外光。通常使用能斯特灯或硅碳棒。能斯特灯使用氧化锆、氧化钇和氧化钍烧结而成的中空棒或实心棒，工作温度约 1700 ℃，在此高温下导电并发射红外线。但在室温下是非导体，因此在工作之前需要预热。它的优点是发光强度高，使用寿命长，稳定性较好。缺点是价格比硅碳棒贵，机械强度差，且操作不如硅碳棒方便。硅碳棒是由氧化硅烧结而成，工作温度在 1200～1500 ℃，优点是坚固，发光面积大，使用寿命长。

2. 吸收池

因玻璃、石英等材料不能透过红外光，所以红外吸收池要用透过红外光的 NaCl、KBr、CsI 等材料制成窗片。但这些材料制成的窗片要注意防潮。固体试样常与纯的 KBr 混合压片，然后直接进行测定。

3. 干涉仪

迈克尔孙干涉仪的作用是将复合光变为干涉光。中红外干涉仪中的分束器主要是由溴化钾材料制成的；近红外分束器一般以石英和 CaF_2 为材料；远红外分束器一般由 Mylar 膜和网络固体材料制成。

4. 检测器

因为红外光谱区的光子能量较弱，不足以引发光电子发射，所以紫外-可见分光光度计所用的光电管或光电倍增管等不适于作红外光谱仪的检测器。常用的红外检测器是真空热电偶、热释电检测器和碲镉汞检测器。

真空热电偶是利用不同导体构成回路时的温差电现象，将温差转变为电势差。它以一个小片涂黑的金箔作为红外辐射的接受面。为了提高灵敏度和减少热传导的损失，将真空热电偶封于真空度约为 7×10^{-7} Pa 的腔体内，在腔体上对着涂黑的金箔开一个小窗，窗口用红外透光材料，如 KBr、CsI 等制成。当红外辐射通过此窗口射到涂黑的金箔上时，热节点温度上升，产生温差电势差，在回路中有电流通过，而电流的大小则随辐射的红外光的强弱而变化。

热释电检测器是把某些热电材料的晶体放在两块金属板中，当光照射到晶体上时，晶体表面电荷分布变化，由此可以测量红外辐射的功率。热检测器有氘化硫酸三甘肽、钽酸锂等类型。光检测器是利用材料受光照射后，由于导电性能的变化而产生信号，最常用的光检测器有锑化铟、碲镉汞等类型。

11.3.4 红外光谱法的应用

绝大多数有机化合物的基团振动频率分布在中红外区(波数为 4000～400 cm^{-1}),研究和应用最多的也是中红外区的红外光谱法,该法具有灵敏度高、分析速度快、试样用量少,而且分析不受试样物态限制,所以应用范围非常广泛。红外光谱法可用于定性、定量和结构分析等。

1. 定性分析

1) 已知物的鉴定

将试样的谱图与标准谱图进行对照,或者与文献上的谱图进行对照。如果两张谱图吸收峰的位置和形状完全相同,峰的相对强度一样,就可以认为样品是该种标准物。如果两张谱图不一样,或峰位不一致,则说明两者不是同一化合物,或样品有杂质。如用计算机谱图检索,则采用相似度来判别。使用文献上的谱图应当注意试样的物态、结晶状态、溶剂、测定条件以及所用仪器类型均应与标准谱图相同。

2) 未知物结构的测定

测定未知物的结构是红外光谱法定性分析的一个重要用途。如果未知物不是新化合物,可以通过两种方式利用标准谱图进行查对:

(1) 查阅标准谱图的谱带索引,以寻找试样光谱吸收带相同的标准谱图。

(2) 进行光谱解析,判断试样的可能结构,然后再由化学分类索引查找标准谱图对照核实。

准备工作:

在进行未知物光谱解析之前,必须对样品有透彻的了解,如样品的来源、外观,根据样品存在的形态,选择适当的制样方法;注意视察样品的颜色、气味等,它们往往是判断未知物结构的佐证。还应注意样品的纯度以及样品的元素分析及其他物理常数的测定结果。元素分析是推断未知样品结构的另一依据。样品的相对分子质量、沸点、熔点、折光率、旋光率等物理常数,可作光谱解释的旁证,并有助于缩小化合物的范围。

3) 确定未知物的不饱和度

由元素分析的结果可求出化合物的经验式,由相对分子质量可求出其化学式,并求出不饱和度。从不饱和度可推出化合物可能的范围。

不饱和度是表示有机分子中碳原子的不饱和程度。计算不饱和度 W 的经验公式为

$$W=1+n_4+(n_3-n_1)/2$$

式中,n_4、n_3、n_1 分别为分子中所含的四价、三价和一价元素原子的数目。二价原子如 S、O 等不参加计算。

计算得:

当 $W=0$ 时,表示分子是饱和的,为链状烃及其不含双键的衍生物;

当 $W=1$ 时,可能有一个双键或脂环;

当 $W=2$ 时,可能有两个双键或脂环,也可能有一个叁键;

当 $W=4$ 时,可能有一个苯环等。

官能团分析:

根据官能团的初步分析可以排除一部分结构的可能性,肯定某些可能存在的结构,并可以初步推测化合物的类别。

图谱分析：

图谱的解析主要是靠长期实践、经验的积累，至今仍没有一个特定的办法。一般程序是先官能团区，后指纹区；先强峰后弱峰；先否定后肯定。

首先在官能团区（1300～4000 cm^{-1}）搜寻官能团的特征伸缩振动，再根据指纹区的吸收情况，进一步确认该基团的存在以及与其他基团的结合方式。如果是芳香族化合物，应定出苯环取代位置。最后再结合样品的其他分析资料，综合判断分析结果，提出最可能的结构式，然后用已知样品或标准图谱对照，核对判断的结果是否正确。如果样品为新化合物，则需要结合紫外、质谱、核磁等数据，才能决定得到的结构是否正确。

2. 定量分析

红外光谱定量分析是通过对特征吸收谱带强度的测量来求出组分含量。其理论依据是朗伯-比尔定律。

由于红外光谱的谱带较多，选择的余地大，所以能方便地对单一组分和多组分进行定量分析。

此外，该法不受样品状态的限制，能定量测定气体、液体和固体样品。因此，红外光谱定量分析应用广泛。但红外光谱法定量灵敏度较低，尚不适用于微量组分的测定。

11.4　色谱分析法

11.4.1　概述

色谱分析法（chromatography）是一种物理化学分析方法，是根据混合物各组分在互不相溶的两相——固定相与流动相中吸附能力、分配系数或其他亲和作用性能的差异作为分离依据。当混合物各组分随着流动相的流经固定相时，混合物在两相间经过反复多次的分配平衡，使吸附能力和分配系数只有微小差异的物质，在移动速度上产生较大差别，从而得到分离。色谱分析法最初由分离植物色素而得名，现在不仅用于分离有色物质，而且广泛用于无色物质的分离，已成为当前应用最广泛的一种分离、分析方法。

色谱分析法有很多分类，可以有不同的分类方法。按两相状态分类可以分为气相色谱（GC）和液相色谱（LC），按操作形式分类可分为柱色谱（CC）、纸色谱（PC）和薄层色谱（TLC）三种，按分离原理分类又可分为吸附色谱、分配色谱、离子交换色谱和排阻色谱法。

色谱分析法很少单独使用，而是与适当的检测手段相结合，使分离和检测一体化，如果将这种一体化的分离检测技术应用于分析化学，就是色谱分析。

色谱分析法因其很强的分离能力而在分离科学中占有突出的地位，也是分析化学领域中发展最迅速的一个分支。它具有高效、灵敏、快速、应用范围广等特点。尤其是高效性，在对化学性质相似的同系物、同位素、异构体、手性分子及复杂的多组分混合物的分离中十分突出。色谱法的缺点是对未知物的定性分析十分困难，这是由于检测器不能根据物质的不同给出不同的特征信号。但是随着色谱法的发展，它逐渐与质谱、光谱、电化学等手段联用，就可以克服以上缺点。

11.4.2　基本原理

色谱分析法不论是气相色谱、液相色谱，还是其他色谱法，虽然各有特点，但基本原理是相同的。图 11-7 表示 A、B 两组分在色谱柱中的色谱分离过程。A 和 B 的混合试样刚注入色谱柱时，A 与 B 互相溶解，混为一体，在色谱柱中为混合谱带。随着流动相连续不断地冲洗，A 和 B 组分分子顺着流动相方向移动。在流动过程中，A 和 B 组分既可以进入流动相，也可以进入固定相。因为 A 和 B 性质或结构上的差异，它们在吸附能力或分配能力方面也存在差异。这个差异就导致 A 和 B 组分在移动速度上的不同。在图 11-7 中，组分 A 移动较快，说明 A 组分在流动相中溶解能力强于 B 在流动相中溶解能力。在固定相中溶解情况刚好相反。其结果是 A 与 B 逐渐分开。在记录仪中，首先记录下来的是先进入检测器的 A 组分的色谱峰，随后记录 B 的色谱峰。

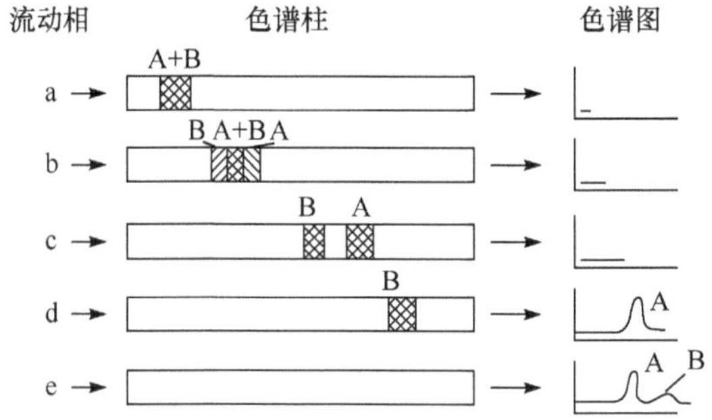

图 11-7　色谱柱中的混合组分分离示意图

一定温度下，组分在流动相和固定相之间达到平衡称分配平衡。组分在两相间分配达到平衡时的浓度(单位：g·mL^{-1})比，称为分配系数，用 K 表示，即

$$K=\frac{\text{组分在固定相中的浓度}}{\text{组分在流动相中的浓度}}=\frac{c_s}{c_m} \tag{11-6}$$

K 值除与温度、压力有关外，还与组分的性质、流动相和固定相的性质有关。K 值大，说明组分相对而言与固定相的亲和力强，组分的移动速度就慢；反之则快。

当试样离开色谱柱进入检测器并被记录仪记录时，所得到的电信号强度-时间曲线，即浓度(或质量)-时间曲线称为色谱图。色谱图是研究色谱过程，进行定性和定量分析的依据。

色谱保留值是色谱定性依据，体现了各待测组分在色谱柱上的滞留情况。

(1) 死时间(t_M)。不被固定相滞留的组分从进样到出现峰最大值所需的时间，指流动相流经色谱柱所需要的时间。

(2) 保留时间(t_R)。组分从进样到柱后出现峰最大值时所需的时间。

(3) 调整保留时间(t'_R)。扣除死时间后的保留时间

$$t'_R=t_R-t_M \tag{11-7}$$

(4) 死体积(V_M)。不被固定相滞留的组分从进样到出现峰最大值时所消耗的流动相体积，即色谱柱内流动相的体积

$$V_M=t_MF_C \quad (F_C\text{ 为柱后出口处流动相的体积流速，mL·min}^{-1}) \tag{11-8}$$

(5) 保留体积(V_R)。组分从进样到出现峰最大值所需的流动相体积

$$V_R=t_RF_C \tag{11-9}$$

(6) 调整保留体积(V'_R)

$$V'_R=V_R-V_M=t'_RF_C \tag{11-10}$$

(7) 相对保留值 α。组分 2 与参比组分 1 调整保留值之比

$$\alpha = t'_{R2}/t'_{R1} = V'_{R2}/V'_{R1} \tag{11-11}$$

相对保留值只与柱温和固定相性质有关，与其他色谱操作条件无关，它表示了固定相对这两种组分的选择性。

11.4.3　气相色谱法

气相色谱法(gas chromatography，GC)是一种以气体为流动相的柱色谱分离技术，只要待分离体系中的各组分对热稳定且易气化，气相色谱法是在以适当的固定相做成的柱管内，利用气体(载气)作为移动相，使试样(气体、液体或固体)在气体状态下展开，在色谱柱内分离后，各种成分先后进入检测器，用记录仪记录色谱谱图。在对装置进行调试后，按各单体的规定条件调整柱管、检测器、温度和载气流量。一般可以采用气相色谱法进行分离检测。该法由于分离效能高、灵敏度高、分析速度快，已成为应用广泛的分离分析手段。

1. 气相色谱法主要特点

(1) 分离效能高。能分离组成复杂的混合物。

(2) 选择性好。能分离性质极为相近的物质，如同位素、同分异构体等。

(3) 灵敏度高。可检测出 $10^{-12} \sim 10^{-14}$ g 的物质，非常适用于微量和痕量分析。

(4) 分析速度快。完成一个周期一般只需几分钟或几十分钟。目前，由于现代色谱仪器的不断推出，色谱操作及数据处理等都趋于简单、快速，有时样品分析只需几秒钟即可完成。

(5) 应用广泛。气相色谱法可分析液体和固体，可分析有机物和部分无机物。

气相色谱的不足之处在于缺乏标准试样时定性较困难，而且不能直接分析难挥发和受热易潮解、分解的物质。但采用化学衍生手段，可以扩大它的应用范围。

2. 气相色谱仪

气相色谱仪主要由气路系统、进样系统、分离系统、检测系统及记录放大系统五大部分组成。气相色谱的过程如图 11-8 所示。分析前，先将载气调到所需流速，把气化室、色谱柱、检测器的温度升到预定值。样品被注入气化室气化后，由载气带入色谱柱内，分离后的组分依次进入检测器，产生一定的电信号，由放大器放大后用记录仪记录下来，便得到每个组分的色谱峰。

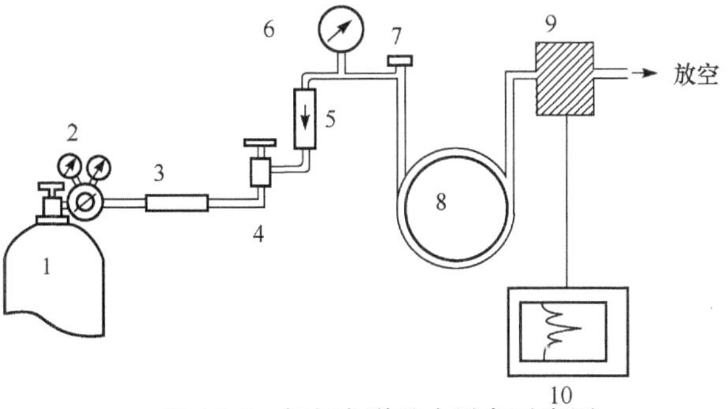

图 11-8　气相色谱基本设备示意图

1. 载气钢瓶；2. 减压阀；3. 净化器；4. 气流调节阀；5. 流量计；6. 压力表；7. 进样器；8. 色谱柱；9. 检测器；10. 记录仪

1）载气系统

载气系统包括气源、净化器、载气流速控制和气路系统；常用的载气：氢气、氮气、氦气；净化器：去除载气中的水、有机物等杂质（依次通过分子筛、活性炭等）；载气流速控制：压力表、转子流量计、针形稳压阀，控制载气流速恒定。

2）进样系统

进样系统包括气化室和进样器；试样为液体时，采用不同规格的专用微量注射器，如 0.5、1、5、10、50 μL 等规格，填充柱色谱常用 0.5～1 μL；试样为气体时，专用注射器和六通阀。气化室是将液体试样瞬间气化的装置。

3）分离系统

分离系统包括色谱柱、柱箱和温控系统，是色谱柱的心脏。色谱仪的核心部件，用于混合试样分离。现在常用的色谱柱有填充柱和毛细管柱，填充柱柱管由不锈钢、玻璃或聚四氟乙烯等材料，柱内径 2～6 mm，柱长 1～5 m，柱内填充固定相；填充柱固定相种类多，柱容量大，分离效率高，应用广泛。毛细管柱为开管柱，石英或不锈钢材料拉制而成，柱内径 0.1～0.5 mm，长度 30～300 m，柱内表面涂一层固定液；毛细管柱渗透性好，分离效率高，可分离复杂的混合物，但制备复杂，允许进样量小。

4）检测系统

检测系统是色谱仪的眼睛。根据检测原理的不同，可将检测器分为浓度型检测器和质量型检测器两种。在气相色谱分析中常用的检测器有：

（1）热导池检测器（TCD）属于通用型检测器，应用范围较广。基于不同的物质具有不同的热导系数，采用热敏元件来检测分离的组分。该检测器具有结构简单、稳定性好、灵敏度适宜、线性范围宽等特点，对无机物和有机物都能进行分析，应用范围较广。基于不同的物质具有不同的热导系数，采用热敏元件来检测分离的组分。该检测器具有结构简单、稳定性好、灵敏度适宜、线性范围宽等特点，对无机物和有机物都能进行分析，不破坏样品，适用于常量分析及含量在 10 $\mu g \cdot mL^{-1}$以上的组分分析。不足之处在于灵敏度太低。

（2）氢火焰离子化检测器（FID）简称氢焰检测器，属于选择性检测器，只对碳氢化合物产生信号，对有机化合物具有很高的灵敏度；无机气体、水、四氯化碳等含氢少或不含氢的物质灵敏度低或不响应；氢焰检测器具有结构简单、稳定性好、灵敏度高、响应迅速等特点，比热导池检测器的灵敏度高出近 3 个数量级，检测下限可达 $ng \cdot mL^{-1}$。

（3）电子捕获检测器（ECD）是一种高选择性检测器，仅对含有卤素、磷、硫、氧等元素的化合物有很高的灵敏度，检测下限 10^{-14} $g \cdot mL^{-1}$，对大多数烃类没有响应。较多应用于农副产品、食品及环境中农药残留量的测定。

（4）火焰光度检测器（FPD），化合物中硫、磷在富氢火焰中被还原激发后辐射出 400 nm、550 nm 左右的光谱，可被检测；该检测器是对含硫、磷化合物的高选择性检测器。

5）记录系统

记录系统包括放大器和记录仪。现代气相色谱仪都带有微处理器来自动记录和进行数据处理。

3. 气相色谱法的应用

气相色谱法在生命科学、环保、医药卫生、食品检验等领域有广泛应用。

例 11-5　气相色谱法分析测定核糖核酸。

分析样品		生物试样
分析项目		核糖核酸(RNA)
分析方法		气-液色谱法[将核酸转变为三甲基硅烷(TMS)的衍生物]
分析条件	色谱柱	2 m×4 mm 玻璃柱,内填充 3%OV-101 或 3%OV-17 的 Chromosorb W HP100～120 目(AW-DMCS)
	柱温	160 ℃(嘧啶碱基),190 ℃(嘌呤碱基),260 ℃(核苷)
	气化温度	280 ℃(核苷),250 ℃(嘧啶,嘌呤)
	载气	Ar 60 mL · min^{-1}
	检测器	FID
分析结果		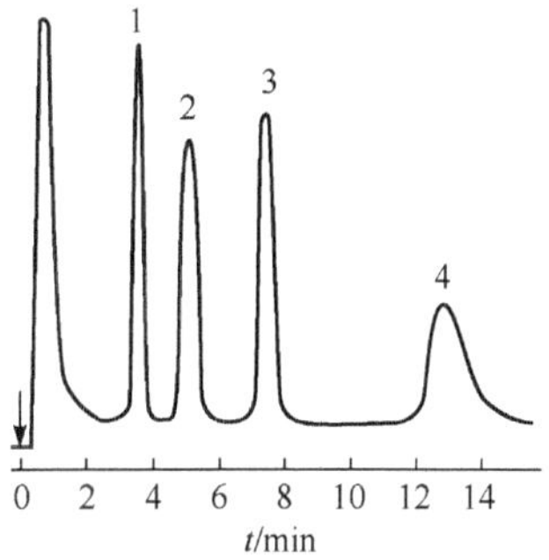 图 11-9　核糖核苷的 TMS 衍生物色谱图 1. 尿苷;2. 腺苷;3. 鸟苷;4. 胞苷

例 11-6　气相色谱法对水质的分析。

分析样品		水样
分析项目		微量酚
分析方法		气-液色谱法[用五氟苯甲酰氯为衍生试剂将水样中微量酚转化为衍生物]
分析条件	色谱柱	3 m×3 mm 玻璃柱,内填充 1.5%OV-17+2%QF-1 涂渍的 100～120 目 Chromosorb W
	柱温	195 ℃
	检测器	ECD
分析结果		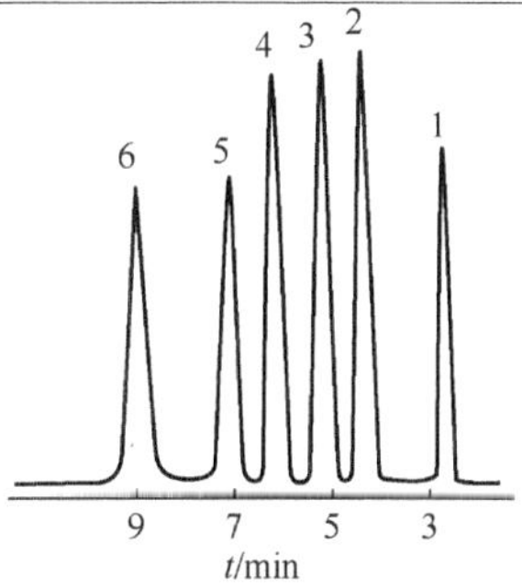 图 11-10　水中酚类物质的分离情况 1. *o*-氯酚;2. 2,4-二氯酚;3. 2,3-二氯酚;4. 2,4,6-三氯酚; 5. 2,4,5-三氯酚;6. 2,3,4-三氯酚

11.4.4　高效液相色谱法

高效液相色谱法(high performance liquid chromatography，HPLC)是用液体作为流动相的柱色谱分离技术，是在经典液相柱色谱的基础上，运用气相色谱的有关理论和高新科技而发展起来的一种集高速、高效、高分析灵敏度的现代液相色谱分析法。

1. 高效液相色谱法主要特点

(1) 高速。载液在色谱柱中的流速可达 1～10 mL·min^{-1}，使分离和分析速度大大加快。

(2) 高效。大量新型单体及新型流动相的选择，使理论塔板数达每米 5000～500 00，远高于气相色谱法，使分离的效率高。

(3) 高灵敏度。更多的高灵敏度检测器可供选择，紫外检测器灵敏度可达 10^{-9} g，还有二级管阵列检测器、荧光检测器、电化学检测器等检测器可供选择。

(4) 应用范围广。该方法不受样品挥发性的限制，特别适合于生物大分子、离子型化合物、对热不稳定的天然产物等物质的分离与测定。同时液相色谱法的流动相不仅起到推动待测组分通过色谱柱的作用，同时还可能与组分分子发生选择性相互作用，从而为控制和改善分离效果提供了一个额外的可变因子。

2. 液相色谱仪

高效液相色谱仪种类繁多，但不论何种类型的高效液相色谱仪，基本上都分为四个部分：高压输液系统、进样系统、分离系统和检测系统。此外，还可以根据一些特殊的要求，配备一些附属装置，如梯度洗脱、自动进样、自动收集及数据处理装置等。图 11-11 是高效液相色谱仪的流程示意图。其工作过程如下：高压泵将储液瓶的溶剂经进样器送入色谱柱中，然后从检测器的出口流出。当待分离样品从进样器进入时，流经进样器的流动相将其带入色谱柱中分离，然后以先后顺序进入检测器，记录仪将进入检测器的信号记录下来，得到液相色谱图。

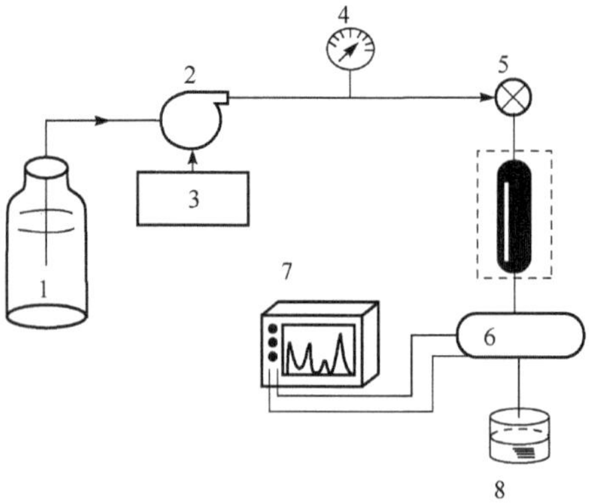

图 11-11　高效液相色谱仪流程

1. 溶剂储液瓶；2. 泵；3. 梯度洗脱装置；4. 压力表；5. 进样系统；6. 检测器；7. 记录仪；8. 流出物收集器

1) 高压输液泵

提供 150～350×10^5 Pa、流量稳定的压力。为了获得高柱效而使用粒度很小的固定相

(<10 μm),液体的流动相高速通过时,将产生很高的压力,因此高压、高速是高效液相色谱的特点之一。

2) 梯度洗脱装置

HPLC 有等度洗脱和梯度洗脱两种洗脱方式:前者保持流动相配比不变,后者则在洗脱过程中连续或阶段地改变流动相组成,以使柱系统具有最好的选择性和最大的峰容量。如同气相色谱中的程序升温,梯度洗脱给高效液相色谱分离带来很大的方便,它可以提高分离度、缩短分析时间、降低最小检出量和提高分析精度。梯度洗脱对于痕量复杂样品,特别是保留性能相差较小的混合物的分离是极为重要的手段。

3) 进样系统

进样系统是将待分离样品引入色谱柱的装置,要求重复性好,死体积小,保证柱中心进样,进样对色谱柱系统流量波动要小,便于实现自动化等。目前,符合要求的进样方式有注射器进样方式和高压定量进样阀(常用流通进样阀)进样方式两种,应用较多的是后者。

4) 色谱分离系统

色谱柱是高效液相色谱仪的心脏,分离工作就是在色谱柱中完成的。现在常用的色谱柱的柱体为直形不锈钢管,内径 1~6 mm,柱长 5~40 cm。现在色谱柱的发展趋势是减小填料粒度和柱径以提高柱效。

5) 检测系统

在液相色谱中,有两种基本类型的检测器。一类是溶质型检测器,它仅对被分离组分的物理或化学特性有响应,属于这类检测器的有紫外、荧光、电化学检测器等;另一类是总体检测器,它对试样和洗脱液总的物理或化学性质有响应,属于这类检测器的有示差折光,电导检测器等。现将常用的检测器介绍如下:

(1) 紫外光度检测器,应用最广,对大部分有机化合物有响应。其特点是灵敏度高,线性范围高,流通池可做得很小(1 mm×10 mm ,容积 8 μL),对流动相的流速和温度变化不敏感,波长可选,易于操作,可用于梯度洗脱。

(2) 荧光检测器,高灵敏度、高选择性的检测器。对多环芳烃,维生素 B、黄曲霉素、卟啉类化合物、农药、药物、氨基酸、甾类化合物等有响应。

(3) 示差折光检测器,除紫外检测器外应用最多的检测器,通用型检测器(每种物质具有不同的折光指数),可连续检测参比池和样品池中流动相之间的折光指数差值。差值与浓度呈正比,灵敏度低、对温度敏感、不能用于梯度洗脱,分为偏转式、反射式和干涉型三种类型。

(4) 电导检测器,一种电化学检测器,是根据物质在某些介质中电离后所产生的电导的变化来检测电离物质浓度含量的检测器,主要用于离子色谱。

(5) 光电二极管阵列检测器,光电二极管阵列检测器是紫外检测器的重要进展,有 1024 个二极管阵列,各检测特定波长,计算机快速处理,绘制出具有三维空间立体色谱图。

3. 高效液相色谱法的应用

HPLC 广泛应用于卫生检验、环境保护、生命科学、农业、林业、水产科学和石油化工等领域,尤其适用于分离、分析不易挥发、热稳定性差和各种离子型化合物。例如,分离分析氨基酸、蛋白质、纤维素、生物碱、糖类、农药等,在几百万种化合物中,可分离分析 80%的化合物。

例 11-7　高效液相色谱分离蛋白质。

分析样品		试样
分析项目		蛋白质
分析方法		凝胶色谱分析法
分析条件	固定相	Zorbax Bio Series GF-250
	流动相	0.2 mol · L^{-1} K_2HPO_4，0.1% NaN_3(pH7)，1 mL · min^{-1}
	检测器	UV-280 nm
分析结果		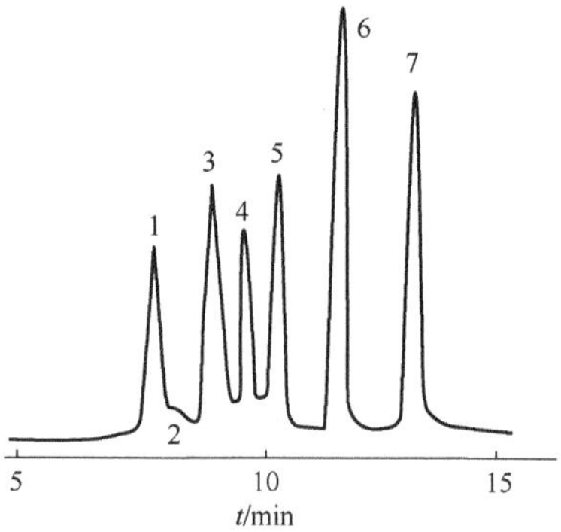 图 11-12　凝胶色谱法对七种蛋白质的分离 1. 甲状腺球蛋白；2. 不纯物；3. 血清蛋白抗体；4. 小牛血清； 5. 卵清蛋白；6. 肌红蛋白；7. 溶菌酶

例 11-8　高效液相色谱法测定大豆异黄酮。

分析样品		大豆及大豆制品
分析项目		染料木苷、黄豆苷、染料木黄酮、黄豆苷元
分析方法		反相液相色谱法(外标法)，标准品：染料木苷、黄豆苷、染料木黄酮、黄豆苷元
分析条件	固定相	Nova-Pak C18 柱(15 cm×0.39 cm)
	流动相	甲醇，流速为 0.39 mL · min^{-1}，柱温为 25 ℃，进样量为 20 μL
	检测器	紫外检测器，检测波长 254 nm，灵敏度 0.05AUFS
分析结果		根据峰面积定量

11.5　高效毛细管电泳分析法

11.5.1　概述

以电场为驱动力，使离子或带电粒子在毛细管中按其淌度或分配系数不同进行高效快速分离分析的方法称为**高效毛细管电泳分析法**(high performance capillary electrophoresis，HPCE)。它迅速发展于 20 世纪 80 年代中后期，毛细管电泳法(CE)实际上包含电泳、色谱及其交叉内容，它是近 20 年来发展最快的分离分析技术之一，是分析科学中继高效液相色谱之后的又一液相分离分析的重大进展，它使分析科学得以从微升水平进入纳升水平，并使单细胞分析乃至单分子分析成为可能。

毛细管电泳通常使用内经为 25～100 μm 的弹性(聚酰亚胺)涂层熔融石英管，标准毛细管的外径为 375 μm，有些管的外径为 160 μm。毛细管的特点是容积小、侧面/截面积比大而散热快、可承受高电场(100～1000 V · cm^{-1})、可使用自由溶液、凝胶等为支持介质，在溶液中能产生平面形状的电渗流。由此，毛细管电泳具备以下优点：

(1) 高效。效率在 10^5～10^6 片 · m^{-1}，毛细管凝胶电泳效率可达 10^7 片 · m^{-1}以上。

(2) 快速。几十秒至十几分钟完成分离。

(3) 微量。进样所需的体积可小到 1 μL，消耗体积在 1～50 nL。

(4) 多模式。可根据需要选用不同的分离模式且仅需一台仪器。

(5) 样品对象广。从无机离子到整个细胞，具有"万能"分析功能和潜力。

(6) 经济。实际消耗不过几毫升缓冲溶液，维持费用可用分(人民币)计算。

(7) 灵敏度高。常用的紫外检测器的检测限为 10^{-6}～10^{-5} moL · L^{-1}，激光诱导荧光检测器(LIF)可达 10^{-12}～10^{-9} moL · L^{-1}。

(8) 自动。CE 是目前自动化程度最高的分离方法。

(9) 洁净。通常使用水溶液，对人对环境无害。

使用毛细管也给 CE 带来问题，如制备能力差；光路太短，非高灵敏度的检测器难以测出样品峰；凝胶、色谱填充需要专门的灌制技术；吸附引起电渗变化，进而影响分离重现性等。CE 是经典电泳技术和现代微柱分离相结合的产物。CE 和高效液相色谱法(HPLC)相比，其相同处在于都是高效分离技术，仪器操作均可自动化，且二者均有多种不同分离模式。二者之间的差异在于：CE 用迁移时间取代 HPLC 中的保留时间，CE 的分析时间通常不超过 30 min，比 HPLC 速度快；对 CE 而言，从理论上推得其理论塔板高度和溶质的扩散系数成正比，对扩散系数小的生物大分子而言，其柱效就要比 HPLC 高得多；CE 所需样品为 nL 级，最低可达 270 nL，流动相用量也只需几毫升，而 HPLC 所需样品为 μL 级，流动相则需几百毫升乃至更多；但 CE 仅能实现微量制备，而 HPLC 可作常量制备。

CE 和普通电泳相比，由于其采用高电场，因此分离速度要快得多；检测器则除了未能和原子吸收及红外光谱连接外，其他类型检测器均已和 CE 实现了连接检测；一般电泳定量精度差，而 CE 和 HPLC 相近；CE 操作自动化程度比普通电泳要高得多。总之，CE 的优点可概括为"三高两少"：高灵敏度，常用紫外检测器的检测限可达 10^{-13}～ 10^{-15} mol，激光诱导荧光检测器则达 10^{-19}～ 10^{-21} mol；高分辨率，其每米理论塔板数为几十万，高者可达几百万乃至千万，而 HPLC 一般为几千到几万；高速度，最快可在 60 s 内完成，在 250 s 内分离 10 种蛋白质，1.7 min 分离 19种阳离子，3 min 内分离 30 种阴离子；样品少，只需 nL (10^{-9} L)级的进样量；成本低，只需少量(几毫升)流动相和价格低廉的毛细管。由于以上优点以及分离生物大分子的能力，CE 成为近年来发展最迅速的分离分析方法之一。当然 CE 还是一种正在发展中的技术，有些理论研究和实际应用正在进行与开发。

"CE"统指以高压电场为驱动力，以毛细管为分离通道，依据样品中各组分之间淌度和分配行为上的差异而实现分离的一类液相分离技术。其仪器结构包括一个高压电源、一根毛细管、一个检测器及两个供毛细管两端插入而又可和电源相连的缓冲液储瓶。在电解质溶液中，带电粒子在电场作用下，以不同的速度向其所带电荷相反方向迁移的现象称为电泳。

11.5.2　基本原理

毛细管电泳的基本原理是根据溶质所带电荷和体积大小的差异，导致在电场作用下迁移速率的不同而进行电泳分离。

毛细管和电极槽首先充有相同组分和浓度的背景电解质(缓冲溶液)。样品从毛细管进样端导入,在毛细管两端加上电压后,荷电溶质便朝与其电荷极性相反的电极方向移动,若样品组分淌度不同则迁移速率不同,一定时间后各组分按其淌度大小依次通过检测器被检测出,得到按时间分布的电泳图。

毛细管电泳通常使用的是内径为 25～100 μm 的弹性(聚酰亚胺)涂层熔融石英管,石英管表面的硅羟基团(—Si—OH)在碱性和弱酸性条件下,可解离为—SiO—,因此,在大多数操作条件下,石英毛细管表面将带有负电荷。由于静电引力,—SiO—将把电解质溶液中的阳离子吸引到管壁附近,并在一定距离内形成阳离子相对过剩的扩散双电层。在外电场的作用下,带正电荷的溶液表面即扩散层的阳离子向阴极移动。由于这些阳离子实际上是溶剂化的(水化的),它们将带着毛细管中的液体一起向阴极移动,这就是毛细管电泳中的电渗现象。在电渗力驱动下毛细管中整个液体的流动称为毛细管电泳中的电渗流(EOF)。它是影响毛细管电泳分离的重要因素之一。衡量 EOF 大小的指标为电渗淌度 μ_{eo},其表达式为

$$\mu_{eo}=\frac{\varepsilon\zeta_w}{\eta} \tag{11-12}$$

式中,ε 和 η 分别为溶液的介电常数和黏滞系数;ζ_w 为管壁相对于无穷远处的电势。电渗流是毛细管电泳中推动流体前进的驱动力,电渗速度在毛细管横截面上几乎处处相等,它使整个流体像一个塞子一样以均匀的速度向前运动,这种流形克服了机械泵推动液流产生的抛物面流形所造成的区带加宽,是毛细管电泳高效的重要原因。

电泳是指带电粒子在直流电场的作用下会在液相介质中发生定向移动。介质中的粒子受到电场力和介质阻力的共同作用,在达到平衡时即做匀速运动。带电粒子在单位场强作用下的运动速度称为它的淌度,用 μ_{ep} 表示。在无限稀释溶液中测得的(球形)粒子淌度为绝对淌度,可由 μ_{ep}^0 表示为

$$\mu_{ep}^0=\frac{2}{3}\frac{\varepsilon\zeta^0}{\eta} \tag{11-13}$$

式中,ζ^0 为粒子在无限稀释时的电极电势。在实际溶液中,粒子的淌度一般要小于它的绝对淌度。在毛细管电泳中,样品分子的迁移是电泳淌度和电渗淌度的综合表现,这时的淌度称为表观淌度(μ_{app})。表观淌度可以直接从毛细管电泳的测量结果求得,表示为

$$\mu_{app}=\frac{L_d L_t}{t_R V} \tag{11-14}$$

式中,L_d 为毛细管有效长度,即从进样口到检测器的距离;t_R 为粒子通过这段距离所用的时间;L_t 为毛细管的总长度;V 为施加于毛细管两端的电压。物质间淌度的差异是毛细管电泳分离的基础。粒子在毛细管内电解质中的迁移速率等于电泳和电渗流两种速率的矢量和。在通常条件下,正离子的运动方向和电渗流一致,故最先流出,中性粒子的电泳速率为“零”,故其迁移速率相当于电渗流速率,负离子的运动方向和电渗流方向相反,但因电渗流速率一般都大于电泳速率,故它将在中性粒子之后流出,分离后出峰次序为:正离子＞中性分子＞负离子,从而因各种粒子迁移速率不同而实现分离。理论分析表明,增加速率是减少谱带展宽、提高效率的重要途径,增加电场强度可以提高速率。但高场强导致电流增加,引起毛细管中电解质产生焦耳热(自热)。自热将使流体在径向产生抛物线形温度分布,即管轴中心温度要比近壁处温度高。因溶液黏度随温度升高呈指数下降,温度梯度使介质黏度在径向产生梯度,从而影响溶

质迁移速率,使管轴中心的溶质分子要比近管壁的分子迁移得更快,造成谱带展宽,柱效下降。

一般来说温度每升高 1 ℃,将使淌度增加 2%(所谓淌度,指溶质在单位时间间隔内和单位电场上移动的距离)。此外,温度改变使溶液 pH、黏度等发生变化,进一步导致电渗流、溶质分子的电荷分布(包括蛋白质的结构)、离子强度等的改变,造成淌度改变、重复性变差、柱效下降等现象。降低缓冲溶液浓度可降低电流强度,使温差变化减小。高离子强度缓冲溶液可阻止蛋白质吸附于管壁,并可产生柱上浓度聚焦效应,防止峰扩张,改善峰形。减小管径在一定程度上缓解了由高电场引起的热量积聚,但细管径使进样量减少,造成进样、检测等技术上的困难。因此,加快散热是减小自热引起的温差的重要途径。液体的导热系数要比空气高 100 倍。现在有的采用液体冷却方式的毛细管电泳仪可使用离子强度高达 0.5 mol·L^{-1}的缓冲液进行分离,或使用 200 μm 直径的毛细管进行微量制备,仍能达到良好的分离效果和重现性。

11.5.3　毛细管电泳仪

以电场力为驱动力,将待测物质在毛细管中进行高效快速分离并进行定性、定量分析的仪器称为高效毛细管电泳仪。图 11-13 是高效毛细管电泳仪最基本的装置示意图。

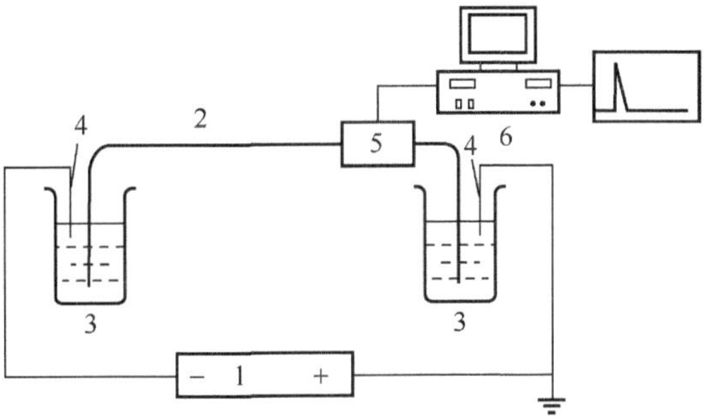

图 11-13　毛细管电泳仪装置示意图

1. 高压电源;2. 毛细管;3. 电泳槽;4. 铂丝电极;5. 检测器;6. 记录/数据处理

(1) 高压电源。为分离提供动力,输出直流电压一般为 0～30 kV,分离毛细管的纵向电流强度可高达 400 V·cm^{-1}以上,因而分离操作可在很短时间完成,达到非常高的分离效率(理论塔板数可达 40 000 以上)。

(2) 毛细管。为内径很细(通常为 25～75 μm),有效长度为 80～100 cm 的石英毛细管,柱温一般控制在±0.1 ℃,在电场力驱动作用下,按淌度或分配系数的差异分离样品组分。

(3) 电泳槽。盛放待测样品、缓冲溶液(背景电解质溶液)和电极,由塑料或玻璃等绝缘材料制成(容积 1～3 mL)。

(4) 检测器。将样品分离后的组分信号转换成响应信号,对迁移时间做关系曲线,即给出电泳谱图。

11.5.4　毛细管电泳的分离模式

毛细管电泳的分离模式是指采用不同的缓冲溶液或对毛细管壁进行改性之后,以不同的分离机理对物质进行拆分的方法,正是毛细管电泳有多种多样的分离模式,才使得其分析对象被拓展到各个领域。在分离过程中,选择正确的分离模式有利于样品的测定。目前,常见的毛细管电泳分离模式根据其不同的分离特性可分为以下几种。

1. 毛细管区带电泳

毛细管区带电泳(capillary zone electrophoresis,CZE)又称毛细管自由电泳,由于操作简单,便于分离条件优化,是目前CE中最基本、应用最广泛的一种模式。在这种模式的分离中,毛细管中仅填充电解质溶液,分离基于溶质因荷质比的差异所引起的淌度的不同。在直流高压驱动下溶质以不同的速率在分离的区带内进行迁移而被分离,由于EOF的存在,正负离子都可用CZE分离,而中性溶质本身在电场中不移动,随EOF一起流出毛细管。CZE的应用范围很宽,包括氨基酸、肽和蛋白质、有机酸、维生素及无机离子等。

2. 毛细管胶束电动色谱

毛细管胶束电动色谱法(micellar electrokinetic capillary chromatography,MEKC或MECC)是在CE所用的缓冲溶液中加入离子表面活性剂,当表面活性剂的浓度超过了临界胶束浓度后,就形成有一疏水内核,外部带电的胶束。溶质根据其在胶束相和水相的分配系数的不同而进行分离。溶质在水相和胶束相(准固定相)之间产生分配,中性粒子因其本身疏水性不同,在两相中分配存在差异而得以分离。MEKC是唯一的一种既适宜分离带电组分又能分离中性溶质的模式。MEKC拓宽了CE的应用范围,主要用于中性化合物、手性对映体和药物分子等的分析。常用的表面活性剂有阴离子型的十二烷基硫酸钠(SDS)和阳离子型的十六烷基三甲基溴化铵(CTAB)。

3. 毛细管凝胶电泳

毛细管凝胶电泳(capillary gel electrophoresis,CGE)是将凝胶固定或转移到毛细管中作支持物。凝胶起"分子筛"的作用。溶质根据其体积大小不同而分离。常用于蛋白质、寡聚核苷酸、核糖核酸、DNA片段分离和测序及聚合酶链反应(PCR)产物分析。CGE的一种变形是无胶筛分,以高聚物溶液作分离介质,高聚物溶液中包含动态网孔,对溶质能起到按大小的筛分作用。无胶筛分已成功用于核酸的分离。

4. 毛细管等电聚焦

毛细管等电聚焦(capillary isoelectric focusing,CIEF)是基于物质的等电点不同而进行的分离。将普通等电聚焦电泳转移到毛细管中进行,通过管壁涂层使电渗流减小到最小,以防止蛋白质吸附及破坏稳定的聚焦区带。在高压作用下,毛细管内部建立pH梯度,蛋白质在毛细管中向各自的等电点聚焦,形成明显的区带,再通过检测器分别加以确认。

5. 毛细管等速电泳

毛细管等速电泳(capillary isotachophoresis,CITP)采用两种不同的缓冲体系:一种是前导电解质,先填充于毛细管柱中;另一种称为尾随电解质,置于一端的电泳槽中,前者的淌度高于具有相同电荷的任何样品组分,后者则低于任何样品组分,当毛细管两端加上电压后,样品组分按其淌度大小依次连接迁移,得到了互相连接而又不重叠的区带。毛细管等速电泳是一种较早出现的分离模式,可用较大内径的毛细管,在微制备中很有用处,可作为柱前浓缩方法用于富集样品,以解决CE浓度灵敏度不如HPLC的问题。

以上所述的几种模式各有利弊,用途不一,以CZE和MEKC两种模式最便利常用。

11.5.5　毛细管电泳的应用

CE 的主要应用领域是生命科学，分离对象涉及氨基酸、多肽、蛋白质、核酸等生物分子。由于具有高效、快速和样品用量少等优点，近年来已迅速扩展到其他领域，包括食品化学、药物化学、环境化学、毒物学、法学和医学等。

例 11-9　CZE 分离五种碱性蛋白质。

分析样品	生物样
分析项目	分离碱性蛋白质
分析方法	高效毛细管电泳
分析条件	毛细管 57 cm×50 μm，5 kV，缓冲溶液：20 mmol·L^{-1}磷酸盐+30 mmol·L^{-1} NaCl (pH=3.0)+0.05%(质量)PVA1500，5 s
分析结果	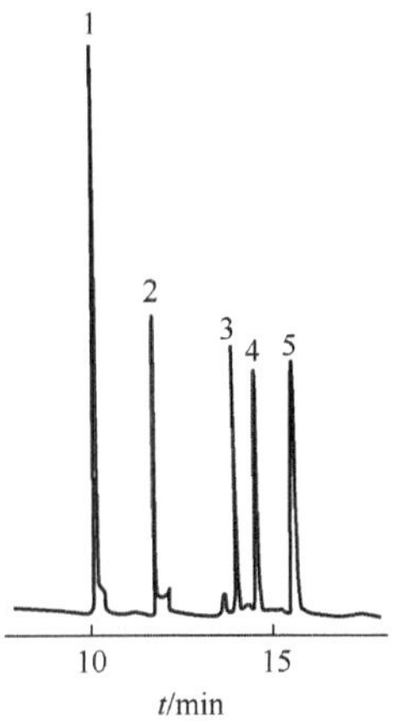 图 11-14　CZE 分离蛋白质谱图 1. 细胞色素 C；2. 溶菌酶；3. 胰蛋白酶；4. 胰蛋白酶原；5. α-糜蛋白酶原 A

例 11-10　CZE 分离测定有机混合物。

分析样品	混合试样
分析项目	苯甲醇、苯甲酸、水杨酸、对氨基水杨酸混合物的分离和含量
分析方法	高效毛细管电泳法
分析条件	(1) 以 5 mmol·L^{-1} Na_2HPO_4 按 1∶1 组成分离缓冲液 (2) 采用 CZE 分离方法，分离总长度 50 cm，有效长度 40 cm (3) 配制混合标样 (4) 取 1 mL 混合标样，压力进样，施加电压 25 kV (5) 按同样方法和条件测定未知浓度混合样品，重复三次
分析结果	(1) 根据电泳原理，判断混合标样电泳谱图 4 个峰的归属，找出在未知液浓度的混合试样中与之迁移时间一致的峰 (2) 按已知浓度峰的峰面积之比折算未知浓度混合样中各组分的浓度(外标定量法) (3) 计算各组分的表观淌度和有效淌度，并说明哪个组分可以作为电渗流标记物

思考题

1. 原子吸收光谱仪主要由哪几部分组成？各有何作用？
2. 与火焰原子化相比，石墨炉原子化有哪些优缺点？
3. 原子发射光谱法中常用的光源有几种？简述 ICP 的形成及特点。
4. 原子发射光谱仪主要包括哪几部分？作用如何？
5. 色谱图中的定性参数有哪些？
6. 红外光谱中以亚甲基为例，说明分子有哪些基本的振动形式。
7. 说明气相色谱仪的主要部件中检测器的名称及适用范围。
8. 液相色谱仪中包括哪几部分？
9. 简述毛细管电泳的分离模式。

习　题

1. 已知物质 A 和 B 在一根 300 cm 长的柱长的保留时间分别为 16.40 min 和 17.63 min，不被保留组分通过该标的时间为 1.30 min，峰底宽度为 1.11 min 和 1.21 min，计算：(1) 柱的分离度。(2)柱的平均塔板数。(3) 塔板高度。

2. 某单色器的浅色散平为 0.5 mm · nm^{-1}，当出射狭缝宽度为 0.1mm 时，求单色器的通带宽度。在同一条件下用原子吸收色谱分析测定铁时，要求通带宽度为 0.1 nm，则狭缝宽度应调到多少？

参考文献

陈庆榆，张雪梅. 2010. 分析化学. 合肥：安徽大学出版社
董元彦，等. 2006. 无机及分析化学. 2 版. 北京：科学出版社
傅若农. 2013. 色谱分析概论. 2 版. 北京. 化学工业出版社
傅献彩. 1999. 大学化学(上、下册). 北京：高等教育出版社
高岐. 2006. 分析化学. 北京：高等教育出版社
呼世斌，黄蔷蕾. 2007. 无机及分析化学. 2 版. 北京：高等教育出版社
华东理工大学化学系，等. 2003. 分析化学. 5 版. 北京：高等教育出版社
华中师范大学，等. 2001. 分析化学. 3 版. 北京：高等教育出版社
李龙泉. 2005. 定量分析化学. 2 版. 合肥：中国科学技术大学出版社
李启隆，等. 1990. 仪器分析. 北京：北京师范大学出版社
彭崇惠，等. 1997. 定量化学分析简明教程. 2 版. 北京：北京大学出版社
任健敏，等. 2001. 定量分析化学. 南昌：江西高校出版社
四川大学. 2001. 分析化学. 北京：科学出版社
孙毓庆，胡育筑. 2006. 分析化学. 2 版. 北京：科学出版社
汪尔康. 2001. 21 世纪的分析化学. 北京：科学出版社
吴庆生，等. 1998. 分析化学. 上海：上海交通大学出版社
武汉大学. 2006. 分析化学. 5 版. 北京：高等教育出版社
武汉大学化学系. 2001. 仪器分析. 北京：高等教育出版社
武汉大学化学系分析化学教研室. 1999. 分析化学例题与习题. 北京：高等教育出版社
薛华，等. 1994. 分析化学. 2 版. 北京：清华大学出版社
赵士铎. 2008. 定量分析简明教程. 2 版. 北京：中国农业大学出版社
周艳明，等. 2011. 现代仪器分析. 2 版. 北京：中国农业出版社
朱灵峰. 2003. 分析化学. 北京：中国农业出版社
朱明华. 2008. 仪器分析. 4 版. 北京：高等教育出版社

附　　录

附录1　常用浓酸的密度和浓度

试剂名称	密度 $\rho/(g\cdot mL^{-1})$	含量/%	$c/(mol\cdot L^{-1})$
盐酸	1.18～1.19	36～38	11.6～12.4
硝酸	1.39～1.40	65.0～68.0	14.4～15.2
硫酸	1.83～1.84	95～98	17.8～18.4
磷酸	1.69	85	14.6
高氯酸	1.68	70.0～72.0	11.7～12.0
冰醋酸	1.05	99.0(A.R.、C.P.)	17.4
氢氟酸	1.13	40	22.5
氢溴酸	1.49	47.0	8.6
氯水	0.88～0.90	25.0～28.0	13.3～14.8

附录2　常用基准物质的干燥条件和应用

基准物质		干燥后的组成	干燥条件 T/℃	标定对象
名称	化学式			
碳酸氢钠	$NaHCO_3$	Na_2CO_3	270～300	酸
碳酸钠	$Na_2CO_3\cdot 10H_2O$	Na_2CO_3	270～300	酸
硼砂	$Na_2B_4O_7\cdot 10H_2O$	$Na_2B_4O_7\cdot 10H_2O$	放在含 NaCl 和蔗糖饱和溶液的干燥器中	酸
碳酸氢钾	$KHCO_3$	K_2CO_3	270～300	酸
草酸	$H_2C_2O_4\cdot 2H_2O$	$H_2C_2O_4\cdot 2H_2O$	室温，空气干燥	碱或 $KMnO_4$
邻苯二甲酸氢钾	$KHC_8H_4O_4$	$KHC_8H_4O_4$	110～120	碱
重铬酸钾	$K_2Cr_2O_7$	$K_2Cr_2O_7$	140～150	还原剂
溴酸钾	$KBrO_3$	$KBrO_3$	130	还原剂
碘酸钾	KIO_3	KIO_3	130	还原剂
铜	Cu	Cu	室温，干燥器中保存	还原剂
三氧化二砷	As_2O_3	As_2O_3	室温，干燥器中保存	氧化剂
草酸钙	$Na_2C_2O_4$	$Na_2C_2O_4$	130	氧化剂
碳酸钙	$CaCO_3$	$CaCO_3$	110	EDTA

续表

基准物质		干燥后的组成	干燥条件 T/℃	标定对象
名称	化学式			
锌	Zn	Zn	室温，干燥器中保存	EDTA
氧化锌	ZnO	ZnO	900～1000	EDTA
氯化钠	NaCl	NaCl	500～600	$AgNO_3$
氯化钾	KCl	KCl	500～600	$AgNO_3$
硝酸银	$AgNO_3$	$AgNO_3$	220～250	氯化物

附录 3　常用弱酸、弱碱在水中的解离常数（25 ℃，$I=0$）

名称	化学式	$K_a^\ominus$ 或 $K_b^\ominus$	$pK_a^\ominus$ 或 $pK_b^\ominus$
砷酸	H_3AsO_4	6.3×10^{-3}	2.2
		1.0×10^{-7}	7.00
		3.2×10^{-12}	11.5
亚砷酸	$HAsO_2$	6.0×10^{-10}	9.22
硼酸	H_3BO_3	5.8×10^{-10}	9.24
焦硼酸	$H_2B_4O_7$	1×10^{-4}	4
		1×10^{-9}	9
碳酸	$H_2CO_3(CO_2+H_2O)$	4.2×10^{-7}	6.38
		5.6×10^{-11}	10.25
氢氰酸	HCN	6.2×10^{-10}	9.21
铬酸	H_2CrO_4	1.8×10^{-10}	0.74
		3.2×10^{-7}	6.50
氢氟酸	HF	6.6×10^{-4}	3.18
亚硝酸	HNO_2	5.1×10^{-4}	3.29
过氧化氢	H_2O_2	1.8×10^{-12}	11.75
磷酸	H_3PO_4	7.6×10^{-3}	2.12
		6.3×10^{-8}	7.20
		4.4×10^{-13}	12.36
焦磷酸	$H_4P_2O_7$	3.0×10^{-2}	1.52
		4.4×10^{-3}	2.36
		2.5×10^{-7}	6.60
		5.6×10^{-10}	9.25
亚磷酸	H_3PO_3	5.0×10^{-2}	1.30
		5.0×10^{-2}	6.60
氢硫酸	H_2S	1.3×10^{-7}	6.88
		7.1×10^{-15}	14.15

续表

名称	化学式	$K_a^\ominus$ 或 $K_b^\ominus$	$pK_a^\ominus$ 或 $pK_b^\ominus$
硫酸	H_2SO_4	1.0×10^{-2}	1.99
亚硫酸	$H_2SO_3(SO_2+H_2O)$	1.3×10^{-2}	1.90
		1.6×10^{-8}	7.20
偏硅酸	H_2SiO_3	1.7×10^{-10}	9.77
		1.6×10^{-12}	11.8
甲酸	HCOOH	1.8×10^{-4}	3.74
乙酸	CH_3COOH	1.8×10^{-5}	4.74
一氯乙酸	$CH_2ClCOOH$	1.4×10^{-3}	2.86
二氯乙酸	$CHCl_2COOH$	5.0×10^{-2}	1.30
三氯乙酸	CCl_3COOH	0.23	0.64
氨基乙酸盐	$^+NH_3CHCOOH$	4.5×10^{-3}	2.35
	$^+NH_3CH_2COO^-$	2.5×10^{-10}	9.60
抗坏血酸	$C_6H_8O_6$	5.0×10^{-5}	4.30
		1.5×10^{-10}	9.82
乳酸	$CH_3CHOHCOOH$	1.4×10^{-4}	3.86
苯甲酸	C_6H_5COOH	6.2×10^{-5}	4.21
草酸	$H_2C_2O_4$	5.9×10^{-2}	1.22
		6.4×10^{-5}	4.19
d-酒石酸	$(CHOHCOOH)_2$	9.1×10^{-4}	3.04
		4.3×10^{-5}	4.37
邻苯二甲酸	$C_6H_4(COOH)_2$	1.1×10^{-3}	2.95
		3.9×10^{-6}	5.41
柠檬酸	$C_3H_4OH(COOH)_3$	7.4×10^{-4}	3.13
		1.7×10^{-5}	4.76
		4.0×10^{-7}	6.40
苯酚	C_6H_5OH	1.1×10^{-10}	9.95
乙二胺四乙酸(EDTA)	H_6Y^{2+}	0.13	0.9
	H_5Y^+	3×10^{-2}	1.6
	H_4Y	1.0×10^{-2}	2.0
	H_3Y^-	2.1×10^{-3}	2.67
	H_2Y^{2-}	6.9×10^{-7}	6.16
	HY^{3-}	5.5×10^{-11}	10.26
氨水	$NH_3\cdot H_2O$	1.8×10^{-5}	4.74
联氨	H_2NNH_2	3.0×10^{-6}	5.52
		7.6×10^{-15}	14.12
羟氨	NH_2OH	9.1×10^{-9}	8.04
甲胺	CH_3NH_2	4.2×10^{-4}	3.38

续表

名称	化学式	$K_a^\ominus$ 或 $K_b^\ominus$	$pK_a^\ominus$ 或 $pK_b^\ominus$
乙胺	$C_2H_5NH_2$	5.6×10^{-4}	3.25
二甲胺	$(CH_3)_2NH$	1.2×10^{-4}	3.93
二乙胺	$(C_2H_5)_2NH$	1.3×10^{-3}	2.89
乙醇胺	$HOCH_2CH_2NH_2$	3.2×10^{-5}	4.50
三乙醇胺	$(HOCH_2CH_2)_3N$	5.8×10^{-7}	6.24
六次甲基四胺	$(CH_2)_6N_4$	1.4×10^{-9}	8.85
乙二胺	$H_2NCH_2CH_2NH_2$	8.5×10^{-5}	4.07
		7.1×10^{-6}	7.15
吡啶	C_5H_5N	1.7×10^{-9}	8.77

附录 4　配合物的稳定常数(18～25 ℃)

金属配合物	离子强度 $I/(mol\cdot L^{-1})$	配位体数目 n	$\lg\beta_n$
氨配合物			
Ag^+	0.5	1,2	3.24;7.05
Cd^{2+}	2	1,…,6	2.65;4.75;6.19;7.12;6.80;5.14
Co^{2+}	2	1,…,6	2.11;3.74;4.79;5.55;5.73;5.11
Co^{3+}	2	1,…,6	6.7;14.0;20.1;25.7;30.8;35.0;5.93;10.86
Cu^+	2	1,2	5.93;10.86
Cu^{2+}	2	1,…,5	4.31;7.98;11.02;13.32;12.86
Ni^{2+}	2	1,…,6	2.80;5.04;6.77;7.96;8.71;8.74
Zn^{2+}	2	1,…,4	2.37;4.81;7.31;9.46
溴配合物			
Ag^+	0	1,…,4	4.38;7.33;8.00;8.73
Bi^{3+}	2.3	1,…,6	4.30;5.55;5.89;7.82;—;9.70
Cd^{2+}	3	1,…,4	1.75;2.34;3.32;3.70
Cu^+	0	2	5.89
Hg^{2+}	0.5	1,…,4	9.05;17.32;19.74;21.00
氯配合物			
Ag^+	0	1,…,4	3.04;5.04;5.04;5.30
Hg^{2+}	0.5	1,…,4	6.74;13.22;14.07;15.07
Sn^{2+}	0	1,…,4	1.51;2.24;2.03;1.48
Sb^{3+}	4	1,…,6	2.26;3.49;4.18;4.72;4.72;4.11
氰配合物			
Ag^+	0	1,…,4	—;21.1;21.7;20.6
Cd^{2+}	3	1,…,4	5.48;10.60;15.23;18.78

续表

金属配合物	离子强度 $I/(mol \cdot L^{-1})$	配位体数目 n	$\lg\beta_n$
Co^{2+}		6	19.09
Cu^{+}	0	1,…,4	—;24.0;28.59;30.3
Fe^{2+}	0	6	35
Fe^{3+}	0	6	42
Hg^{2+}	0	4	41.4
Ni^{2+}	0.1	4	31.3
Zn^{2+}	0.1	4	16.7
氟配合物			
Al^{3+}	0.5	1,…,6	6.13;11.15;15.00;17.75;19.37
Fe^{3+}	0.5	1,…,6	5.28;9.30;12.06;—;15.77;—
Th^{4+}	0.5	1,…,3	7.65;13.46;17.97
TiO_2^{2+}	3	1,…,4	5.4;9.8;13.7;18.0
ZrO_2^{2+}	2	1,…,3	8.80;16.12;21.94
碘配合物			
Ag^{+}	0	1,…,3	6.58;11.74;13.68
Bi^{3+}	2	1,…,6	3.63;—;—;14.95;16.80;18.80
Cd^{2+}	0	1,…,4	2.10;3.43;4.49;5.41
Pb^{2+}	0	1,…,4	2.00;3.15;3.92;4.47
Hg^{2+}	0.5	1,…,4	12.87;23.82;27.60;29.83
磷酸配合物			
Ca^{2+}	0.2	CaHL	1.7
Mg^{2+}	0.2	MgHL	1.9
Mn^{2+}	0.2	MnHL	2.6
Fe^{3+}	0.66	FeHL	9.35
硫氰酸配合物			
Ag^{+}	2.2	1,…,4	—;7.57;9.08;10.08
Au^{+}	0	1,…,4	—;23;—;42
Co^{2+}	1	1	1.0
Cu^{+}	5	1,…,4	—;11.00;10.90;10.48
Fe^{3+}	0.5	1,2	2.95;3.36
Hg^{2+}	1	1,…,4	—;17.47;—;21.23
硫代硫酸配合物			
Ag^{+}	0	1,…,3	8.82;13.46;14.15
Cu^{+}	0.8	1,2,3	10.35;12.27;13.71
Hg^{2+}	0	1,…,4	—;29.86;32.26;33.61
Pb^{2+}	0	1,3	5.1;6.4

续表

金属配合物	离子强度 $I/(mol \cdot L^{-1})$	配位体数目 n	$\lg\beta_n$
乙酰丙酮配合物			
Al^{3+}	0	1,2,3	8.60;15.5;21.30
Cu^{2+}	0	1,2	8.27;16.34
Fe^{2+}	0	1,2	5.07;8.67
Fe^{3+}	0	1,2,3	11.4;22.1;26.7
Ni^{2+}	0		6.06;10.77;13.09
Zn^{2+}	0	1,2	4.98;8.81
柠檬酸配合物			
Ag^{+}	0	AgHL	7.1
Al^{3+}	0.5	AlHL	7.0
	0.5	AlL	20.0
		AlOHL	30.6
Ca^{2+}	0.5	CaH_3L	10.9
		CaH_2L	8.4
		CaHL	3.5
Cd^{2+}	0.5	CdH_2L	7.9
		CdHL	4.0
		CdL	11.3
Co^{2+}	0.5	CoH_2L	8.9
		CoHL	4.4
		CoL	12.5
Cu^{2+}	0.5	CuH_3L	12.0
	0	CuHL	6.1
	0.5	CuL	18.0
Fe^{2+}	0.5	FeH_3L	7.3
		FeH_2L	3.1
		FeL	15.5
Fe^{3+}	0.5	FeH_2L	12.2
		FeHL	10.9
		FeL	25.0
Ni^{2+}	0.5	NiH_2L	9.0
		NiHL	4.8
		NiL	14.3
Pb^{2+}	0.5	PbHL, PbH_2L	5.2;11.2
		PbL	12.3
Zn^{2+}	0.5	ZnH_2L	8.7
		ZnHL	4.5
		ZnL	11.4

续表

金属配合物	离子强度 $I/(mol \cdot L^{-1})$	配位体数目 n	$\lg\beta_n$
草酸配合物			
Al^{3+}	0	1,2,3	7.26;13.0;16.3
Cd^{2+}	0.5	1,2	2.9;4.7
Co^{2+}	0.5	CoHL	5.5
		CoH_2L	10.6
Co^{3+}	0	1,2,3	4.79;6.7;9.7
	0	3	～20
Cu^{2+}	0.5	CuHL	6.25
		1,2	4.5;8.9
Fe^{2+}	0.5～1	1,2,3	2.9;4.52;5.22
Fe^{3+}	0	1,2,3	9.4;16.2;20.2
Mg^{2+}	0.1	1,2	2.76;4.38
Mn(Ⅲ)	2	1,2,3	9.98;16.57;19.42
Ni^{2+}	0.1	1,2,3	5.3;7.64;8.5
Th(Ⅳ)	2	4	24.5
TiO^{2+}	2	1,2	6.6;9.9
Zn^{2+}	0.5	ZnH_2L	5.6
		1,2,3	4.89;7.60;8.15
磺基水杨酸配合物			
Al^{3+}	0.1	1,2,3	13.20;22.83;28.89
Cd^{2+}	0.25	1,2	16.68;29.08
Co^{2+}	0.1	1,2	6.13;9.82
Cr^{3+}	0.1	1	9.56
Cu^{2+}	0.1	1,2	9.52;16.45
Fe^{2+}	0.1～0.5	1,2	5.90;9.90
Fe^{3+}	0.25	1,2,3	14.46;25.18;32.12
Mn^{2+}	0.1	1,2	5.24;8.24
Ni^{2+}	0.1	1,2	6.42;10.24
Zn^{2+}	0.1	1,2	6.05;10.65
酒石酸配合物			
Bi^{3+}	0	3	8.30
Ca^{2+}	0.5	CaHL	4.85
	0	1,2	2.98;9.01
Cd^{2+}	0.5	1	2.8
Cu^{2+}	1	1,…,4	3.2;5.11;4.78;6.51
Fe^{3+}	0		7.49
Mg^{2+}	0.5	MgHL	4.65
		1	1.2

续表

金属配合物	离子强度 $I/(mol \cdot L^{-1})$	配位体数目 n	$\lg\beta_n$
Pb^{2+}	0	1,2,3	3.78;—;4.7
Zn^{2+}	0.5	ZnHL	4.5
		1,2	2.4;8.32
乙二胺配合物			
Ag^{+}	0.1	1,2	4.70;7.70
Cd^{2+}	0.5	1,2,3	5.47;10.09;12.09
Co^{2+}	1	1,2,3	5.91;10.64;13.94
Co^{3+}	1	1,2,3	18.70;34.90;48.69
Cu^{+}		2	10.8
Cu^{2+}	1	1,2,3	10.67;20.00;21.00
Fe^{2+}	11.4	1,2,3	4.34;7.65;9.70
Hg^{2+}	0.1	1,2	14.30;23.3
Mn^{2+}	1	1,2,3	2.73;4.79;5.67
Ni^{2+}	1	1,2,3	7.52;13.80;18.06
Zn^{2+}	1	1,2,3	5.77;10.83;14.11
硫脲配合物			
Ag^{+}	0.03	1,2	7.41;13.1
Bi^{3+}		6	11.9
Cu^{+}	0.1	3,4	13;15.4
Hg^{2+}		2,3,4	22.1;24.7;26.8
氢氧根配合物			
Al^{3+}	2	4	33.3
		$[Al_6(OH)_{15}]^{3+}$	163
Bi^{3+}	3	1	12.4
		$[Bi_6(OH)_{12}]^{6+}$	168.3
Cd^{2+}	3	1,…,4	4.3;7.7;10.3;12.0
Co^{2+}	0.1	1,3	5.1;—;10.2
Cr^{3+}	0.1	1,2	10.2;18.3
Fe^{2+}	1	1	4.5
Fe^{3+}	3	1,2	11.0;21.7
		$[Fe_2(OH)_2]^{4+}$	25.1
Hg^{2+}	0.5	2	21.7
Mg^{2+}	0	1	2.6
Mn^{2+}	0.1	1	3.4
Ni^{2+}	0.1	1	4.6
Pb^{2+}	0.3	1,2,3	6.2;10.3;13.3
		$[Pb_2(OH)]^{3+}$	

续表

金属配合物	离子强度 $I/(mol \cdot L^{-1})$	配位体数目 n	$\lg\beta_n$
Sn^{2+}	3	1	10.1
Th^{4+}	1	1	9.7
Ti^{3+}	0.5	1	11.8
TiO^{2+}	1	1	13.7
VO^{2+}	3	1	8.0
Zn^{2+}	0	1,…,4	4.4;10.1;14.2;15.5

附录 5　氨羧配位剂类配合物的稳定常数

（18～25 ℃，I=0.1 mol·L^{-1}）

金属离子	$\lg K_f^{\ominus}$						
	EDTA	DCyTA	DTPA	EGTA	HEDTA	NTA	
						$\lg\beta_1$	$\lg\beta_2$
Ag^{+}	7.32			6.88	6.71	5.16	
Al^{3+}	16.3	19.5	18.6	13.9	14.3	11.4	
Ba^{2+}	7.86	8.69	8.87	8.41	6.3	4.82	
Be^{2+}	9.2	11.5				7.11	
Bi^{3+}	27.94	32.3	35.6		22.3	17.5	
Ca^{2+}	10.69	13.20	10.83	10.97	8.3	6.41	
Cd^{2+}	16.46	19.93	19.2	16.7	13.3	9.83	14.61
Co^{2+}	16.31	19.62	19.27	12.39	14.6	10.38	14.39
Co^{3+}	36				37.4	6.84	
Cr^{3+}	23.4					6.23	
Cu^{2+}	18.80	22.00	21.55	17.71	17.6	12.96	
Fe^{2+}	14.32	19.0	16.5	11.87	12.3	8.33	
Fe^{3+}	25.1	30.1	28.0	20.5	19.8	15.9	
Ga^{3+}	20.3	23.2	25.54		16.9	13.6	
Hg^{2+}	21.7	25.00	26.70	23.2	20.30	14.6	
In^{3+}	25.0	28.8	29.0		20.2	16.9	
Li^{+}	2.79					2.51	
Mg^{2+}	8.7	11.02	9.30	5.21	7.0	5.41	
Mn^{2+}	13.87	17.48	15.60	12.28	10.9	7.44	
Mo(Ⅵ)	～28						
Na^{+}	1.66						1.22
Ni^{2+}	18.62	20.3	20.32	13.55	17.3	11.53	16.42
Pb^{2+}	18.04	20.38	18.80	14.71	15.7	11.39	

续表

金属离子	lg$K_f^\ominus$						
	EDTA	DCyTA	DTPA	EGTA	HEDTA	NTA	
						lgβ_1	lgβ_2
Pd^{2+}	18.5						
Se^{3+}	23.1	26.1	24.5	18.2			24.1
Sn^{2+}	22.1						
Sr^{2+}	8.73	10.59	9.77	8.50	6.9	4.98	
TH^{4+}	23.2	25.6	28.78				
TiO^{2+}	17.3						
Tl^{3+}	37.8	38.3				20.9	32.5
U^{4+}	25.8	27.6	7.69				
VO^{2+}	18.8	20.1					
Y^{3+}	18.09	19.85	22.13	17.16	14.78	11.41	20.43
Zn^{2+}	16.50	19.37	18.40	12.7	14.7	10.67	14.29
Xr^{4+}	29.50		35.8			20.8	
稀土元素	16～20	17～22	19		13～16	10～12	

注:EDTA 为乙二胺四乙酸;DCyTA(或 DCTA、CyDTA)为 1,2-二氨基环己烷四乙酸;DTPA 为二乙基三胺五乙酸;EGTA 为乙二醇二乙醚二胺四乙酸;HEDTA 为 *N*-*β*-羟基乙基乙二胺三乙酸;NTA 为氨三乙酸

附录 6　标准电极电势(18～25 ℃)

半反应	$\varphi^\ominus$/V
$F_2+2H^++2e^-=2HF$	3.06
$O_3+2H^++2e^-=O_2+H_2O$	2.07
$S_2O_8^{2-}+2e^-=2SO_4^{2-}$	2.01
$H_2O_2+2H^++2e^-=2H_2O$	1.77
$MnO_4^-+4H^++3e^-=MnO_2+2H_2O$	1.695
$PbO_2+SO_4^{2-}+4H^++2e^-=PbSO_4+2H_2O$	1.685
$HClO_2+2H^++2e^-=HClO+H_2O$	1.64
$HClO+H^++e^-=1/2Cl_2+H_2O$	1.63
$Ce^{4+}+e^-=Ce^{3+}$	1.61
$H_5IO_6+H^++2e^-=IO_3^-+3H_2O$	1.60
$HBrO+H^++e^-=1/2Br_2+H_2O$	1.59
$BrO_3^-+6H^++5e^-=1/2Br_2+3H_2O$	1.52
$MnO_4^-+8H^++5e^-=Mn^{2+}+4H_2O$	1.51
$Au(Ⅲ)+3e^-=Au$	1.50
$HClO+H^++2e^-=Cl^-+H_2O$	1.49
$ClO_3^-+6H^++5e^-=1/2Cl_2+3H_2O$	1.47

续表

半反应	$\varphi^{\ominus}$/V
$PbO_2+4H^++2e^-=Pb^{2+}+2H_2O$	1.455
$HIO+H^++e^-=1/2I_2+H_2O$	1.45
$ClO_3^-+6H^++6e^-=Cl^-+3H_2O$	1.45
$BrO_3^-+6H^++6e^-=Br^-+3H_2O$	1.44
Au(Ⅲ)$+2e^-=$Au(Ⅰ)	1.41
$Cl_2+2e^-=2Cl^-$	1.3595
$ClO_4^-+8H^++7e^-=1/2Cl_2+4H_2O$	1.34
$Cr_2O_7^{2-}+14H^++6e^-=2Cr^{3+}+7H_2O$	1.33
$MnO_2+4H^++2e^-=Mn^{2+}+2H_2O$	1.23
$O_2+4H^++4e^-=2H_2O$	1.229
$IO_3^-+6H^++2e^-=1/2I_2+3H_2O$	1.20
$ClO_4^-+2H^++2e^-=ClO_3^-+H_2O$	1.19
$Br_2(H_2O)+2e^-=2Br^-$	1.087
$NO_2+H^++e^-=HNO_2$	1.07
$Br_3^-+2e^-=3Br^-$	1.05
$HNO_2+H^++e^-=NO+H_2O$	1.00
$VO_2^++2H^++e^-=VO^{2+}+H_2O$	1.00
$HIO+H^++e^-=I^-+H_2O$	0.99
$NO_3^-+3H^++2e^-=HNO_2+H_2O$	0.94
$ClO^-+H_2O+2e^-=Cl^-+2OH^-$	0.89
$H_2O_2+2e^-=2HO^-$	0.88
$Cu^{2+}+I^-+e^-=CuI$	0.86
$Hg^{2+}+2e^-=Hg$	0.845
$NO_3^-+2H^++e^-=NO_2+H_2O$	0.80
$Ag^++e^-=Ag$	0.7995
$Hg_2^{2+}+2e^-=2Hg$	0.793
$Fe^{3+}+e^-=Fe^{2+}$	0.771
$BrO^-+H_2O+2e^-=Br^-+2OH^-$	0.76
$O_2+2H^++2e^-=H_2O_2$	0.682
$AsO_2^-+2H_2O+3e^-=As+4OH^-$	0.68
$2HgCl_2+2e^-=Hg_2Cl_2+2Cl^-$	0.63
$Hg_2SO_4+2e^-=2Hg+SO_4^{2-}$	0.6151
$MnO_4^-+2H_2O+3e^-=MnO_2+4OH^-$	0.588
$MnO_4^-+e^-=MnO_4^{2-}$	0.564
$H_3AsO_4+2H^++2e^-=HAsO_2+2H_2O$	0.559
$I_3^-+2e^-=3I^-$	0.545
$I_2+2e^-=2I^-$	0.5345
Mo(Ⅵ)$+e^-=$Mo(Ⅴ)	0.53

续表

半反应	$\varphi^{\ominus}$/V
$Cu^{+}+e^{-}$ ══ Cu	0.52
$4SO_2$(水)$+4H^{+}+6e^{-}$ ══ $S_4O_6^{2-}+2H_2O$	0.51
$[HgCl_4]^{2-}+2e^{-}$ ══ $Hg+4Cl^{-}$	0.48
$2SO_2$(水)$+2H^{+}+4e^{-}$ ══ $S_2O_3^{2-}+H_2O$	0.40
$[Fe(CN)_6]^{3-}+e^{-}$ ══ $[Fe(CN)_6]^{4-}$	0.36
$Cu^{2+}+2e^{-}$ ══ Cu	0.337
$VO^{2+}+2H^{+}+e^{-}$ ══ $V^{3+}+H_2O$	0.337
$BiO^{+}+2H^{+}+e^{-}$ ══ $Bi+H_2O$	0.32
$Hg_2Cl_2+2e^{-}$ ══ $2Hg+2Cl^{-}$	0.2676
$HAsO_2+3H^{+}+3e^{-}$ ══ $As+2H_2O$	0.248
$AgCl+e^{-}$ ══ $Ag+Cl^{-}$	0.2223
$SbO^{+}+2H^{+}+3e^{-}$ ══ $Sb+H_2O$	0.212
$SO_4^{2-}+4H^{+}+2e^{-}$ ══ SO_2(水)$+H_2O$	0.17
$Cu^{2+}+e^{-}$ ══ Cu^{+}	0.159
$Sn^{4+}+2e^{-}$ ══ Sn^{2+}	0.154
$S+2H^{+}+2e^{-}$ ══ H_2S(气)	0.141
$Hg_2Br_2+2e^{-}$ ══ $2Hg+2Br^{-}$	0.1395
$TiO^{2+}+2H^{+}+e^{-}$ ══ $Ti^{3+}+H_2O$	0.1
$S_4O_6^{2-}+2e^{-}$ ══ $2S_2O_3^{2-}$	0.08
$AgBr+e^{-}$ ══ $Ag+Br^{-}$	0.071
$2H^{+}+2e^{-}$ ══ H_2	0.000
$O_2+H_2O+2e^{-}$ ══ $HO_2^{-}+OH^{-}$	−0.067
$TiOCl^{+}+2H^{+}+3Cl^{-}+e^{-}$ ══ $TiCl_4^{-}+H_2O$	−0.09
$Pb^{2+}+2e^{-}$ ══ Pb	−0.126
$Sn^{2+}+2e^{-}$ ══ Sn	−0.136
$AgI+e^{-}$ ══ $Ag+I^{-}$	−0.152
$Ni^{2+}+2e^{-}$ ══ Ni	−0.246
$H_3PO_4+2H^{+}+2e^{-}$ ══ $H_3PO_3+H_2O$	−0.276
$Co^{2+}+2e^{-}$ ══ Co	−0.277
$Tl^{+}+e^{-}$ ══ Tl	−0.3360
$In^{3+}+3e^{-}$ ══ In	−0.345
$PbSO_4+2e^{-}$ ══ $Pb+SO_4^{2-}$	−0.3553
$SeO_3^{2-}+3H_2O+4e^{-}$ ══ $Se+6OH^{-}$	−0.366
$As+3H^{+}+3e^{-}$ ══ AsH_3	−0.38
$Se+2H^{+}+2e^{-}$ ══ H_2Se	−0.40
$Cd^{2+}+2e^{-}$ ══ Cd	−0.403
$Cr^{3+}+e^{-}$ ══ Cr^{2+}	−0.41
$Fe^{2+}+2e^{-}$ ══ Fe	−0.440
$S+2e^{-}$ ══ S^{2-}	−0.48
$2CO_2+2H^{+}+2e^{-}$ ══ $H_2C_2O_4$	−0.49

续表

半反应	$\varphi^\ominus$/V
$H_3PO_3+2H^++2e^-$ ══ $H_3PO_2+H_2O$	−0.50
$Sb+3H^++3e^-$ ══ SbH_3	−0.51
$HPbO_2^-+H_2O+2e^-$ ══ $Pb+3OH^-$	−0.54
$Ga^{3+}+3e^-$ ══ Ga	−0.56
$TeO_3^{2-}+3H_2O+4e^-$ ══ $Te+6OH^-$	−0.57
$2SO_3^{2-}+3H_2O+4e^-$ ══ $S_2O_3^{2-}+6OH^-$	−0.58
$SO_3^{2-}+3H_2O+4e^-$ ══ $S+6OH^-$	−0.66
$AsO_4^{3-}+2H_2O+2e^-$ ══ $AsO_2^-+4OH^-$	−0.67
Ag_2S+2e^- ══ $2Ag+S^{2-}$	−0.69
$Zn^{2+}+2e^-$ ══ Zn	−0.763
$2H_2O+2e^-$ ══ H_2+2OH^-	−0.828
$Cr^{2+}+2e^-$ ══ Cr	−0.91
$HSnO_2^-+H_2O+2e^-$ ══ $Sn+3OH^-$	−0.91
$Se+2e^-$ ══ Se^{2-}	−0.92
$Sn(OH)_6^{2-}+2e^-$ ══ $HSnO_2^-+H_2O+3OH^-$	−0.93
$CNO^-+H_2O+2e^-$ ══ CN^-+2OH^-	−0.97
$Mn^{2+}+2e^-$ ══ Mn	−1.182
$ZnO_2^{2-}+2H_2O+2e^-$ ══ $Zn+4OH^-$	−1.216
$Al^{3+}+3e^-$ ══ Al	−1.66
$H_2AlO_3^-+H_2O+3e^-$ ══ $Al+4OH^-$	−2.35
$Mg^{2+}+2e^-$ ══ Mg	−2.37
Na^++e^- ══ Na	−2.714
$Ca^{2+}+2e^-$ ══ Ca	−2.87
$Sr^{2+}+2e^-$ ══ Sr	−2.89
$Ba^{2+}+2e^-$ ══ Ba	−2.90
K^++e^- ══ K	−2.925
Li^++e^- ══ Li	−3.042

附录 7 部分氧化还原电对的条件电位

半反应	条件电位 $\varphi^{\ominus\prime}$/V	介质
Ag(Ⅱ)$+e^-$ ══ Ag^+	1.927	4 mol · L^{-1} HNO_3
	1.74	1 mol · L^{-1} $HClO_4$
Ce(Ⅳ)$+e^-$ ══ Ce(Ⅲ)	1.44	0.5 mol · L^{-1} H_2SO_4
	1.28	1 mol · L^{-1} HCl
$Co^{3+}+e^-$ ══ Co^{2+}	1.84	3 mol · L^{-1} HNO_3

续表

半反应	条件电位 $\varphi^{\ominus\prime}$/V	介质
$[Co(en)_3]^{3+}+e^-$ ══ $[Co(en)_3]^{2+}$	−0.2	0.1 mol · L^{-1} KNO_3+0.1 mol · L^{-1}乙二胺
Cr(Ⅲ)+e^- ══ Cr(Ⅱ)	−0.40	5 mol · L^{-1} HCl
	1.08	3 mol · L^{-1} HCl
$Cr_2O_7^{2-}+14H^++6e^-$ ══ $2Cr^{3+}+7H_2O$	1.15	4 mol · L^{-1} H_2SO_4
	1.025	1 mol · L^{-1} $HClO_4$
$CrO_4^{2-}+2H_2O+3e^-$ ══ $CrO_2^-+4OH^-$	−0.12	1 mol · L^{-1} NaOH
$Fe^{3+}+e^-$ ══ Fe^{2+}	0.767	1 mol · L^{-1} $HClO_4$
	0.71	0.5 mol · L^{-1} HCl
	0.68	1 mol · L^{-1} H_2SO_4
	0.68	1 mol · L^{-1} HCl
	0.46	2 mol · L^{-1} H_3PO_4
	0.51	1 mol · L^{-1} HCl+0.25 mol · L^{-1} H_3PO_4
FeY^-+e^- ══ FeY^{2-}	0.12	0.1 mol · L^{-1}EDTA，pH=4～6
$Fe(CN)_6^{3-}+e^-$ ══ $Fe(CN)_6^{4-}$	0.56	0.1 mol · L^{-1}HCl
$FeO_4^{2-}+2H_2O+3e^-$ ══ $FeO_2^-+4OH^-$	0.55	10 mol · L^{-1} NaOH
$I_3^-+2e^-$ ══ $3I^-$	0.5446	0.5 mol · L^{-1} H_2SO_4
$I_2(H_2O)+2e^-$ ══ $2I^-$	0.6276	0.5 mol · L^{-1} H_2SO_4
$MnO_4^-+8H^++5e^-$ ══ $Mn^{2+}+4H_2O$	1.45	1 mol · L^{-1} $HClO_4$
$SnCl_6^{2-}+2e^-$ ══ $SnCl_4^{2-}+2Cl^-$	0.14	1 mol · L^{-1} HCl
Sb(Ⅴ)+$2e^-$ ══ Sb(Ⅲ)	0.75	3.5 mol · L^{-1} HCl
$Sb(OH)_6^-+2e^-$ ══ $SbO_2^-+2OH^-+2H_2O$	−0.428	3 mol · L^{-1} NaOH
$SbO_2^-+2H_2O+3e^-$ ══ $Sb+4OH^-$	−0.675	10 mol · L^{-1} H_2SO_4
	−0.01	0.2 mol · L^{-1} H_2SO_4
$Ti^{4+}+e^-$ ══ Ti^{3+}	0.12	2 mol · L^{-1} H_2SO_4
	−0.04	1 mol · L^{-1} HCl
	−0.05	1 mol · L^{-1} H_3PO_4
$Pb^{2+}+2e^-$ ══ Pb	−0.32	1 mol · L^{-1} NaAc

附录 8　微溶化合物的溶度积(18～25 ℃，I=0)

微溶化合物	$K_{sp}^{\ominus}$	$pK_{sp}^{\ominus}$	微溶化合物	$K_{sp}^{\ominus}$	$pK_{sp}^{\ominus}$
AgAc	2×10^{-3}	2.7	Ag_2CrO_4	2.0×10^{-12}	11.71
Ag_3AsO_4	2×10^{-22}	22.0	AgCN	1.2×10^{-16}	15.92
AgBr	5×10^{-13}	12.30	AgOH	2.0×10^{-8}	7.71
Ag_2CO_3	8.1×10^{-12}	11.09	AgI	9.3×10^{-17}	16.03
AgCl	1.8×10^{-10}	9.75	$Ag_2C_2O_4$	3.5×10^{-11}	10.46

续表

微溶化合物	$K_{sp}^{\ominus}$	$pK_{sp}^{\ominus}$	微溶化合物	$K_{sp}^{\ominus}$	$pK_{sp}^{\ominus}$
Ag_3PO_4	1.4×10^{-16}	15.84	CuBr	5.2×10^{-9}	8.28
Ag_2SO_4	1.4×10^{-5}	4.84	CuCl	1.2×10^{-6}	5.92
Ag_2S	2×10^{-49}	48.7	CuCN	3.2×10^{-20}	19.49
AgSCN	1.0×10^{-12}	12.00	CuI	1.1×10^{-12}	11.96
$Al(OH)_3$ 无定形	1.3×10^{-33}	32.9	CuOH	1×10^{-14}	14.0
As_2S_3	2.1×10^{-22}	21.68	Cu_2S	2×10^{-48}	47.7
$BaCO_3$	5.1×10^{-9}	8.29	CuSCN	4.8×10^{-15}	14.32
$BaCrO_4$	1.2×10^{-10}	9.93	$CuCO_3$	1.4×10^{-10}	9.86
BaF_2	1×10^{-6}	6.0	$Cu(OH)_2$	2.2×10^{-20}	19.66
$BaC_2O_4\cdot H_2O$	2.3×10^{8}	7.64	CuS	6×10^{-36}	35.2
$BaSO_4$	1.1×10^{-10}	9.96	$FeCO_3$	3.2×10^{-11}	10.50
$Bi(OH)_3$	4×10^{-31}	30.4	$Fe(OH)_2$	8×10^{-16}	15.1
BiOOH	4×10^{-10}	9.4	FeS	6×10^{-18}	17.2
BiI_3	8.1×10^{-19}	18.09	$Fe(OH)_3$	4×10^{-39}	37.4
BiOCl	1.8×10^{-31}	30.75	$FePO_4$	1.3×10^{-22}	21.89
$BiPO_4$	1.3×10^{-23}	22.89	Hg_2Br_2	5.8×10^{-23}	22.24
Bi_2S_3	1×10^{-97}	97.0	Hg_2CO_3	8.9×10^{-17}	16.05
$CaCO_3$	2.9×10^{-9}	8.54	Hg_2Cl_2	1.3×10^{-18}	17.88
CaF_2	2.7×10^{-11}	10.57	$Hg_2(OH)_2$	2×10^{-24}	23.7
$CaC_2O_4\cdot H_2O$	2.0×10^{-9}	8.70	Hg_2I_2	4.5×10^{-29}	28.35
$Ca_3(PO_4)_2$	2.0×10^{-29}	28.70	Hg_2SO_4	7.4×10^{-7}	6.13
$CaSO_4$	9.1×10^{-6}	5.04	Hg_2S	1×10^{-47}	47.0
$CaWO_4$	8.7×10^{-9}	80.6	$Hg(OH)_2$	3.0×10^{-26}	25.52
$CdCO_3$	5.2×10^{-12}	11.28	HgS,红色	4×10^{-53}	52.4
$Cd_2[Fe(CN)_6]$	3.2×10^{-17}	16.49	黑色	2×10^{-52}	51.7
$Cd(OH)_2$(新析出)	2.5×10^{-14}	13.60	$MgNH_4PO_4$	2×10^{-13}	12.7
$CdC_2O_4\cdot 3H_2O$	9.1×10^{-8}	7.04	MgF_2	6.4×10^{-9}	8.19
CdS	8×10^{-27}	26.1	$Mg(OH)_2$	1.8×10^{-11}	10.74
$CoCO_3$	1.4×10^{-13}	12.84	$MnCO_3$	1.8×10^{-11}	10.74
$Co_2[Fe(CN)_6]$	1.8×10^{-15}	14.74	$Mn(OH)_2$	1.9×10^{-13}	12.72
$Co(OH)_2$(新析出)	2×10^{-15}	14.7	MnS,无定形	2×10^{-10}	9.7
$Co(OH)_3$	2×10^{-44}	43.7	MnS,晶形	23×10^{-13}	12.7
$Co[Hg(SCN)_4]$	1.5×10^{-8}	5.82	$NiCO_3$	6.6×10^{-9}	8.18
α-CoS	4×10^{-21}	20.4	$Ni(OH)_2$(新析出)	2×10^{-15}	14.7
β-CoS	2×10^{-25}	24.7	$Ni_3(PO_4)_2$	5×10^{-31}	30.3
$Co_3(PO_4)_2$	2×10^{-35}	34.7	$PbCO_3$	7.4×10^{-14}	13.13
$Cr(OH)_3$	6×10^{-31}	30.2	$PbCl_2$	1.6×10^{-5}	4.79

续表

微溶化合物	$K_{sp}^{\ominus}$	$pK_{sp}^{\ominus}$	微溶化合物	$K_{sp}^{\ominus}$	$pK_{sp}^{\ominus}$
PbClF	2.4×10^{-9}	8.62	$SrC_2O_4\cdot H_2O$	1.6×10^{-7}	6.80
$PbCrO_4$	2.8×10^{-13}	12.55	$Sr_3(PO_4)_2$	4.1×10^{-28}	27.39
PbF_2	2.7×10^{-8}	7.57	$SrSO_4$	3.2×10^{-7}	6.49
$Pb(OH)_2$	1.2×10^{-15}	14.93	$Sb(OH)_3$	4×10^{-42}	41.4
PbI_2	7.1×10^{-9}	8.15	Sb_2S_3	3×10^{-93}	92.8
$PbMoO_4$	1×10^{-13}	13.0	$Ti(OH)_3$	1×10^{-40}	40.0
$Pb_3(PO_4)_2$	8.0×10^{-43}	42.10	$Ti(OH)_2$	1×10^{-29}	29.0
$PbSO_4$	1.6×10^{-8}	7.79	$ZnCO_3$	1.4×10^{-11}	10.84
PbS	8×10^{-28}	27.9	$Zn_2[Fe(CN)_6]$	4.1×10^{-16}	15.39
$Pb(OH)_4$	3×10^{-66}	65.5	$Zn(OH)_2$	1.2×10^{-17}	16.92
$Sn(OH)_2$	1.4×10^{-28}	27.85	$Zn_3(PO_4)_2$	9.1×10^{-33}	32.04
SnS	1×10^{-25}	25.0	ZnS	23×10^{-22}	21.7
SnS_2	2×10^{-27}	26.7	$Zn(C_9H_6ON)_2$	5×10^{-25}	24.3
$SrCO_3$	1.1×10^{-10}	9.96	α-NiS	3×10^{-19}	18.5
$SrCrO_4$	2.2×10^{-5}	4.65	β-NiS	1×10^{-24}	24.0
SrF_2	2.4×10^{-9}	8.61	γ-NiS	2×10^{-26}	25.7

附录 9　化合物的摩尔质量

化学式	$M/(g\cdot mol^{-1})$	化学式	$M/(g\cdot mol^{-1})$
Ag_3AsO_4	462.52	As_2O_3	197.84
AgBr	187.77	As_2O_5	229.84
AgCl	143.32	As_2S_3	246.02
AgCN	133.89	$BaCO_3$	197.34
AgSCN	165.95	$BaCl_2\cdot 2H_2O$	244.27
Ag_2CrO_4	331.73	$BaCrO_4$	253.32
AgI	234.77	BaO	153.33
$AgNO_3$	169.87	$Ba(OH)_2$	171.34
$AlCl_3$	133.34	$BaSO_4$	233.39
$AlCl_3\cdot 6H_2O$	241.43	$BiCl_3$	315.34
$Al(NO_3)_3$	213.00	BiOCl	260.43
$Al(NO_3)_3\cdot 9H_2O$	375.13	$Bi(NO_3)_3\cdot 5H_2O$	485.07
Al_2O_3	101.96	Bi_2O_3	459.96
$Al(OH)_3$	78.00	CO_2	44.01
$Al_2(SO_4)_3$	342.14	$CaCl_2$	110.99
$Al_2(SO_4)_3\cdot 18H_2O$	666.41	$CaCO_3$	100.09

续表

化学式	$M/(g \cdot mol^{-1})$	化学式	$M/(g \cdot mol^{-1})$
CaC_2O_4	128.10	HCl	36.16
$CaSO_4$	136.14	$HClO_4$	100.46
$CaSO_4 \cdot 2H_2O$	172.17	HNO_3	63.01
$Cd(NO_3)_2 \cdot 4H_2O$	308.48	H_2O	18.02
CdO	128.41	H_2O_2	34.01
$CdSO_4$	208.47	H_2S	34.08
CH_3COOH	60.05	H_2SO_3	82.07
CaO	56.08	H_2SO_4	98.08
CH_2O	30.03	H_3PO_4(L-谷氨酸钠)	98.00
$C_4H_8N_2O_2$(丁二酮肟)	116.12	K_2CrO_4	194.19
$(CH_2)_6N_4$(六次甲基四胺)	140.19	$K_2Cr_2O_7$	294.18
$C_7H_6O_6S \cdot 2H_2O$(磺基水杨酸)	254.22	$K_3Fe(CN)_6$	329.25
C_9H_7NO(8-羟基喹啉)	145.16	$K_4Fe(CN)_6$	368.35
$C_{12}H_8N_2 \cdot H_2O$(邻二氮菲)	198.22	$KHC_4H_4O_6$(酒石酸氢钾)	188.18
$C_2H_5NO_2$(氨基乙酸,甘氨酸)	75.07	$KHC_8H_4O_4$(邻苯二甲酸氢钾)	204.22
$C_6H_{12}N_2O_4S_2$(L-胱氨酸)	240.30	KH_2PO_4	136.09
$CoCl_2 \cdot 6H_2O$	237.93	KI	166.00
CuI	190.45	KIO_3	214.00
$Cu(NO_3)_2 \cdot 3H_2O$	241.60	$KMnO_4$	158.03
CuO	79.55	KNO_3	101.10
$CuSCN$	121.62	KOH	56.11
$CuSO_4 \cdot 5H_2O$	249.63	K_2PtCl_6	485.99
$FeCl_3 \cdot 6H_2O$	270.30	$KSCN$	97.18
$Fe(NO_3)_3 \cdot 9H_2O$	404.00	K_2SO_4	174.25
FeO	71.85	$K_2S_2O_7$	254.31
Fe_2O_3	159.69	$KClO_4$	138.55
Fe_3O_4	231.54	KCN	65.12
$FeSO_4 \cdot 7H_2O$	278.01	K_2CO_3	138.21
Hg_2Cl_2	472.09	KBr	119.00
$HgCl_2$	271.50	$KBrO_3$	167.00
$HCOOH$	46.03	KCl	74.55
$H_2C_2O_4 \cdot 2H_2O$(草酸)	126.07	$KClO_3$	122.55
$H_2C_4H_4O_4$(丁二酸,琥珀酸)	118.09	$Mg(C_9H_6ON)_2$(8-羟基喹啉镁)	312.61
$H_2C_4H_4O_6$(酒石酸)	150.09	$MgNH_4PO_4 \cdot 6H_2O$	245.41
$H_3C_6H_5O_7 \cdot H_2O$(柠檬酸)	210.14	MgO	40.30
$H_2C_4H_4O_5$(*dl*-苹果酸)	134.09	$Mg_2P_2O_7$	222.55
$HC_3H_6NO_2$(*dl*-α-丙氨酸)	89.10	$MgSO_4 \cdot 7H_2O$	246.47

续表

化学式	$M/(g \cdot mol^{-1})$	化学式	$M/(g \cdot mol^{-1})$
MnO_2	86.94	NH_4NO_3	80.04
$MnSO_4$	151.00	$NH_2OH \cdot HCl$(盐酸羟胺)	69.49
$Na_2B_4O_7 \cdot 10H_2O$(硼砂)	381.37	$(NH_4)_3PO_4 \cdot 12MoO_3$	1876.34
$NaBiO_3$	279.97	NH_4SCN	76.12
$NaC_2H_3O_2$(无水乙酸钠)	82.03	$NiCl_2 \cdot 6H_2O$	237.96
$Na_3C_6H_5O_7$(柠檬酸钠)	258.07	$NiSO_4 \cdot 7H_2O$	280.85
$NaC_5H_8NO_4 \cdot H_2O$	187.13	$Ni(C_4H_7N_2O_2)_2$(丁二酮肟镍)	288.91
$Na_2C_2O_4$(草酸钠)	134.00	PbO	223.2
Na_2CO_3	105.99	PbO_2	239.2
$NaCl$	58.44	$Pb(C_2H_3O_2) \cdot 3H_2O$	279.8
$NaClO_4$	122.44	$PbCl_2$	278.1
NaF	41.99	$PbCrO_4$	323.2
$NaHCO_3$	84.01	$Pb(NO_3)_2$	331.2
$Na_2H_2C_{10}H_{12}O_8N_2 \cdot 2H_2O$	372.24	PbS	239.3
Na_2HPO_4	141.96	$PbSO_4$	303.3
$Na_2HPO_4 \cdot 12H_2O$	358.14	SO_2	64.06
$NaHSO_4$	120.06	SO_3	80.06
$NaNO_2$	69.00	SiF_4	104.08
Na_2O	61.98	SiO_2	60.08
$NaOH$	40.00	$SnCl_2 \cdot 2H_2O$	225.63
Na_2SO_3	126.04	$SnCl_4$	260.50
Na_2SO_4	142.04	SnO	134.69
$Na_2S_2O_3 \cdot 5H_2O$	248.17	SnO_2	150.71
NH_3	17.03	$SrCO_3$	147.63
$NH_4C_2H_3O_2$(乙酸铵)	77.08	$Sr(NO_3)_2$	211.63
$(NH_4)_2C_2O_4 \cdot H_2O$	142.11	$SrSO_4$	183.68
NH_4Cl	53.49	$TiCl_3$	154.24
NH_4F	37.04	TiO_2	79.88
$NH_4Fe(SO_4)_2 \cdot 12H_2O$	482.18	$Zn(NO_3)_2 \cdot 4H_2O$	261.46
$(NH_4)_2Fe(SO_4)_2 \cdot 6H_2O$	392.13	$Zn(NO_3)_2 \cdot 6H_2O$	297.49
NH_4HF_2	57.04	ZnO	81.39

附录10 相对原子质量

元素	符号	相对原子质量	元素	符号	相对原子质量	元素	符号	相对原子质量
银	Ag	107.868 2	铪	Hf	178.94	铷	Rb	85.467 8
铝	Al	26.981 54	汞	Hg	200.59	铼	Re	186.207
氩	Ar	39.948	钬	Ho	164.930 3	铑	Rh	102.905 5
砷	As	74.921 6	碘	I	126.904 5	钌	Ru	101.07
金	Au	196.966 5	铟	In	114.82	硫	S	32.066
硼	B	10.81	铱	Ir	192.22	锑	Sb	121.76
钡	Ba	137.33	钾	K	39.098 3	钪	Sc	44.955 9
铍	Be	9.012 18	氪	Kr	83.8	硒	Se	78.96
铋	Bi	208.980 4	镧	La	138.905 5	硅	Si	28.085 5
溴	Br	79.904	锂	Li	6.941	钐	Sm	150.36
碳	C	12.011	镥	Lu	174.967	锡	Sn	118.71
钙	Ca	40.08	镁	Mg	24.305	锶	Sr	87.62
镉	Cd	121.41	锰	Mn	54.9380	钽	Ta	180.947 9
铈	Ce	140.12	钼	Mo	95.94	铽	Tb	158.9253
氯	Cl	35.453	氮	N	14.006 7	碲	Te	127.60
钴	Co	58.933 2	钠	Na	22.989 77	钍	Th	232.0381
铬	Cr	51.996	铌	Nb	92.906 4	钛	Ti	47.87
铯	Cs	132.054	钕	Nd	144.24	铊	Tl	204.383
铜	Cu	63.546	氖	Ne	20.179	铥	Tm	168.934 2
镝	Dy	162.50	镍	Ni	58.69	铀	U	238.028 9
铒	Er	167.26	镎	Np	237.048 2	钒	V	50.941 5
铕	Eu	151.96	氧	O	15.999 4	钨	W	183.84
氟	F	18.998 403	锇	Os	190.23	氙	Xe	131.29
铁	Fe	55.845	磷	P	30.973 76	钇	Y	88.905 9
镓	Ga	69.72	铅	Pb	207.2	镱	Yb	173.04
钆	Gd	157.25	钯	Pd	106.42	锌	Zn	65.39
锗	Ge	72.61	镨	Pr	140.907 7	锆	Zr	91.22
氢	H	1.007 94	铂	Pt	195.08			
氦	He	4.002 60	镭	Ra	226.025 4			

附录 11　几种常用缓冲溶液的配制

缓冲溶液组成	$pK_a^{\ominus}$	缓冲液 pH	缓冲溶液配制方法
氨基乙酸-HCl	2.35($pK_{a1}^{\ominus}$)	2.3	取氨基乙酸 150 g 溶于 500 mL 水中后，加浓 HCl 80 mL，加水稀释至 1 L
H_3PO_4-柠檬酸盐		2.5	取 $Na_2HPO_4 \cdot 12H_2O$ 113 g 溶于 200 mL 水后，加柠檬酸 387 g，溶解、过滤后，稀释至 1 L
一氯乙酸-NaOH	2.86	2.8	取 200 g 一氯乙酸溶于 200 mL 水中，加 NaOH 40 g，稀释至 1 L
邻苯二甲酸氢钾-HCl	2.95($pK_{a1}^{\ominus}$)	2.9	取 500 g 邻苯二甲酸氢钾溶于 500 mL 水中，加浓 HCl 80 mL，稀释至 1 L
甲酸-NaOH	3.76	3.7	取 95 g 甲酸和 NaOH 40 g 于 500 mL 水中，溶解，稀释至 1 L
NaAc-HAc	4.74	4.7	取无水 NaAc 83 g 溶于水中，加 HAc 60 mL，稀释至 1 L
六次甲基四胺-HCl	5.15	5.4	取六次甲基四胺 40 g 溶于 200 mL 水中，加浓 HCl 10 mL，稀释至 1 L
Tris-HCl	8.21	8.2	取 25 g Tris 试剂溶于水中，加浓 HCl 8 mL，稀释至 1 L
NH_3-NH_4Cl	9.26	9.2	取 NH_4Cl 54 g 溶于水中，加浓氨水 63 mL，稀释至 1 L

注：(1) 缓冲液配制后可用 pH 试纸检查。如 pH 不对，可用共轭酸或碱调节；pH 欲调节精确时，可用 pH 计调节
(2) 若增加或减少缓冲液的缓冲容量时，可相应增加或减少共轭酸碱对的物质的量，再调节

附录 12　符号与缩写

符号	英文	中文
a	activity	活度
a	acid	酸
A	absorbance	吸光度
b	base	碱
c_e(B)	equilibrium concentration of species B	型体 B 的平衡浓度
c(B)	analytical concentration of substance B	物质 B 的分析浓度

续表

符号	英文	中文
CV	coefficient of variation	变异系数(相对平均偏差)
d	mean deviation	平均偏差
e^-	electron	电子
E	extraction rate	萃取度
E_a	absolute error	绝对误差
E_r	relative error	相对误差
E_t	①end point error	终点误差
	②titration error	滴定误差
ep	end point	终点
f	degree of freedom	自由度
F	stoichiometric factor	化学因数(换算因子)
I	①ionic strength	离子强度
	②luminous intensity	光强度
In	indictor	指示剂
$K^\ominus$	standard equilibrium constant	标准平衡常数
$K^{\ominus\prime}$	conditional equilibrium constant	条件平衡常数
K_D	distribution coefficient	分配系数
M	molar mass	摩尔质量
m(B)	mass of substance B	物质 B 的质量
n	①amount of substance	物质的量
	②sample capacity	样本容量
R	range	极差
Red	reduced state	还原态
Red-Ox	reduction oxidation	氧化还原
RSD	relative standard deviation	相对标准偏差
RMD	relative mean deviation	相对平均偏差
s	sample	试样
s	①standard deviation	标准偏差
	②solubility	溶解度
sp	stoichiometric point	化学计量点
t	①time	时间
	②t-distribution	t 分布
T	①thermodynamic temperature	热力学温度
	②transmittance	透光率
	③titre	滴定度
	④titration fraction	滴定分数

续表

符号	英文	中文
V	volume	体积
w	mass fraction	质量分数
$\bar{x}$	mean(average)	平均值
x_T	true value	真值
x_M	median	中位数
α	side reaction coefficient	副反应系数
β	cumulative stability constant	累积稳定常数
γ	activity coefficient	活度系数
δ	①distribution fraction	分布分数
	②population mean deviation	总体平均偏差
ε	molar absorption coefficient	摩尔吸光系数
λ	wavelength	波长
μ	population mean	总体平均值
ρ	mass density	质量浓度
σ	population standard deviation	总体标准偏差
φ	electrode potential	电极电势
$\varphi^{\ominus}$	standard electrode potential	标准电极电势
$\varphi^{\ominus\prime}$	conditional electrode potential	条件电位